市政管道工程施工技术

主　编　刘亚双　徐江岑

参　编　张　英　倪洪将

　　　　戴海波　徐海军

主　审　陈俊祺

北京理工大学出版社

BEIJING INSTITUTE OF TECHNOLOGY PRESS

内 容 提 要

本书是根据高等职业院校市政管道工程施工课程标准，参照市政管理人员从业资格要求而编写的，适用于职业院校市政工程相关专业和市政施工一线工作人员。本书主要包括：认识管道、给水排水管道施工、热力管道施工、燃气管道施工、管道不开槽施工、附属构筑物施工、管道维护管理和城市地下管线综合管廊概况等内容，并在每个项目后附有一定数量的知识点考核，以便学生理解和掌握主要内容。

本书可作为高等院校土木工程类等相关专业的教学用书，也可作为相关从业人员的参考用书。

图书在版编目（CIP）数据

市政管道工程施工技术 / 刘亚双，徐江岑主编 . --
北京：北京理工大学出版社，2024.2
ISBN 978-7-5763-3025-0

Ⅰ . ①市…　Ⅱ . ①刘… ②徐…　Ⅲ . ①市政工程—管道工程—工程施工　Ⅳ . ① TU990.3

中国国家版本馆 CIP 数据核字（2023）第 206232 号

责任编辑： 多海鹏　　**文案编辑：** 多海鹏
责任校对： 周瑞红　　**责任印制：** 王美丽

出版发行 / 北京理工大学出版社有限责任公司
社　　址 / 北京市丰台区四合庄路6号
邮　　编 / 100070
电　　话 /（010）68914026（教材售后服务热线）
（010）68944437（课件资源服务热线）
网　　址 / http://www.bitpress.com.cn

版 印 次 / 2024年2月第1版第1次印刷
印　　刷 / 河北鑫彩博图印刷有限公司
开　　本 / 787 mm × 1092 mm　1/16
印　　张 / 15.5
字　　数 / 367千字
定　　价 / 89.00元

PUBLISHER'S NOTE

出版说明

五年制高等职业（简称五年制高职）教育是指以初中毕业生为招生对象，融中高职于一体，实施五年贯通培养的专科层次职业教育，是现代职业教育体系的重要组成部分。

江苏是最早探索五年制高职教育的省份之一，江苏联合职业技术学院作为江苏五年制高职教育的办学主体，经过20年的探索与实践，在培养大批高素质技术技能人才的同时，在五年制高职教学标准体系建设及教材开发等方面积累了丰富的经验。“十三五”期间，江苏联合职业技术学院组织开发了600多种五年制高职专用教材，覆盖了 16 个专业大类，其中 178 种被认定为“十三五”国家规划教材，江苏联合职业技术学院教材工作得到国家教材委员会办公室认可并以“江苏联合职业技术学院探索创新五年制高等职业教育教材建设”为题编发了《教材建设信息通报》（2021年第13期）。

“十四五”期间，江苏联合职业技术学院将依据“十四五”教材建设规划进一步提升教材建设与管理的专业化、规范化和科学化水平。一方面将与全国五年制高职发展联盟成员单位共建共享教学资源；另一方面将与高等教育出版社、凤凰职业教育图书有限公司等多家出版社联合共建五年制高职教育教材研发基地，共同开发五年制高职专用教材。

本套“五年制高职专用教材”（以下简称“教材”）以习近平新时代中国特色社会主义思想为指导，落实立德树人的根本任务，坚持正确的政治方向和价值导向，弘扬社会主义核心价值观。教材依据教育部《职业院校教材管理办法》和江苏省教育厅《江苏省职业院校教材管理实施细则》等要求，注重系统性、科学性和先进性，突出实践性和适用性，体现职业教育类型特色。教材遵循长学制贯通培养的教育教学规律，坚持一体化设计，契合学生知识获得、技能习得的累积效应，结构严谨，内容科学，适合五年制高职学生使用。教材遵循五年制高职学生生理成长、心理成长、思想成长跨度大的特征，体例编排得当，针对性强，是为五年制高职教育量身打造的“五年制高职专用教材”。

江苏联合职业技术学院
教材建设与管理工作领导小组
2022年9月

前言

FOREWORD

近年来，随着国家经济建设的迅速发展，市政工程建设已进入专业化时代，而且市政工程建设发展规模不断扩大，建设速度不断加快，复杂性增加，因此，需要大批市政工程建设管理和技术人才。

高质量、创新型的教材是培养优秀人才的基本保证。面对新时代“三教”改革新形势和新市镇人才培养新要求，传统的教材开发模式、展现形式已难以满足现代人才培养的要求，因此，编者力求编写一本高质量、创新型的教材，以满足现代人才培养的要求。

本书在编写过程中，按照工作过程和学习者自主学习要求设计和安排教学活动，以一项具体的工作任务为载体，按照施工过程来安排内容，每个学习任务就是一个比较完整的施工方案，不仅介绍每种管道的施工工艺流程，还详细地讲解了每一道工序的施工方法和质量控制要点，力求做到理论教学和实践教学融通合一、专业学习和工作实践学做合一、能力培养和工作岗位对接合一。

本书在编写过程中力求突出以下特色：

1．创新教材形式，契合认知需求

基于学生的认知特点，开发学习与工作融通的一体化教材。根据学生进入工作岗位后的工作内容，本书划分为八个项目若干个任务来引导学生学习，并将任务分解成学习目标、任务描述、相关知识、任务实施及知识点考核等若干环节，引导学生循序渐进地开展专业知识和技能学习，契合学生的认知需求。

2．坚持产教融合，校企双元开发

本书由行业专家、企业能工巧匠、学校专职教师合作编写，体现校企合作双元育人理念，实现专业对接产业、教学过程对接生产过程的目标，具有先进性、实践性和适用性。

本书由苏州建设交通高等职业技术学校刘亚双、徐江岑担任主编，苏州建设交通高等职业技术学校张英、南京高等职业技术学校倪洪将、南京市城建中等专业学校戴海波、苏州二建建筑集团有限公司徐海军参与编写。具体编写分工为：项目一由张英编写；项目二由徐江岑和刘亚双共同编写；项目三由倪洪将编写；项目四由戴海波编写；项目五和项目六由刘亚双编写；项目七和项目八由徐海军编写。全书由苏州市相城建设监理有限公司陈俊祺主审。苏州市市政工程协会对本书的编写进行了专业技术指导，并提出了宝贵建议，在此一并致谢！此外，本书编写过程中，参考和引用了大量有关文献资料，在此对原作者表示感谢！

由于编者水平有限，加之时间仓促，书中疏漏之处在所难免，敬请广大读者予以指正，以便不断修改完善。

编　者

CONTENTS

目录

项目一　认识管道

任务一　市政管道工程认知

课件：认识管道

学习目标

1. 了解市政管道工程的分类。
2. 了解各类市政管道的作用。
3. 了解市政管道工程施工对专业技术人员的要求。

任务描述

市政管道工程是市政工程的重要组成部分，是城市重要的基础工程设施。它犹如人体内的“血管”和“神经”，日夜担负着传送信息和输送能量的任务，是城市赖以生存和发展的物质基础，是城市的生命线。

相关知识

一、市政管道工程的分类

市政管道工程包括的种类很多，按其功能主要可分为给水管道、排水管道、燃气管道、热力管道、电力电缆和电信电缆六大类。

(1)给水管道。给水管道主要为城市输送供应生活用水、生产用水、消防用水和市政绿化及喷洒道路用水，包括输水管道和配水管网两部分。先将给水厂中符合现行国家生活饮用水卫生标准的成品水经输水管道输送到配水管网，然后再经配水干管、连接管、配水支管和分配管分配到各用水点上，供用户使用。

(2)排水管道。排水管道主要是及时收集城市中的生活污水、工业废水和雨水，并将生活污水和工业废水输送到污水处理厂进行适当处理后再排放，雨水一般既不处理也不利用，而是就近排放，以保证城市的环境卫生和生命财产的安全。一般有合流制和分流制两种排水制度，在一个城市中也可合流制和分流制并存。因此，排水管道一般可分为污水管道、雨水管道、合流管道。

(3)燃气管道。燃气管道主要是将燃气分配站中的燃气输送并分配到各用户，供用户使用。一般包括分配管道和用户引入管。我国城市燃气管道根据输气压力的不同一般可分为低压燃气管道($P\leqslant 0.005\ \text{MPa}$)、中压B燃气管道($0.005\ \text{MPa}<P\leqslant 0.2\ \text{MPa}$)、中压A燃气管道($0.2\ \text{MPa}<P\leqslant 0.4\ \text{MPa}$)、高压B燃气管道($0.4\ \text{MPa}<P\leqslant 0.8\ \text{MPa}$)、高压A燃气管道($0.8\ \text{MPa}<P\leqslant 1.6\ \text{MPa}$)。高压A燃气管道通常用于城市间的长距离输送管线，有时也构成大城市输配管网系统的外环网；高压B燃气管道通常构成大城市输配管网系统的外环网，是城市供气的主动脉。

(4)热力管道。热力管道是将热源中产生的热水或蒸汽输送分配到各用户，供用户取暖使用。一般可分为热水管道和蒸汽管道两种。

(5)电力电缆。电力电缆主要为城市输送电能。按其功能可分为动力电缆、照明电缆、电车电缆等。按电压的高低又可分为低压电缆、高压电缆和超高压电缆三种。

(6)电信电缆。电信电缆主要为城市传送信息，包括市话电缆、长话电缆、光纤电缆、广播电缆、电视电缆、军队及铁路专用通信电缆等。

二、市政管道工程的发展

随着城市的发展和建设，长期以来我国各城市都建设了大量的市政管道工程，其在国民经济建设和城市发展中发挥了相当重要的作用。

进入21世纪以来，我国城市建设飞速发展，市政管道工程建设也取得了长足的发展。就排水管道总长度而言，据不完全统计，目前我国省会城市一般都在3 000 km以上，中等城市一般都在1 000 km以上，大城市一般都在6 000 km以上。随着我国城市化进程的不断加快和人民生活水平的日益提高，市政管道的种类也越来越多，不仅需要建设给水管道和排水管道，而且还需要大量建设燃气管道、热力管道、电力电缆和电信电缆等。另外，老城市原有市政管道设施年久失修，已不能满足现代化城市的需要，其改造工程量也将随着城市的发展大幅度增加。所有这些都将为市政管道工程施工技术的应用提供广阔的发展前景。

三、市政管道工程的敷设

市政管道大都铺设在城市道路下，有时有些管线也可架空敷设。各种管道在城市道路下的位置错综复杂，而且其施工的先后次序也不同，彼此间相互影响、相互制约。为了合理地进行市政管道的施工和便于日后的养护管理，需要正确确定和合理规划每种管道在城市道路上的平面位置与竖向位置。

根据城市规划布置要求，市政管道应尽量布置在人行道、非机动车道和绿化带下，只有在不得已时才考虑将埋深大、维修次数少的污水管道和雨水管道布置在机动车道下。管线平面布置的次序从建筑规划红线向道路中心线方向依次为电力电缆、电信电缆、燃气管道、热力管道、给水管道、雨水管道、污水管道。当各种管线布置发生矛盾时，处理的原则是未建让已建、临时让永久、小管让大管、压力管让重力管、可弯管让不可弯管。

当市政管线交叉敷设时，自地面向地下竖向的排列顺序一般为电力电缆、电信电缆、热力管道、燃气管道、给水管道、雨水管道、污水管道。

市政管道工程均为线性工程，其施工大都在市区内部进行，受城市道路交通情况、环境条件、地形条件、地质条件影响较大，有时还不能中断城市交通，这就给市政管道工程的施工带来了一定的难度，客观上要求施工人员要具有一定的专业素质，以便在合理利用现场条件的前提下尽快完成施工任务。

一般情况下，市政管道工程施工可分为施工前的准备阶段、开槽施工阶段和质量检查与验收阶段三大阶段。给水管道开槽施工的具体程序主要为测量放线→沟槽开挖→基底处理→管道安装→沟槽回填→水压试验→冲洗与消毒→最后回填。其中，测量放线属于准备阶段；沟槽开挖、基底处理、管道安装、沟槽回填属于开槽施工阶段；水压试验、冲洗与消毒属于质量检查与验收阶段。排水管道开槽施工的具体程序主要为测量放线→沟槽开挖→基底处理→铺设管道→闭水试验→回填土方。可见，给水和排水管道施工的过程基本一致，略有不同，将在任务三中详细介绍管道开槽施工方法。

另外，市政管道工程的施工涉及的工种很多，如土石方工程、钢筋混凝土工程、管道铺设安装工程等，每个工种工程的施工都可以采用不同的施工方案、不同的施工技术、不同的机械设备、不同的劳动组织和不同的施工组织方法。这就要求施工人员，特别是技术人员和管理人员，要根据施工对象的特点和规模，结合地质条件、水文条件、气象条件、环境条件、机械设备和材料供应等客观条件，研究如何采用先进、合理的施工技术，在保证工程质量的前提下，最快、最经济、最合理地完成每个工种工程的施工工作。其不但要研究施工工艺和施工方法，而且还要研究保证工程质量、降低工程成本和保证施工安全的技术措施和组织措施。

任务二　给水管道工程

学习目标

1. 了解给水管道系统的分类。
2. 了解给水管道布置的原则。

任务描述

给水系统是指由取水、输水、水质处理、配水等设施以一定的方式组合而成的总体。给水系统由取水构筑物、水处理构筑物、泵站、输水管道、配水管网和调节构筑物六部分组成。给水管道工程的主要任务是将符合用户要求的水(成品水)输送和分配到各用户，一般通过泵站、输水管道、配水管网和调节构筑物等设施共同工作来完成。本任务就给水管道工程做详细介绍。

相关知识

一、给水系统分类

给水系统按其服务对象的不同可分为以下三种。

1. 生活给水系统

生活给水系统是为人们生活提供引用、烹调、洗涤、盥洗、淋浴等用水的给水系统。生活给水系统除需满足用水设施对水量和水压的要求外，还应符合国家规定的相应水质标准。

2. 生产给水系统

生产给水系统是为产品制造、设备冷却、原料和成品洗涤等生产加工过程供水的给水系统。由于采用的工艺流程不同，生产同类产品的企业对水量、水质和水压的要求可能存在较大的差异。

3. 消防给水系统

消防用水只有在发生火灾时才能使用，一般是从街道上设置的消火栓和室内消火栓取水，用以扑灭火灾。此外，在有些建筑物中还采用了特殊消防措施，如自动喷水设备等。消防给水设备一般可与城市生活饮用水共用一个给水系统，只有在一些对防火要求特别高的建筑物、仓库或工厂，才设立专用的消防给水系统。消防用水对水质无特殊要求。

给水系统还可按水源种类分为地表水(江河、湖泊、水库、海洋等)和地下水(浅层地下水、深层地下水、泉水等)给水系统，如图 1-1、图 1-2 所示。用地下水作为供水水源时，应有确定的水文地质资料，取水量必须小于允许开采量，严禁盲目开采。

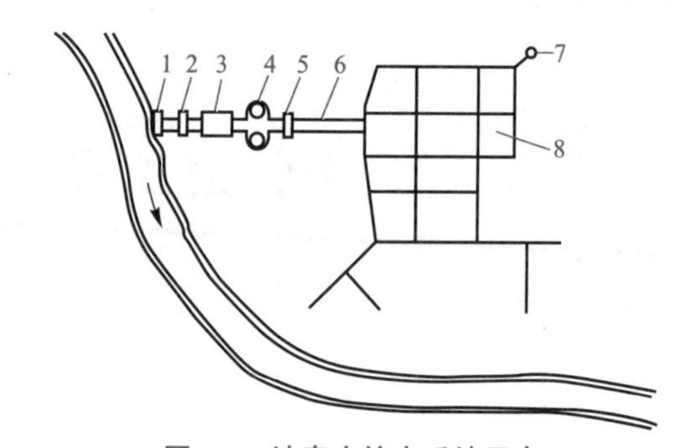

图 1-1　地表水给水系统示意

1—取水构筑物；2——级泵站；3—水处理构筑物；
4—清水池；5—二级泵站；6—输水管；7—水塔；8—管网

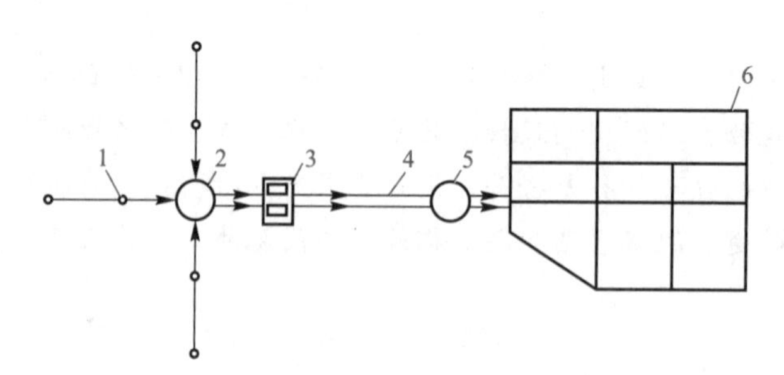

图 1-2　地下水给水系统示意

1—管井；2—水池；3—泵站；4—输水管；5—水塔；6—管网

在一个城市中，可以单独采用地表水源给水系统或地下水源给水系统，也可以两种系统并存。

(1)给水管道一般通过泵站、输水管道、配水管网和调节构筑物等设施共同工作来完成。

(2)输水管道是从水源向给水厂或从给水厂向配水管网输水的管道，主要特征是不向沿线两侧配水。输水管道发生事故将对城市供水产生巨大影响，因此，输水管道一般都采用两条平行的管线，并在中间适当的地点设置连通管，安装切换阀门。

(3)配水管网是用来向用户配水的管道系统。它分布在整个供水区域范围内，接受输水管道输送来的水量，并将其分配到各用户的接管点上。一般配水管网由配水干管、连接管、配水支管、分配管、附属构筑物和调节构筑物组成。

二、给水系统的组成

给水系统是由相互联系的一系列构筑物和输配水管网组成的，主要包括以下五个部分：

(1)取水构筑物：作用主要是从水源取水，修建时应与城市总体规划要求相适应，在保证供水安全的情况下，应尽量靠近用水地点，以节省输水投资。

(2)水处理构筑物：无论是地表水还是地下水，均含有各种杂质，必须经过处理使水质达到生活饮用或工业生产所需要的水质标准。水处理构筑物常集中布置在水厂范围内，用以对原水进行处理，使其达到用户对水质的不同要求。

(3)泵站：用来将所需水量提升到要求的高度，可分为一级泵站、二级泵站和增压泵站等。其中，一级泵站直接从水源取水，并将水输送到水处理构筑物；二级泵站通常设在水厂内，将处理后的水通过管网向用户供水；增压泵站主要用于升高管网中的压力来满足用户的需要。

(4)输水管渠和配水管网：给水管网是由大大小小的给水管道组成的，遍布整个城市的地下。根据给水管网在整个给水系统中的作用，可分为输水管网和配水管网两部分。输水管网是从水源到水厂或从水厂到配水管网的管道系统；配水管网则是将输水管渠送来的水分配给城市用户的管道系统。给水管网应保证一定的水压，当按照直接供水的建筑层数确定给水管网水压时，其用户接管处的最小服务水头，一层为 10 m，二层为 12 m，二层以上每增加一层增加 4 m。

(5)调节构筑物：有高地水池、水塔和清水池等，用于储存和调节水量，大城市因城市用水量大，水塔容积小了不起作用，容积大了造价高，且水塔高度一旦确定，不利于今后管网的发展。因此，通常不设水塔。中、小城市或企业为了储备水量和保证水压，常设置水塔，既可以缩短水泵的工作时间，又可以保证恒定的水压。

三、给水管网的布置

1. 布置原则

给水管网的主要作用是保证供给用户所需的水量，保证配水管网有适宜的水压，保证供水水质并不间断供水。因此，给水管网布置时应遵守以下原则：

(1)根据城市总体规划，结合当地实际情况进行布置，并进行多方案的技术经济比较，择优定案。

(2)管线应均匀地分布在整个给水区域内，保证用户有足够的水量和适宜的水压，水质在输送过程中不遭受污染。

(3)力求管线短捷，尽量不穿或少穿障碍物，以节约投资。

(4)保证供水安全可靠，事故时应尽量不间断供水或尽可能缩小断水范围。

(5)尽量减少拆迁，少占农田或不占良田。

(6)便于管道的施工、运行和维护管理。

(7)要远近期结合，考虑分期建设的可能性，既要满足近期建设需要，又要考虑远期的发展，留有充分的发展余地。

2. 布置形式

一般给水管网尽量布置在地形高处，沿道路平行敷设，尽量不穿障碍物，以节省投资和减少供水成本。

(1)根据水源地和给水区的地形情况，输水管网有三种布置形式，即重力输水系统、压力输水系统、重力和压力输水相结合的输水系统。

1)重力输水系统。重力输水系统适用于水源地地形高于给水区，并且高差可以保证以经济的造价输送所需水量的情况。此时，清水池中的水可以靠自身的重力经重力输水管送入给水厂，经处理后再将成品水送入配水管网，供用户使用；如水源水质满足用户要求，也可经重力输水管直接进入配水管网，供用户使用。该输水系统无动力消耗、管理方便、运行经济。当地形高差很大时为降低供水压力，可在中途设置减压水池，形成多级重力输水系统，如图 1-3(a)所示。

2)压力输水系统。压力输水系统适用于水源地与给水区的地形高差不能保证以经济的造价输送所需的水量，或水源地地形低于给水区地形的情况。此时，水源(或清水池)中的水必须由泵站加压后经输水管送至给水厂进行处理，或者直接送至配水管网供用户使用。该输水系统需要消耗大量的动力，供水成本较高，如图 1-3(b)所示。

3)重力和压力相结合的输水系统。在地形复杂且输水距离较长时，往往采用重力和压力相结合的输水方式，以充分利用地形条件，节约供水成本。该输水系统在大型的长距离输水管道中应用较为广泛，如图 1-3(c)所示。

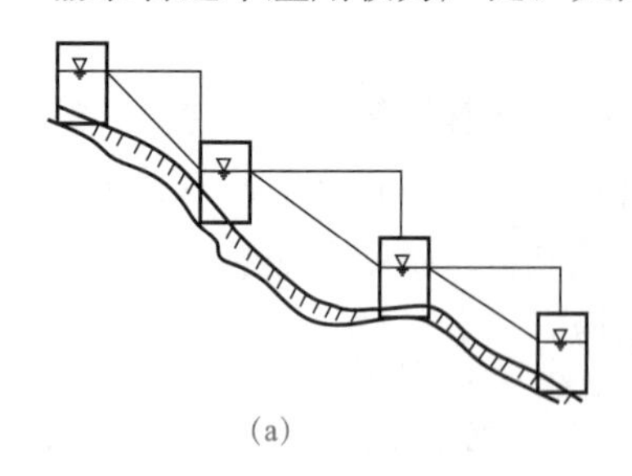

(a)

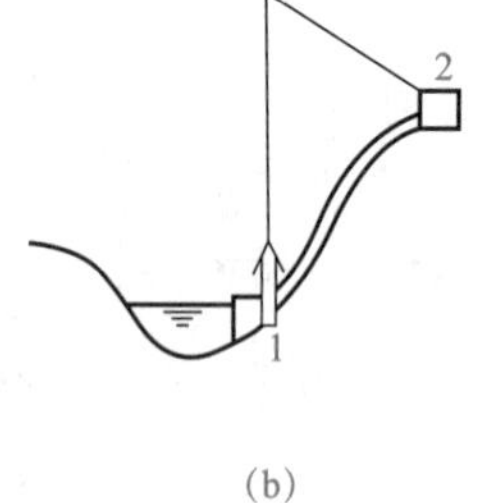

(b)

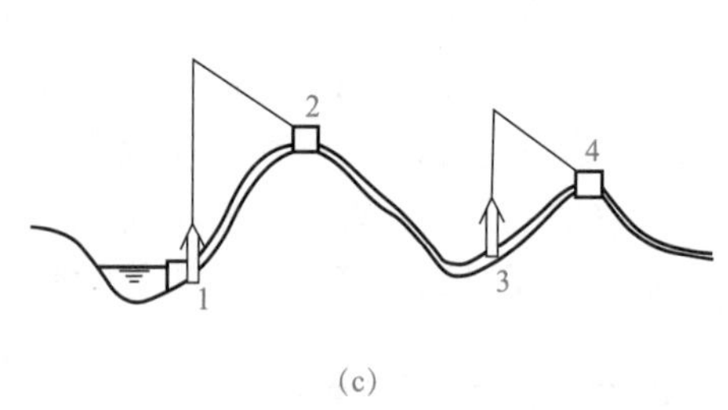

(c)

图 1-3 输水管道布置形式

(a)重力输水系统；

(b)压力输水系统；

1—泵站；2—高地水池；

(c)重力和压力相结合的输水系统

1、3—泵站；2、4—高地水池

(2)配水管网。配水管网一般敷设在城市道路下，就近为两侧的用户配水。因此，配水管网的形状应随城市路网的形状而定。随着城市路网规划的不同，配水管网可以有多种布置形式，但一般可归纳为枝状管网和环状管网两种布置形式。

1)枝状管网。枝状管网是因从二级泵站或水塔到用户的管线布置类似树枝状而得名，其干管和支管分明，管径由泵站或水塔到用户逐渐减小，如图 1-4(a)所示。由此可见，枝状管网管线短、管网布置简单、投资少；但供水可靠性差，当管网中任一管段损坏时，其后的所有管线均会断水。在枝状管网末端，因用水量小，水流速度缓慢，甚至停滞不动，故容易使水质变坏。

2)环状管网。环状管网中的管道纵横相互接通，形成环状。当管网中某一管段损坏时，可以关闭附近的阀门使其与其他的管段隔开，然后进行检修，水可以从另外的管线绕过该管段继续向下游用户供水，使断水的范围减至最小，从而提高了管网供水的可靠性和保证率。同时，还可大大减轻因水锤作用而产生的危害。但环状管网也具有管线长、布置复杂、成本高的缺点，如图 1-4(b)所示。

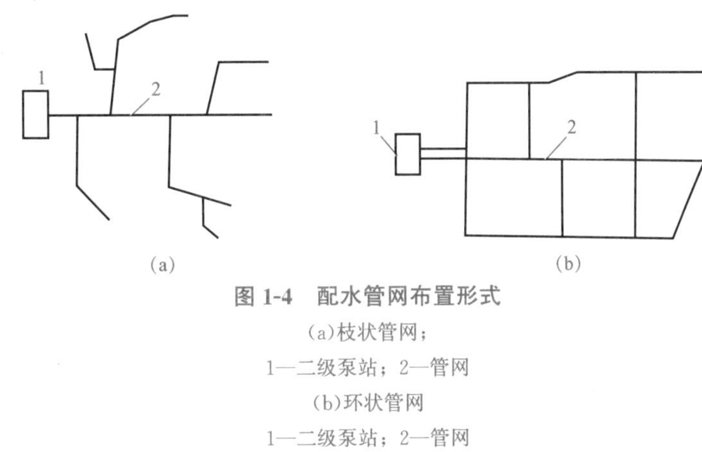

图 1-4　配水管网布置形式

(a)枝状管网；

1—二级泵站；2—管网

(b)环状管网

1—二级泵站；2—管网

3. 布置要求

(1)输水管网。输水管网的管道应采用两条相同管径和管材的平行管线，间距宜为 2～5 m，中间用管道连通。连通管的间距视输水管道的长度而定，当输水管道长度小于 3 km 时，间距为 1～1.5 km；当输水管长度为 3～10 km 时，间距为 2～2.5 km；当输水管长度为 10～20 km 时，间距为 3～4 km。一般来说，当输水管道被连通管分成 2～3 段时，即足以满足事故保证率 70%的要求，分段数越多则事故保证率就越高。但段数多必然导致连通管个数多，这就增加了工程成本和输水管道漏水的可能性，故应视具体情况确定连通管间距。

输水管网应有一定的敷设坡度，以利于排空和排气，其最小坡度为 1∶5*DN*(*DN* 为输水管管径，以 mm 计)，在地形平坦地区可人为造坡。

为方便检修，在输水管道上应设置阀门，其最大间距结合连通管间距确定。通常情况下，输水管道上的阀门设置在连通管处，采用 5 阀布置较为合理。

(2)配水管网。配水管网由各种大小不同的管段组成，无论是枝状管网还是环状管网，按管段的功能均可划分为配水干管、连接管、配水支管和分配管。

1)配水干管。配水干管接受输水管道中的水，并将其输送到各供水区。干管管径较大，一般应布置在地形高处，靠近大用户并沿城市的主要干道敷设，在同一供水区内可布置若干条平行的干管，其间距一般为500～800 m。

2)连接管。连接管用于配水干管间的连接，以形成环状管网，保证在干管发生故障关闭事故管段时，能及时通过连接管重新分配流量，从而缩小断水范围，提高供水可靠性和保证率。连接管一般沿城市次要干道敷设，其间距为800～1 000 m。

3)配水支管。配水支管是将干管输送来的水分配到接户管道和消火栓管道，敷设在供水区的道路下。在供水区内配水支管应尽量均匀布置；尽可能采用环状管线，同时，应与不同方向的干管连接。当采用枝状管网时，配水支管不宜过长，以免管线末端用户水压不足或水质变坏。

4)分配管。分配管(也称为接户管)是连接配水支管与用户的管道，将配水支管中的水输送、分配给用户，供用户使用。一般每个用户有一条分配管即可，但重要用户的分配管可有两条或数条，并应从不同的方向接入，以增加供水的可靠性。

为了保证配水管网正常供水和便于维修管理，在管网的适当位置上应设置阀门、消火栓、排气阀、泄水阀等附属设备。其布置原则是数量尽可能少，但又要运用灵活。

1)阀门：是控制水流、调节流量和水压的设备，其位置和数量要满足故障管段的切断需要，应根据管线长短、供水重要性和维修管理情况而定。一般配水干管上每隔500～1 000 m设置一个阀门，并设于连接管的下游；配水干管与配水支管相接处，一般在配水支管上设置阀门，以便配水支管检修时不影响配水干管供水；配水干管和配水支管上消火栓的连接管上均应设置阀门；配水管网上两个阀门之间独立管段内消火栓的数量不宜超过5个。

2)消火栓：应布置在使用方便、明显易见的地方，距离建筑物外墙应不小于5.0 m，距车行道边不大于2.0 m，以便于消防车取水而又不影响交通，一般常设在人行道边，两个消火栓的间距不应超过120 m。

3)排气阀：用于排除管道内积存的空气，以减小水流阻力，一般常设在配水管道的高处。

4)泄水阀：用于排空管道内的积水，以便于检修时排空管道，一般常设在配水管道的低处。

给水管道相互交叉时，其最小垂直净距为0.15 m；给水管道与污水管道、雨水管道或输送有毒液体的管道交叉时，给水管道应敷设在上面，最小垂直净距0.4 m，且接口不能重叠；当给水管必须敷设在下面时，应采用钢管或钢套管，钢套管伸出交叉管的长度，每端不得小于3.0 m，且套管两端应用防水材料封闭，并应保证0.4 m的最小垂直净距。

任务三　排水管道工程

学习目标

1. 了解排水管道系统的组成。
2. 了解排水管道布置的原则。

任务描述

城市排水系统是处理和排除城市污水和雨水的工程设施系统，是城市公用设施的组成部分。城市污水包括生活污水和工业废水，由污水管道收集，送至污水厂处理后，排入水体或回收利用；雨水则一般由雨水管道收集后，就近直接排入水体。本任务就排水管道工程做详细介绍。

相关知识

一、城市排水系统的体制

城市污水和雨水可采用同一个排水管道系统来排除，也可采用各自独立的排水管道系统来排除。不同排除方式所形成的排水系统称为排水体制。常见的排水体制主要有合流制和分流制两种。

1. 合流制

合流制是将城市污水和雨水混合在同一套排水管道内排除的排水系统，又称一管制。根据污水汇集后处置方式的不同，合流制又可分以下三种情况：

(1)直泄式合流制。直泄式合流制是将排除的混合污水不经处理直接就近排入水体，如图 1-5 所示。直泄式合流制是最早出现的合流制排水体制。其特点是流路短、排水迅速，但由于大量未经处理的污水直接排入水体，使受纳水体遭受严重污染，现已不再采用。

(2)截流式合流制。截流式合流制即在临河岸边建造一条截流主干管，在干管与截流主干管相交处设置溢流井，并在截留主干管下游设置污水厂。晴天和初降雨时所有污水都送至污水厂，随着降雨量的增加，雨水径流也增加，当混合污水的流量超过截流主干管的输水能力后，部分混合污水就经溢流井而直接排入水体，如图 1-6 所示。截流式合流制排水体制仍有部分混合污水未经处理直接排放，从而污染水体，目前多用于旧城改造中的排水系统。

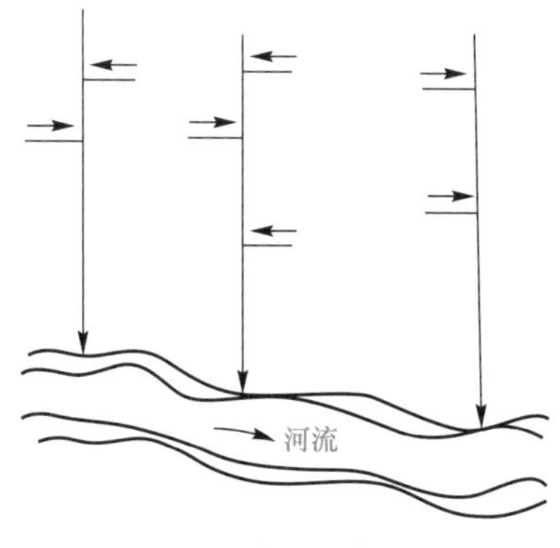

图 1-5　直泄式合流制

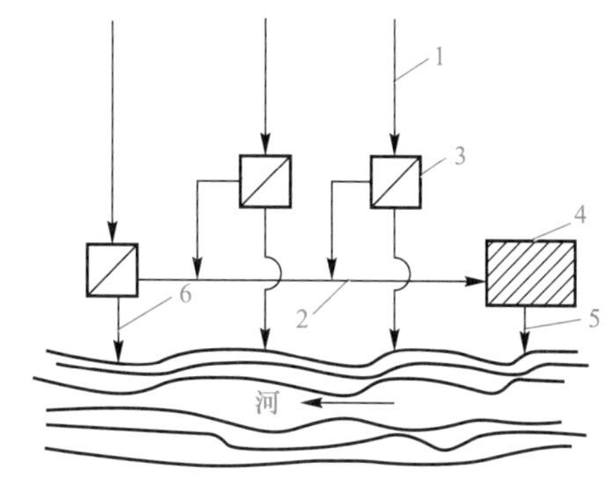

图 1-6　截流式合流制

1—合流干管；2—截流主干管；3—溢流井；
4—污水处理设施；5—尾水排放口；6—溢流出水管(口)

(3)完全合流制。完全合流制是将污水和雨水合流于一条管渠内，全部送往污水处理厂进行处理后再排放。此时，污水处理厂的设计负荷大，要容纳降雨的全部径流量，这就给污水厂的运行管理带来很大的困难，其水量和水质的经常变化也不利于污水的生物处理；同时，处理构筑物过大，平时也很难全部发挥作用，造成一定程度的浪费。

2. 分流制

分流制是指用不同管渠分别收集和输送各种城市污水和雨水的排水方式。排除综合生活污水和工业废水的管渠系统称为污水管道系统；排除雨水的管渠系统称为雨水管道系统。根据排除雨水方式的不同，分流制可分为以下两种情况：

(1)完全分流制。完全分流制是将城市的生活污水和工业废水用一条管道排除，而雨水用另一条管道来排除的排水方式，如图 1-7 所示。完全分流制中有一条完整的污水管道系统和一条完整的雨水管道系统。

这样可以将城市的综合生活污水和工业废水送至污水厂进行处理，克服了完全合流制的缺点，同时减小了污水管道的管径。但完全分流制的管道总长度长，且雨水管道只在雨季才发挥作用，因此，完全分流制造价高，初期投资大。

(2)不完全分流制。受经济条件的限制，在城市中只建设完整的污水排水系统，不建雨水排水系统，雨水沿道路边沟排出，或为了补充原有管道系统输水能力的不足只建一部分雨水管道，待城市发展后再将其逐步改造成完全分流制，如图 1-8 所示。

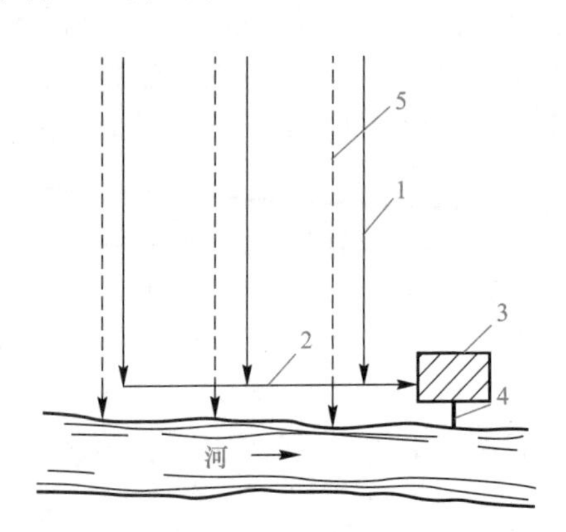

图 1-7　完全分流制

1—污水干管；2—污水主干管；3—水厂；4—出水口；5—雨水干管

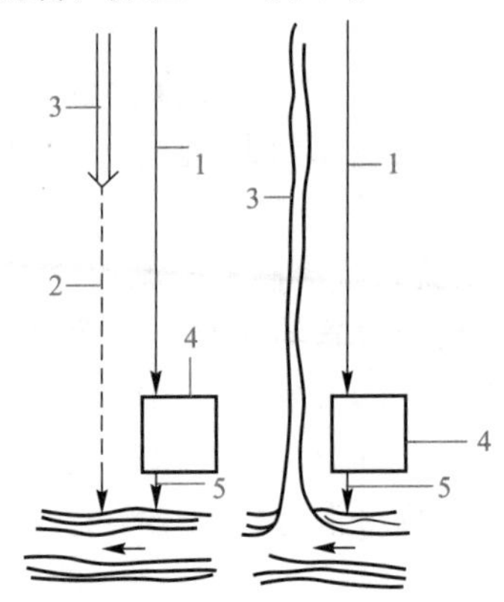

图 1-8　不完全分流制

1—污水管道；2—雨水管渠；3—原有渠道；4—污水厂；5—出水口

排水体制的选择应根据城市和工业企业规划、当地降雨情况、排放标准、原有排水设施、污水处理和利用情况、地形和水体等条件，在满足环境保护要求的前提下，通过技术经济比较，综合考虑确定。一般情况下，新建的城市和城市的新建区宜采用完全分流制或不完全分流制；老城区的合流制宜改造成截流式合流制；在干旱和少雨地区也可采用完全合流制。

二、排水管道系统的组成

排水系统是指收集、输送、处理、再生和处置污水和雨水的工程设施以一定的方式组合而成的总体。通常排水系统由排水管道系统和污水处理系统组成。

排水管道系统的作用是收集、输送污(废)水，其由管渠、检查井、泵站等设施组成。在分流制排水系统中包括污水管道系统和雨水管道系统；在合流制排水系统中只有合流制管道系统。污水管道系统是收集、输送综合生活污水和工业废水的管道及其附属构筑物；雨水管道系统是收集、输送、排放雨水的管道及其附属构筑物；合流制管道系统是收集、输送综合生活污水、工业废水和雨水的管道及其附属构筑物。

污水处理系统的作用是对污水进行处理和利用，包括各种处理构筑物。

1. 污水管道系统的组成

污水管道系统包括小区污水管道系统和市政污水管道系统两部分。

(1)小区污水管道系统。小区污水管道系统主要是收集小区内各建筑物排出的污水，并将其输送到市政污水管道系统中。其一般由接户管、小区支管、小区干管、小区主干管和检查井、泵站等附属构筑物组成，如图 1-9 所示。

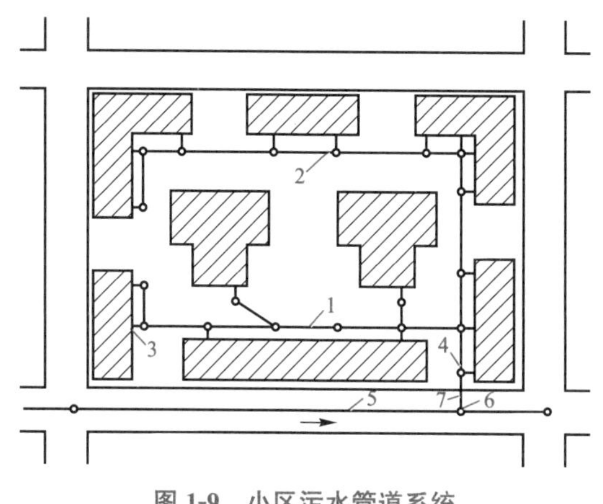

图 1-9　小区污水管道系统

1—小区污水管道；2—检查井；3—出户管；
4—控制井；5—市政污水管道；6—市政污水检查井；7—小区主干旁

接户管承接某一建筑物出户管排出的污水，并将其输送到小区支管；小区支管承接若干接户管的污水，并将其输送到小区干管；小区干管承接若干个小区支管的污水，并将其输送到小区主干管；小区主干管承接若干个小区干管的污水，并将其输送到市政污水管道系统中。

(2)市政污水管道系统。市政污水管道系统主要承接城市内各小区的污水，并将其输送到污水处理系统，经过处理后再排放利用。其一般由支管、干管、主干管和检查井、泵站、出水口及事故排出口等附属构筑物组成，如图 1-10 所示。

支管承接若干小区主干管的污水，并将其输送到干管中；干管承接若干支管中的污水，并将其输送到主干管中；主干管承接若干干管中的污水，并将其输送到城市污水处理厂进行处理。

2. 雨水管道系统的组成

降落在屋面上的雨水由天沟和雨水斗收集，通过落水管输送到地面，与降落在地面上的雨水一起形成地表径流，然后通过雨水口收集流入小区的雨水管道系统，经过小区的雨水管道系统流入市政雨水管道系统，然后通过出水口排放。因此，雨水管道系统包括小区雨水管道系统和市政雨水管道系统两部分，如图 1-11 所示。

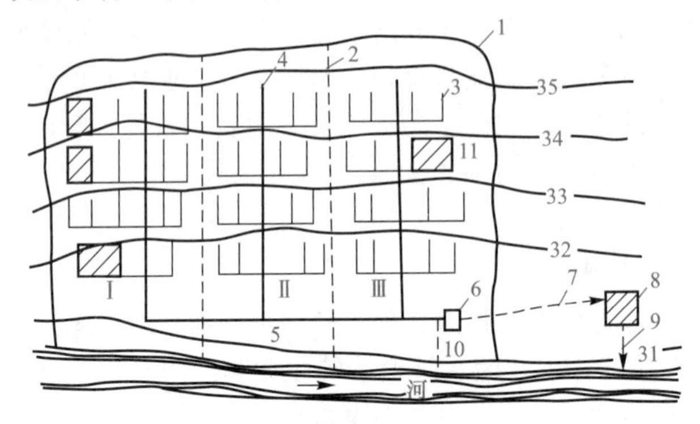

图 1-10　市政污水管道系统

1—城市边界；2—排水流域分界线；3—支管；4—干管；5—主干管；

6—总泵站；7—压力管道；8—城市污水厂；9—出水口；10—事故排出口；11—工厂

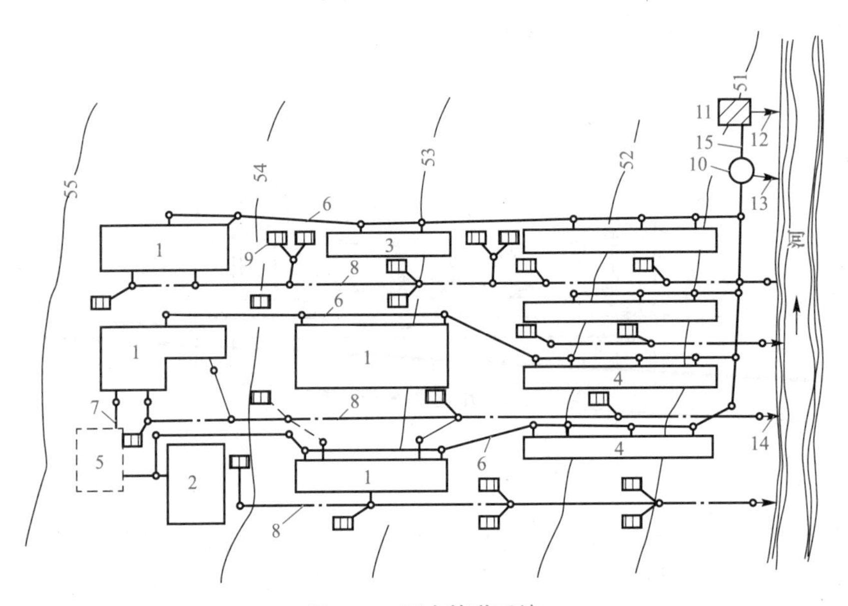

图 1-11　雨水管道系统

1，2，3，4，5—建筑物；6—生活污水管道；7—生产污水管道；8—生产废水与雨水管道；9—雨水口；

10—污水泵站；11—废水处理站；12—出水口；13—事故排出口；14—雨水出水口；15—压力管道

(1)小区雨水管道系统。小区雨水管道系统是收集、输送小区地表径流的管道及其附属构筑物。其包括雨水口、小区雨水支管、小区雨水干管、雨水检查井等。

(2)市政雨水管道系统。市政雨水管道系统是收集小区和城市道路路面上地表径流的管道及其附属构筑物。其包括雨水支管、雨水干管和雨水口、检查井、雨水泵站、出水口等附属构筑物。

雨水支管承接若干小区雨水干管中的雨水和所在道路地表径流，并将其输送到雨水干管；雨水干管承接若干雨水支管中的雨水和所在道路的地表径流，并将其就近排放。

3. 合流制管道系统

合流制管道系统是收集输送城市综合生活污水、工业废水和雨水的管道及其附属构筑物。其包括小区合流管道系统和市政合流管道系统两部分，由污水管道系统和雨水口构成。雨水经雨水口进入合流管道，与污水混合后一同经市政合流支管、合流干管、截流主干管进入污水处理厂，或者通过溢流井溢流排放。

三、排水管道系统的布置

1. 布置原则

排水管道系统应根据城市总体规划和排水工程专项规划，结合当地实际情况进行布置。布置时应遵循尽可能在管线较短和埋深较小的情况下，使最大区域的污水能自流排出的原则。

排水管道布置时一般按主干管、干管、支管的顺序进行。其方法是首先确定污水厂或出水口的位置，然后再依次确定主干管、干管和支管的位置。

2. 布置形式

在城市中，市政排水管道系统的平面布置，随着城市地形、城市规划、污水厂位置、河流位置及水流情况、污水种类和污染程度等因素而定。在这些影响因素中，地形是最关键的因素，按城市地形考虑可有六种布置形式，如图 1-12 所示。

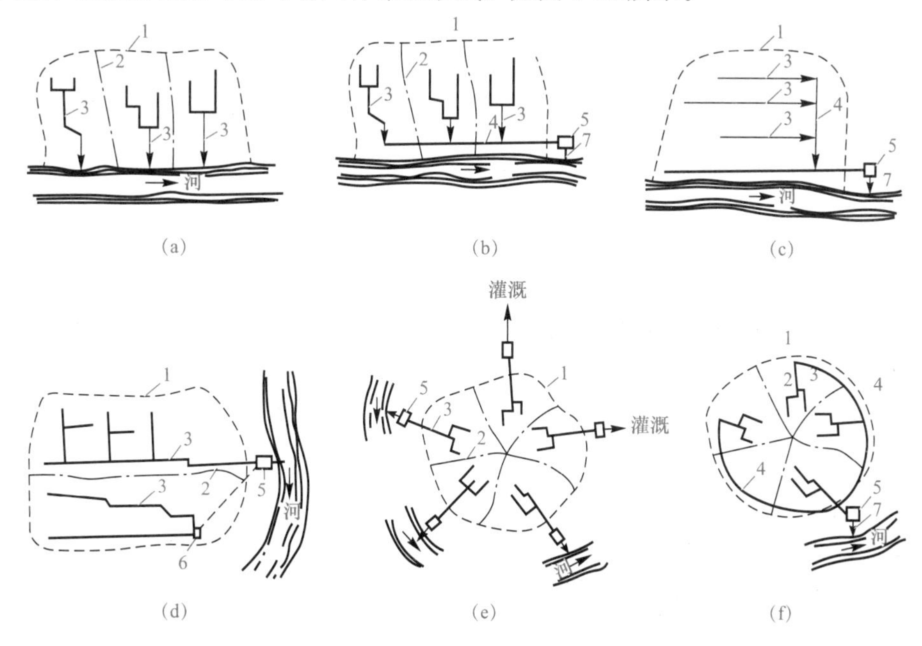

图 1-12 排水管道系统的布置形式

(a)正交式；(b)截流式；(c)平行式；(d)分区式；(e)分散式；(f)环绕式

1—城市边界；2—排水流域分界线；3—干管；4—主干管；5—污水厂；6—污水泵站；7—出水口

(1)正交式布置。在地势向水体适当倾斜的地区，可采用正交式布置，使各排水流域的干管与水体垂直相交，这样可以使干管的长度短、管径小、排水迅速、造价低。但污水未经处理就直接排放，容易造成受纳水体的污染。因此，正交式布置仅适用于雨水管道系统。

(2)截流式布置。在正交式布置的基础上，若沿水体岸边敷设主干管，将各流域干管的污水截流送至污水厂，就形成了截流式布置。截流式布置减轻了水体的污染，保护和改善了环境，适用于分流制中的污水管道系统。

(3)平行式布置。在地势向水体有较大倾斜的地区，可采用平行式布置，使排水流域的干管与水体或等高线基本平行，主干管与水体或等高线成一定斜角敷设。这样可避免干管坡度和管内水流速度过大，使干管受到严重冲刷。

(4)分区式布置。在地势高差相差很大的地区，可采用分区式布置。即在高地区和低地区分别敷设独立的管道系统。高地区的污水靠重力直接流入污水厂；低地区的污水则靠泵站提升至高地区的污水厂。也可将污水厂建在低处，低地区的污水靠重力直接流入污水厂，而高地区的污水则跌水至低地区的污水厂。其优点是充分利用地形，节省电力。

(5)分散式布置。当城市中央地势高，地势向周围倾斜，或城市周围有河流时，可采用分散式布置，即各排水流域具有独立的排水系统，其干管呈辐射状分布。其优点是干管长度短、管径小、埋深浅，但需要建造多个污水处理厂。因此，适宜排出雨水。

(6)环绕式布置。在分散式布置的基础上敷设截流主干管，将各排水流域的污水截流至污水厂进行处理，便形成了环绕式布置。它是分散式发展的结果，适用于建造大型污水厂的城市。

3. 布置要求

污水处理厂一般布置在城市夏季主导风向的下风向、城市水体的下游，并与城市或农村居民点至少有 500 m 以上的卫生防护距离。污水主干管一般布置在排水流域内较低的地带，沿集水线敷设，以便干管的污水能自流接入。污水干管一般沿城市的主要道路布置，通常敷设在污水量较大、地下管线较少一侧的道路下。污水支管一般布置在城市的次要道路下，当小区污水通过小区主干管集中排出时，应敷设在小区较低处的道路下；当小区面积较大且地形平坦时，应敷设在小区四周的道路下。

雨水管道应尽量利用自然地形坡度，以最短的距离靠重力流将雨水排入附近的水体中。当地形坡度大时，雨水干管宜布置在地形低处的主要道路下；当地形平坦时，雨水干管宜布置在排水流域中间的主要道路下。雨水支管一般沿城市的次要道路敷设，排水管道应尽量布置在人行道、绿化带或慢车道下。当道路红线宽度大于 50 m 时，应双侧布置，这样可减少过街管道，便于施工和养护管理。

为了保证排水管道在敷设和检修时互不影响、管道损坏时不影响附近建(构)筑物、不污染生活饮用水，排水管道与其他管线和建(构)筑物间应有一定的水平距离和垂直距离。其最小净距见表 1-1。

表 1-1 排水管道与其他地下管线(构筑物)的最小净距 m

名称		水平净距	垂直净距
建筑物	管道埋深浅于建筑物基础	2.50	—
	管道埋深深于建筑物基础	3.00	—
给水管	$d\leqslant200$ mm	1.00	0.40
	$d>200$ mm	1.50	
排水管		—	0.15
再生水管		0.50	0.40

续表

名称			水平净距	垂直净距
燃气管	低压	P≤0.05 MPa	1.00	0.15
	中压	0.05 MPa＜P≤0.4 MPa	1.20	0.15
	高压	0.4 MPa＜P≤0.8 MPa	1.50	0.15
		0.8 MPa＜P≤1.6 MPa	2.00	0.15
热力管线			1.50	0.15
电力管线			0.50	0.50
电信管线			1.00	直埋 0.50
				管块 0.15
乔木			1.50	—
地主柱杆		通信照明及＜10 kV	0.50	—
		高压铁塔基础边	1.50	—

任务四　其他市政管线工程

学习目标

1. 了解其他常见的市政管线工程。
2. 了解其他各市政管线的布置要求。

任务描述

其他市政管线主要包括燃气管道及热力管网，它们也是城市公用设施不可或缺的一部分。本任务就燃气、热力管道工程做介绍。

相关知识

一、燃气管道系统

1. 燃气管道系统的组成

燃气包括天然气、人工燃气和液化石油气。燃气经长距离输气系统输送到燃气分配站（也称为燃气门站），在燃气分配站将燃气压力降至城市燃气供应系统所需的压力后，由城市燃气管网系统输送分配到各用户使用。因此，城市燃气管网系统是指自气源厂或城市门站到用户引入管的室外燃气管道。现代化的城市燃气输配系统一般由燃气管网、燃气分配站、调压站、储配站、监控与调度中心、维护管理中心组成。

城市燃气管网系统根据所采用的压力级制的不同，可分为一级系统、两级系统、三级系统和多级系统四种。一级系统仅用低压管网来输送和分配燃气，一般适用于小城镇的燃气供应系统；两级系统由低压和中压 B 或低压和中压 A 两级管网组成；三级系统由低压、中压和高压三级管网组成；多级系统由低压、中压 B、中压 A 和高压 B，甚至高压 A 的管网组成。

选择城市燃气管网系统时，应综合考虑城市规划、气源情况、原有城市燃气供应设施、不同类型的用户用气要求、城市地形和障碍物情况、地下管线情况等因素，通过技术经济比较，选用经济合理的最佳方案。

2. 城市燃气管道的布置

城市燃气管道与给水排水管道相同，也要敷设在城市道路下，它在平面上的布置要根据城市总体规划和燃气工程专项规划，结合管道内的压力、道路情况、地下管线情况、地形情况、管道的重要程度等因素确定。

高、中压输气管网的主要作用是输气，并通过调压站向低压管网配气。因此，高压输气管网宜布置在城市边缘或市内有足够埋管安全距离的地带，并应成环，以提高输气的可靠性。中压输气管网应布置在城市用气区便于与低压环网连接的规划道路下，并形成环网，以提高输气和配气的安全可靠性。但中压管网应尽量避免沿车辆来往频繁或闹市区的道路敷设，以免造成施工和维护管理困难。在管网建设初期，根据实际情况，高、中压管网可布置成半环形或枝状网，并与规划环网有机联系，随着城市建设的发展再将半环形或枝状网逐步改造成环状网。

低压管网的主要作用是直接向各类用户配气，根据用户的实际情况，低压管网除以环状网为主体布置外，还允许枝状网并存。低压管道应按规划道路定线，与道路轴线或建筑物的前沿平行，沿道路的一侧敷设，在有轨电车通行的道路下，当道路宽度大于 20 m 时应双侧敷设。在低压管网中，输气的压力低，沿程压力降的允许值也较低，因此，低压环网的每环边长不宜太长，一般控制在 300～600 m。

为保证在施工和检修时市政管道间互不影响，同时，也为了防止由于燃气的泄漏而影响相邻管道的正常运行，甚至燃气逸入建筑物内对人身造成伤害，地下燃气管道与建筑物、构筑物基础及其他管道之间应保持一定的最小水平净距，见表 1-2。

表 1-2　地下燃气管道与建(构)筑物或相邻管道之间的最小净距　　m

<table>
<tr><th colspan="2" rowspan="2">名称</th><th colspan="4">地下燃气管道</th></tr>
<tr><th>低压</th><th>中压</th><th>高压 B</th><th>高压 A</th></tr>
<tr><td colspan="2">建筑物基础</td><td>2.0</td><td>3.0</td><td>4.0</td><td>6.0</td></tr>
<tr><td colspan="2">热力管的管沟外壁、给排水管</td><td>1.0</td><td>1.0</td><td>1.5</td><td>2.0</td></tr>
<tr><td colspan="2">电力电缆</td><td>1.0</td><td>1.0</td><td>1.0</td><td>1.0</td></tr>
<tr><td rowspan="2">通信电缆</td><td>直埋</td><td>1.0</td><td>1.0</td><td>1.0</td><td>1.0</td></tr>
<tr><td>在导管内</td><td>1.0</td><td>1.0</td><td>1.0</td><td>2.0</td></tr>
<tr><td rowspan="2">其他燃气管道</td><td>管径≤300 mm</td><td>0.4</td><td>0.4</td><td>0.4</td><td>0.4</td></tr>
<tr><td>管径>300 mm</td><td>0.5</td><td>0.5</td><td>0.5</td><td>0.5</td></tr>
<tr><td colspan="2">铁路钢轨</td><td>5.0</td><td>5.0</td><td>5.0</td><td>5.0</td></tr>
<tr><td colspan="2">有轨电车道的钢轨</td><td>2.0</td><td>2.0</td><td>2.0</td><td>2.0</td></tr>
<tr><td rowspan="2">电杆(塔)
的基础</td><td>≤35 kV</td><td>1.0</td><td>1.0</td><td>1.0</td><td>1.0</td></tr>
<tr><td>>35 kV</td><td>2.0</td><td>2.0</td><td>2.0</td><td>2.0</td></tr>
</table>

续表

名称	地下燃气管道			
	低压	中压	高压 B	高压 A
通信照明电杆中心	1.0	1.0	1.0	1.0
街树中心	1.2	1.2	1.2	1.2

二、热力管网系统

1. 热力管网系统的组成

热力管网系统是将热媒从热源输送分配到各热用户的管道所组成的系统，它包括输送热媒的管道、沿线管道附件和附属建筑物，在大型热力管网中，有时还包括中继泵站或控制分配站。

根据输送的热媒的不同，市政热力管网一般有蒸汽管网和热水管网两种形式。在蒸汽管网中，凝结水一般不回收，所以为单根管道。在热水管网中，一般有两根管道，一根为供水管，另一根为回水管。无论是蒸汽管网还是热水管网，根据管道在管网中的作用，均可分为供热主干管、支干管和用户支管三种。

2. 热力管网的布置与敷设

热力管网应在城市总体规划和热力工程专项规划的指导下进行布置，主干管要尽量布置在热负荷集中区，力求短直，尽可能减少阀门和附件的数量。通常情况下应沿道路一侧平行于道路中心线敷设，地上敷设时不应影响城市美观和交通。埋地热力管道与建(构)筑物间的最小水平净距见表 1-3，供热管道与其他地下管线间的最小水平净距见表 1-4。

表 1-3　埋地热力管道或管沟外壁与建筑物、构筑物的最小水平净距　　m

名称	最小水平净距	名称	最小水平净距
建筑物基础边	1.5	高压(35～60 kV)电杆支座	2.0
铁路钢轨外侧边缘	3.0	高压(110～220 kV)电杆支座	3.0
电车钢轨外侧边缘	2.0	架空管道支架基础边缘	1.5
铁路、道路的边沟边缘	1.0	乔木或灌木丛中心	1.5
照明、通信电杆中心	1.0	桥梁、旱桥、隧道、高架桥	2.0

表 1-4　供热管道与其他地下管线间的最小净距　　m

管道名称	热网地沟		直埋敷设	
	水平净距	垂直净距	水平净距	垂直净距
给水干管	2.00	0.10	2.50	0.10
给水支管	1.50	0.10	1.50	0.10
污水管	2.00	0.15	1.50	0.15
雨水管	1.50	0.10	1.50	0.10
低压燃气管	1.50	0.15	—	—
中压燃气管	1.50	0.15	—	—

续表

管道名称	热网地沟		直埋敷设	
	水平净距	垂直净距	水平净距	垂直净距
高压燃气管	2.00	0.15	—	—
电力或电信电缆	2.00	0.50	2.00	0.50
排水沟、渠	1.50	0.50	1.50	0.50

热力管道地上敷设时，与其他管线和建(构)筑物的最小垂直净距见表1-5。

表1-5　架空热力管道与其他建(构)筑物交叉时的最小净距　　m

名称	建筑物（顶端）	道路（地面）	铁路（轨顶）	电信线		热力管道
				有防雷装置	无防雷装置	
热力管道	0.6	4.5	6.0	1.0	1.0	0.25

知识点考核

1. 什么是给水系统？它由哪些部分组成？
2. 什么是给水管道工程？其主要任务是什么？
3. 给水管网的布置原则是什么？其布置形式主要有哪些？
4. 什么是排水系统的体制？常用的排水体制有哪几种形式？其各有哪些优点、缺点？
5. 怎样选择排水体制？
6. 什么是排水系统？它的组成内容有哪些？
7. 污水管道系统和雨水管道系统的组成内容各有哪些？
8. 排水管道系统的布置形式有哪些？其各有哪些优点、缺点？
9. 排水管道的布置原则是什么？其布置要求有哪些？
10. 燃气管道系统由哪些内容组成？其布置形式有哪些？
11. 燃气管道的布置要求有哪些？
12. 热力管道的作用是什么？其布置要求和布置形式各有哪些？
13. 热力管道的敷设形式有哪些？其各有哪些优点、缺点？

项目二　给水排水管道施工

任务一　给水管道施工图识读

课件：给水排水管道施工

学习目标

1. 了解常用的给水管材及特点。
2. 了解给水管网的附件和附属构筑物。
3. 能正确识读给水管道的施工图：平面图和纵断面图、节点详图。

任务描述

给水系统是指从水源取水，按照人们生活和工业生产等对水质的要求，在水厂进行处理，然后把处理后的水供给用户的一系列构筑物。给水系统的供水对象一般有城市居住区、工业企业、公共建筑及消防和市政道路、绿地浇洒等，各供水对象对水量、水质和水压都有不同的要求。本任务要求学生在了解给水管材、给水管网附件和附属构筑物的基础上，理解给水管道的构造并能正确识读给水施工图。

相关知识

一、给水管材

目前，在给水工程中常用的管材主要有球墨铸铁管、钢管、塑料管、钢塑管、钢筋混凝土管、预应力钢筋混凝土管等。给水管材对内压、防腐要求较高，内壁防腐除满足防腐要求外，还要满足卫生要求。

1. 球墨铸铁管

球墨铸铁管在 20 世纪 40 年代由美国发明，由于其性能的优越性，被全世界广泛采用。它是市政管道工程中常用的管材，主要用作埋地给水管道，其具有抗腐蚀性能好、锈蚀缓慢、价格较钢管低等优点。我国生产的球墨铸铁管有法兰式和承插式，如图 2-1 和图 2-2 所示。

图 2-1 承插式球墨铸铁管

图 2-2 法兰式球墨铸铁管

球墨铸铁管多采用柔性承插连接，一般有滑入式(T 形)、机械师(K 形)等接口，如图 2-3 和图 2-4 所示。

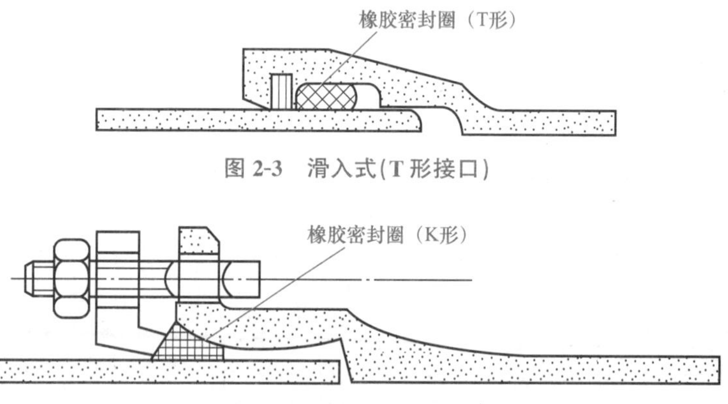

图 2-3 滑入式(T 形接口)

图 2-4 机械式(K 形)接口

2. 钢管

钢管通常用于压力管道上，如给水管道、热力管道及燃气管道等。钢管的优点有很多，如自重轻、强度高、抗应变性能比铸铁管和钢筋混凝土压力管好、接口操作方便、承受管内水压力较高、管内水流水力条件好等。但是，钢管的耐腐蚀性差，使用前需进行防腐处理。由于钢管多采用焊接连接，相应的接头管件较少，所以，其通常由施工企业在管道加工厂或施工现场加工制作，如图 2-5 所示。

图 2-5 钢管

3. 塑料管

塑料管(图 2-6)具有弹性好、耐腐蚀、质量轻、不漏水、管节长、接口施工方便等优点。我国在 20 世纪 60 年代初，就开始使用塑料管代替金属管作为给水排水管道。目前，国内用作给水管道的塑料管有热塑性塑料管和热固性塑料管两种。

(a)

(b)

图 2-6　塑料管

(1)热塑性塑料管。热塑性塑料管可分为硬聚氯乙烯管(UPVC 管)、聚乙烯管(PE 管)、聚丙烯管(PP 管)、ABS 工程塑料管、高密度聚乙烯管(HDPE 管)等。

热塑性塑料管通常采用的管径为 15～400 mm，作为给水管道，其工作压力通常为 0.4～0.6 MPa，有时也达到 1.0 MPa。

(2)热固性塑料管。热固性塑料管主要是玻璃纤维增强树脂管(GRP 管)，它是一种新型的优质管材，质量轻，在同等条件下约为钢管质量的 1/4，施工运输方便，耐腐蚀性强，维护费用低，寿命长，通常用于强腐蚀性土壤处。

4. 钢塑管

钢塑管即钢塑复合管，产品以无缝钢管、焊接钢管为基管，内壁涂装高附着力、防腐、食品级卫生型的聚乙烯粉末涂料或环氧树脂涂料。采用前处理、预热、内涂装、流平、后处理工艺制成的给水管内涂塑复合钢管，其管材承压性能非常好，因其内外层都是塑料材质，具有非常好的耐腐蚀性，所以用途非常广泛，石油、天然气输送，工矿用管，饮水管，排水管等各种领域均可以见到这种钢管的身影。

5. 钢筋混凝土管和预应力钢筋混凝土管

钢筋混凝土管和预应力钢筋混凝土管[图 2-7(a)]按照生产工艺可分为普通钢筋混凝土管[图 2-7(b)]、自应力混凝土管、预应力混凝土管、预应力钢筒钢筋混凝土管，适宜做长距离输水管道。

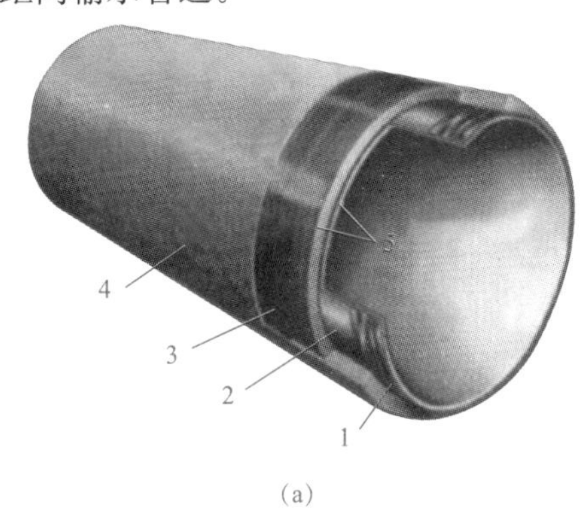

(a)

(b)

图 2-7　钢筋混凝土管

(a)预应力钢筋混凝土管；(b)普通钢筋混凝土管

1—接口环；2—钢筒；3—预应力高强度钢丝；4—水泥砂浆保护层；5—管芯混凝土

优点：价格低、防腐性能好、能承受较高压力，有较好的抗渗透性和耐久性。

缺点：质量大、质地脆、粗糙系数大、配件少、维修难度大。

二、给水管网附件及其附属构筑物

为保证管网的正常运行和维修管理工作的展开，在管道上需要设置必要的阀门、排气阀、消火栓等附件。

1. 阀门和阀门井

(1)阀门。阀门用来调节管道内的流量和水压，事故时用以隔断事故管段。常用的阀门有闸阀、蝶阀两种。为了便于拆装，市政管网上的阀门与管道的连接多采用法兰连接。

1)闸阀(图 2-8)：闸阀靠阀门腔内闸板的升降来控制水流通断和调节流量大小。闸阀开启后的水头损失小，应用广泛，特别适用于大管径、大流量的管道上。

2)蝶阀(图 2-9)：蝶阀将闸板安装在中轴上，靠中轴的转动带动闸板转动来控制水流。蝶阀的特点是结构简单，开启方便，体积小，质量小，应用广泛。但是由于密封结构和材料的限制，蝶阀只能在中、低压管道上使用。

图 2-8　闸阀

图 2-9　蝶阀

在选用阀门时其口径一般要与管道的直径相同，但是当管道直径较大时，为了使阀门的造价降低，可以安装口径小一级的阀门。大口径的阀门，手工启闭劳动强度大、费时长，通常采用电动阀门。

为了便于阀门的选用，按照国家标准，每种阀门都有一个特定型号，用来说明其类别、驱动方式、连接方式、结构形式、密封面或衬里材料、公称压力及阀体材料。阀门型号由 7 个单元组成，按照图 2-10 所示的顺序编制。

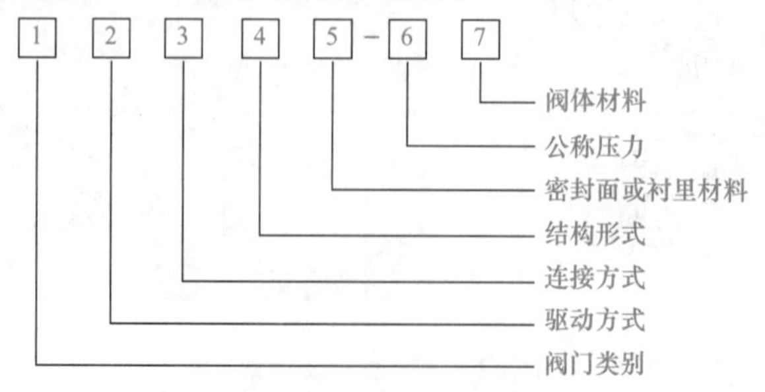

图 2-10　阀门型号的单元编制

阀门的公称直径、压力、介质流动方向、制造厂家等在阀体上都要有标志。对于阀体材料、密封面材料、衬里材料等需要依据阀体各部位上所涂油漆的颜色来识别。阀体材料识别涂色见表 2-1。

表 2-1　阀体材料识别涂色

阀体的材料	涂漆的颜色	阀体的材料	涂漆的颜色
灰铸铁、可溶铸铁	黑色	耐酸刚或不锈钢	浅蓝色
球墨铸铁	银色	合金钢	中蓝色
碳素钢	灰色		

(2)阀门井。阀门一般安装在阀门井内，如图 2-11 所示。阀门井的平面尺寸取决于管径及附件的种类和数量，但应满足阀门操作和安装拆卸各种附件所需的最小尺寸。阀门井一般用砖砌，也可用石砌或钢筋混凝土建造，其形式根据所安装的附件类型、大小和路面材料而定。当阀门井位于地下水水位较高处时，井底及井壁不应透水，在水管穿越井壁处，要保持足够的水密性。阀门井还要有抗浮的水密性。

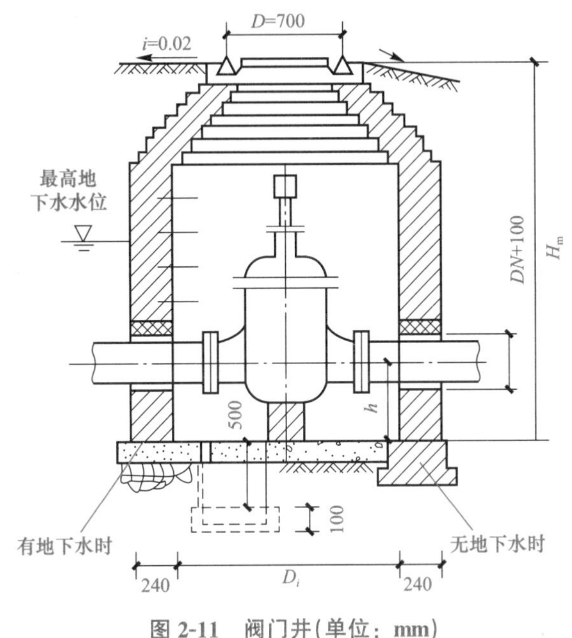

图 2-11　阀门井(单位：mm)

2. 排气阀和泄水阀

(1)排气阀。排气阀的作用是自动排除管道中聚积的空气。在输水管道和配水管网隆起点与平直段的必要位置上应装设排气阀。排气阀装设在单独的井室内，有时也可与其他管网配件合用一个井室，图 2-12 所示为复合式排气阀。

(2)泄水阀。泄水阀又称排泥阀，其作用是排除管道中的沉积物及检修和放空管道内存水。在输水管道和配水管网低处和平直段的必要位置上应装设泄水阀。排放出的水可排入水体、沟管、排水检查井等。图 2-13 所示为自动排气泄水阀。

泄水阀井和排气阀井具体尺寸见《市政给水管道工程及附属设施》(07MS101)。

图 2-12　复合式排气阀

图 2-13　自动排气泄水阀

3. 室外消火栓

消火栓是消防车取水的设备，通常有地上式及地下式两种，如图 2-14 所示。

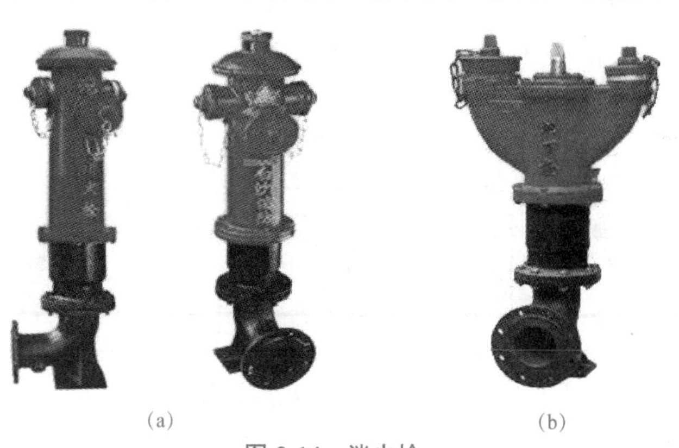

(a)　　(b)

图 2-14　消火栓

(a)地上式消火栓；(b)地下式消火栓

(1)地上式消火栓。地上式消火栓适用于冬季气温较高的地区，一般布置在交叉路口消防车可以驶近的地方，距离街道边不应大于 2 m，距离建筑物外墙不小于 5 m，并涂以红色标志。此消火栓的特点是目标明显，使用方便；但易损坏，有时妨碍交通。

(2)地下式消火栓。地下式消火栓适用于冬季气温较低的地区，一般安装在阀门井内。此消火栓的特点是不影响交通，不易损坏；但使用时不如地上式消火栓方便查找。

4. 管道支墩

承插式接口的给水管道，在转弯处、三通管端处会产生向外的推力，当推力较大时，易引起承插口接头处松动、脱节造成破坏。因此，在承插式管道垂直或水平方向转弯等处应设置管道支墩。当管径小于 350 mm 或转角小于 5°～10°，且压力不大于 1.0 MPa 时，其接头足以承受推力可不设管道支墩。

管道支墩应根据管径、转弯角度、试压标准、接口摩擦力等因素通过计算确定。管道支墩材料用砖、混凝土、浆砌块石等。给水管道支墩设置可以参见《市政给水管道工程及附属设施》(07MS101)。图 2-15 所示为给水管道支墩的两种。

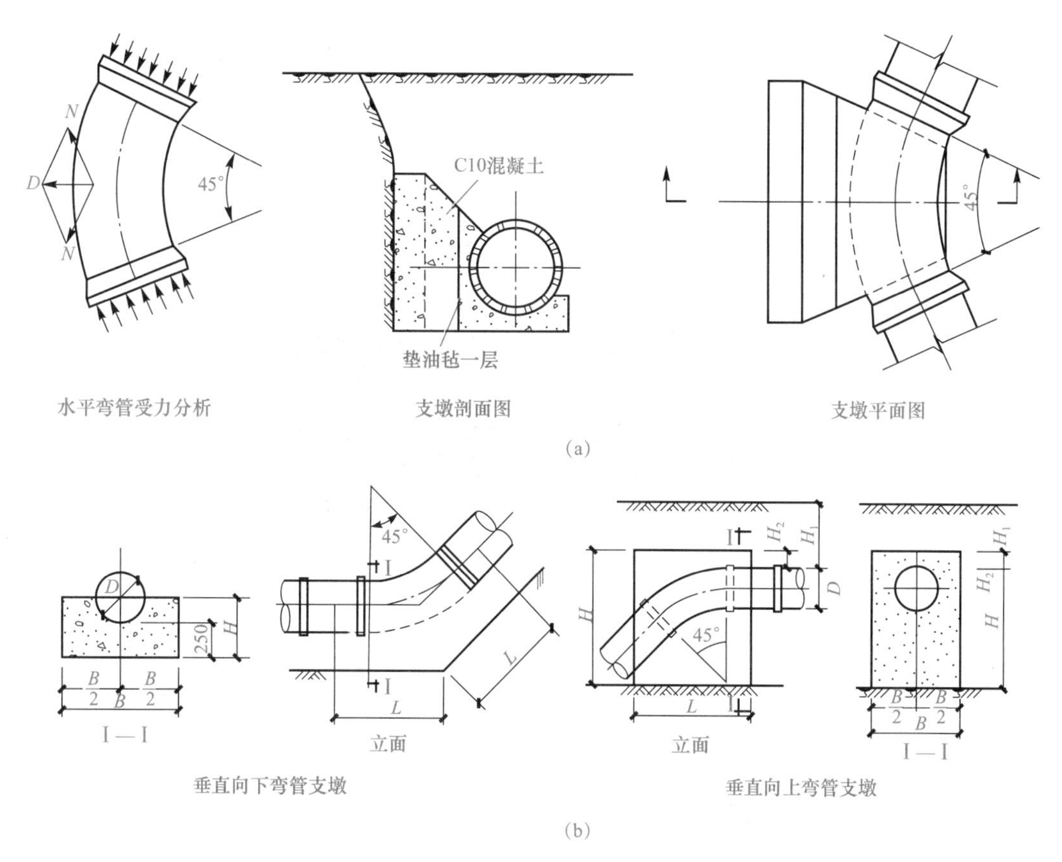

图 2-15　给水管道支墩

(a)水平弯管支墩；(b)垂直弯管支墩

5. 管道穿越障碍物

市政给水管道在通过铁路、公路、河谷时，必须采取一定的措施保证管道能安全、可靠地通过。

(1)管道穿越铁路或公路时，其穿越地点、穿越方式和施工方法，要符合相应的技术规范的要求，并经过铁路或交通部门同意后才可实施。按照穿越的铁路或公路的重要性，通常可采取以下措施。

1)管道穿越临时铁路、一般公路或非主要路线且管道埋设较深时，可不设套管，但应优先选用铸铁管，并将铸铁管接头放在障碍物以外；也可选用钢管，但应采取防腐措施。

2)管道穿越较重要的铁路或交通繁忙的公路时，管道应放在钢管或钢筋混凝土套管内，套管直径根据施工方法而定。大开挖施工时，应比给水管道直径大 300 mm，顶管施工时应比给水管道直径大 600 mm。套管应有一定的坡度以便排水，路的两侧应设置阀门井，内设阀门和支墩，并根据具体情况在低的一侧设置泄水阀。给水管道的管顶或套管顶在铁路轨底或公路路面以下的深度不应小于 1.2 m，以减轻路面荷载对管道的冲击。

(2)管道穿越河谷时，其穿越地点、穿越方式和施工方法，应符合相应的技术规范的要求，并经过河道管理部门的同意后才可实施。根据穿越河谷的具体情况，一般可采取以下措施：

1）当河谷较深、冲刷较严重、河道变迁较快时，一般可将管道架设在现有桥梁的人行道下面，此种方法施工、维护、检修方便，也最为经济。如不能架设在现有桥梁下，则应以桥管的形式通过，如图 2-16 所示。

图 2-16　桥管

桥管一般采用钢管，焊接连接，两端设置阀门井和伸缩接头，最高点设置排气阀。桥管的高度和跨度以不影响航运为宜，一般矢高和跨度比为 1∶8～1∶6，常用为 1∶8。桥管维护管理方便，防腐性好，但易遭到破坏，防冻性差，在寒冷地区必须采取有效的防冻措施。

2）当河谷较浅，冲刷较轻时，河道航运繁忙，不适宜设置桥管或穿越铁路和重要公路时，须采用倒虹管，如图 2-17 所示。

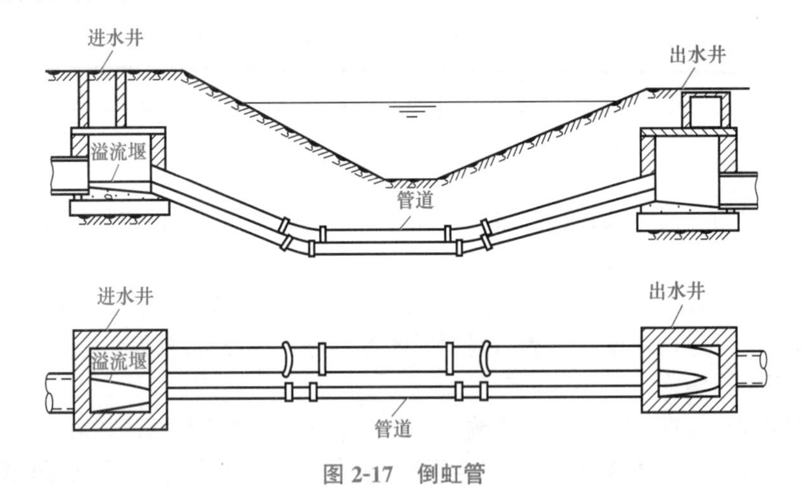

图 2-17　倒虹管

倒虹管的穿越地点、穿越方式和施工方法，应符合相应的技术规范的要求，并经相关管理部门的同意后才可实施。倒虹管管顶距河床的深度一般不小于 0.5 m，但在航道线范围内不应小于 1.0 m；在铁路路轨底或公路路面下一般不小于 1.2 m。倒虹管在敷设时一般同时敷设两条管线，一条工作，另一条备用，两端设置阀门井，最低处设置泄水阀以备检修用。倒虹管一般采用钢管焊接连接，并须对其加强防腐措施，其管径一般比其两端连接的管道的管径小一级，以增大水流速度，防止在低凹处淤积泥沙。

在穿越重要的河道、铁路和交通繁忙的公路时，可将倒虹管置于套管内，套管的管材和管径应根据施工方法确定。

倒虹管具有适应性强、不影响航运、保温性好、隐蔽安全等优点，但施工复杂、检修麻烦，须加强防腐措施。

6. 给水管道的覆土厚度

给水管道埋设在地面以下，其管顶以上要有一定厚度的覆土，以确保管道内的水在冬季不会因冰冻而结冰，且在正常使用时管道不会因各种地面荷载作用而损坏。给水管道覆土厚度是指管顶到路面的垂直距离，如图 2-18 所示。

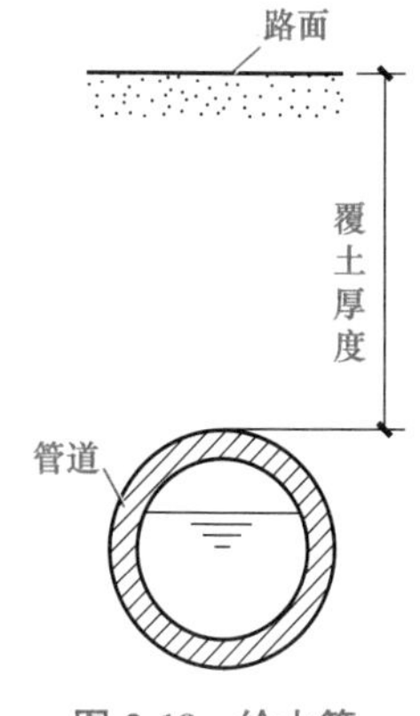

图 2-18　给水管道覆土厚度

在非冰冻地区，给水管道覆土厚度的大小主要取决于外部荷载、管材强度、管道交叉情况，以及抗浮要求等因素。通常，金属管道的最小覆土厚度在车行道下为 0.7 m，在人行道下为 0.6 m；非金属管道的覆土厚度为 1.0～1.2 m。当地面荷载较小，管材强度足够，或者采取相应措施能确保管道不致因地面荷载作用而损坏时，覆土厚度的大小也可降低。

在冰冻地区，给水管道覆土厚度的大小，除要考虑上述因素外，还要考虑土壤的冰冻深度，这需要通过热力计算确定，覆土厚度必须大于土层的最大冰冻深度。当无实际资料时，管底在冰冻线以下的距离可按照以下几列经验数据确定：$DN \leqslant 300$ mm 时，取 $DN+200$ mm；300 mm$<DN \leqslant 600$ mm 时，取 $0.75DN$；$DN>600$ mm 时，取 $0.5DN$。

7. 给水管配件

给水管配件又称元件或零件。市政给水铸铁管通常采用承插连接，在管道的转弯、分支、变径及连接其他附属设备处，必须采用各种配件，才能使管道及设备正确地衔接，也才能正确地设计管道节点的结构，保证正确施工。管道配件的种类非常多，如在管道分支处用的三通(又称丁字管)或四通、转弯处用的各种角度的弯管(又称弯头)、变径处用的变径管(又称异径管、大小头)、改变接口形式采用的各种短管等。给水铸铁管常用配件见表 2-2 和表 2-3。

表 2-2　常用管道配件一览表

编号	名称	图例	编号	名称	图例
1	承插短管		6	双承三通	
2	承盘短管		7	双承单盘三通	
3	插盘短管		8	四承四通	
4	双承短管		9	90°法兰弯管	
5	三承三通		10	90°双承弯管	

续表

编号	名称	图例	编号	名称	图例
11	90°承插弯管		14	双承渐缩管	
12	45°承插弯管		15	双承套管	
13	承口法兰渐缩管		16	闷头	

表 2-3　管道配件实物图

编号	名称	图样	编号	名称	图样
1	承插短管		6	双承三通	
2	承盘短管		7	双承单盘三通	
3	插盘短管		8	四承四通	
4	双承短管		9	90°法兰弯管	
5	三承三通		10	90°双承弯管	

续表

编号	名称	图样	编号	名称	图样
11	90°承插弯管		14	双承渐缩管	
12	45°承插弯管		15	双承套管	
13	承口法兰渐缩管		16	闷头	

各种配件的口径和尺寸均采用公称尺寸，与各级公称管径的铸铁管道相匹配，其具体尺寸和规格可查阅《市政工程设计施工系列图集》或其他相关资料。

任务实施

给水管道施工图的识读是保证工程施工质量的前提，一套完整的给水管道施工图包括目录、施工说明、给水管道平面图、给水管道纵断面图、工程数量表、管线综合图、节点详图及大样(标准)图等。

1. 给水管道平面图

给水管道平面图主要体现的是管道在平面上的相对位置及管道敷设地带一定范围内的地形、地物和地貌情况，如图 2-19 所示，识读时应注意以下几方面的内容。

(1)图纸比例、说明和图例。

(2)管道施工地带道路的宽度、长度、中心线坐标、折点坐标及路面上的障碍物情况。

(3)管道的管径、长度、节点号、桩号、转弯处坐标、中心线的方位角、管道与道路中心线或永久性地物间的相对距离及管道穿越障碍物的坐标等。

(4)与本管道相交、相近或平行的其他管道的位置及相互关系。

(5)附属构筑物的平面位置。

(6)主要材料明细表。

2. 给水管道纵断面图

给水管道纵断面图主要体现管道的埋设情况，如图 2-20 所示，识读时应注意以下几方面的内容：

(1)图纸横向比例、纵向比例、说明和图例。

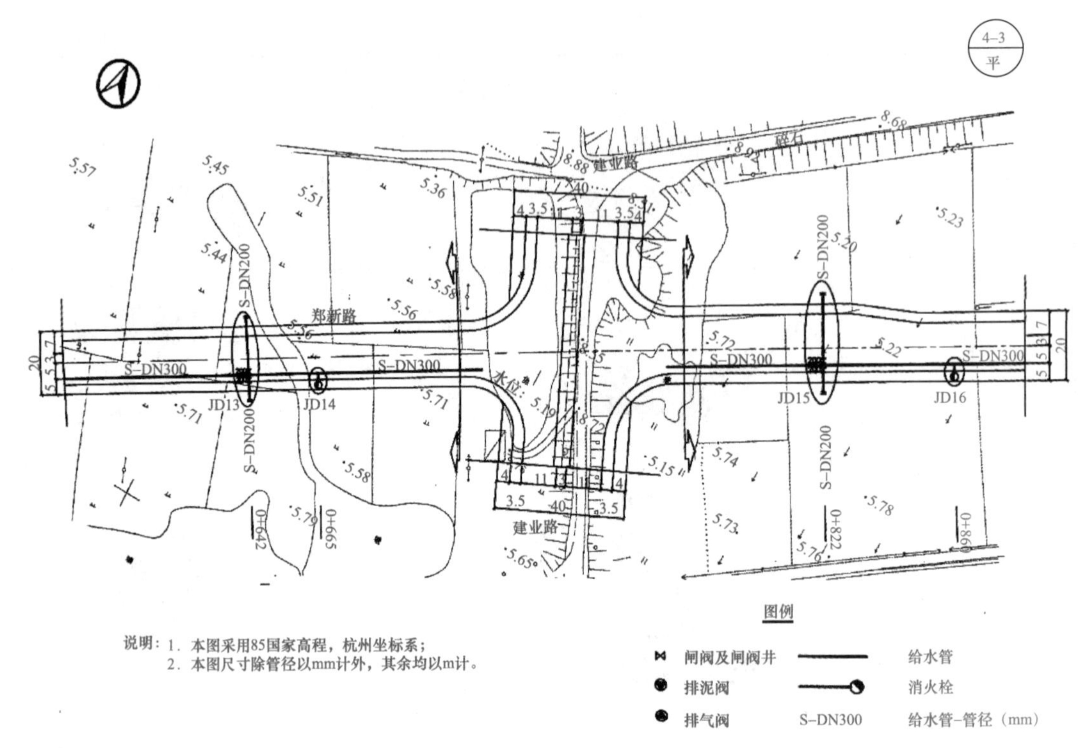

图 2-19　给水管道平面图

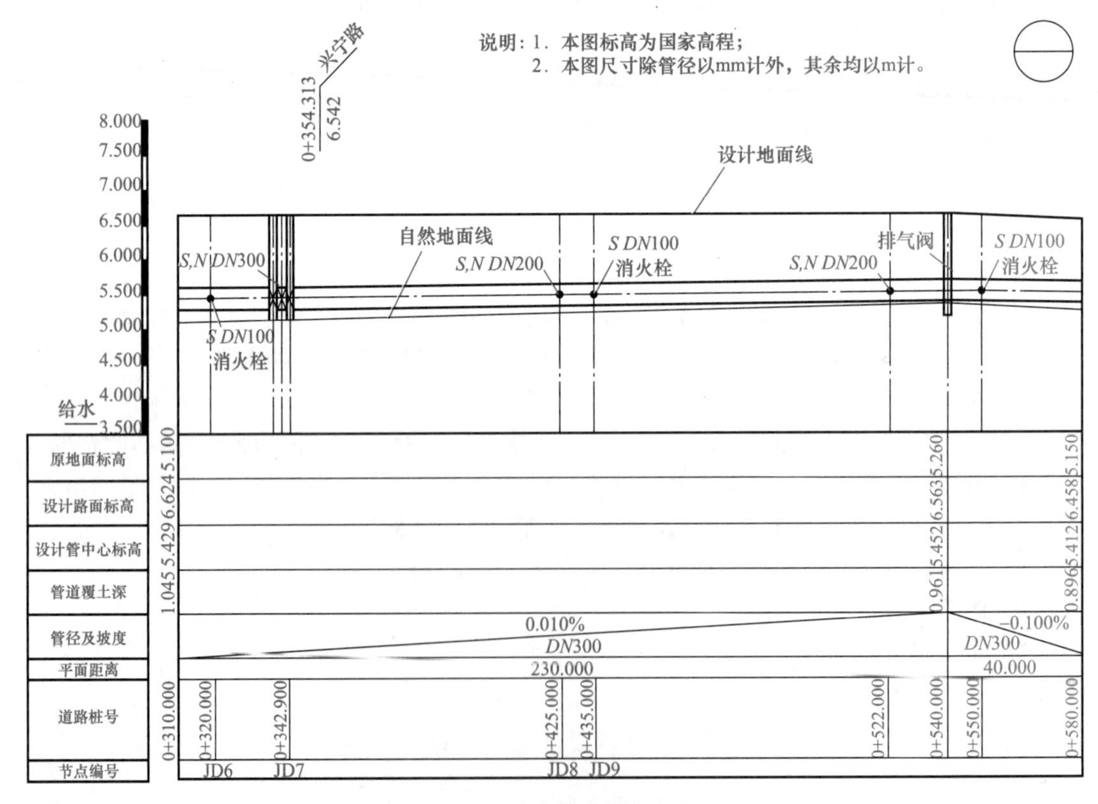

图 2-20　给水管道纵断面图

(2)管道沿线的原地面标高和设计地面标高。

(3)管道的管中心标高和埋设深度。

(4)管道的敷设坡度、水平距离和桩号。

(5)管径、管材和基础。

(6)附属构筑物的位置、其他管线的位置及交叉处的管道标高。

(7)施工地段名称。图中应标注地面线、道路、铁路、排水沟、河谷、建筑物、构筑物的编号及与给水管道相关的各种地下管道、地沟、电缆沟等的相对距离和各自的标高。

3. 节点详图

在给水管网中，管线相交点称为节点。在节点处通常设有弯头、三通、四通、渐缩管、阀门、消火栓等管道配件和附件。常用的管道配件见表 2-2，其实物图见表 2-3。

在施工图中需要绘制节点详图，如图 2-21 所示。图中用标准符号绘制节点的附件和配件，具体见材料及管配件一览表。

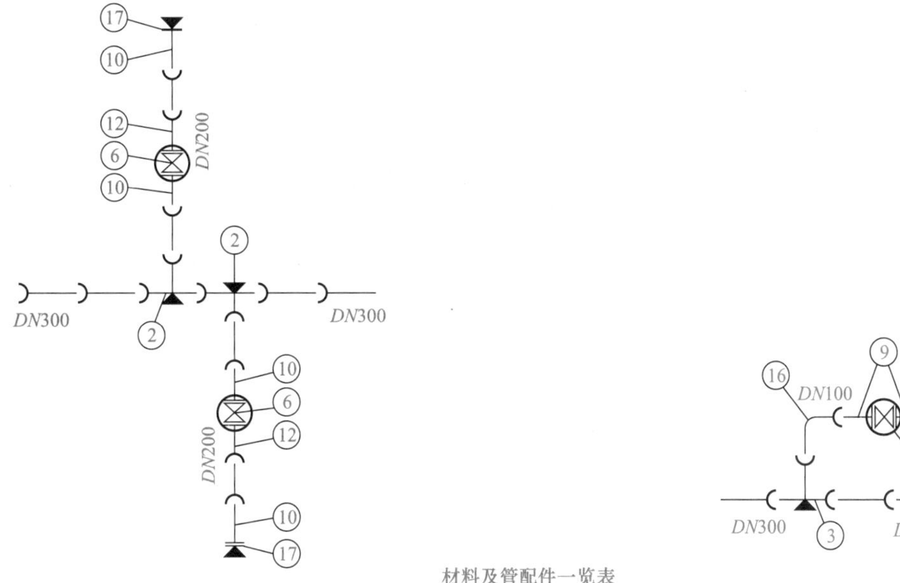

材料及管配件一览表

编号	名称	规格/mm	材料	单位	数量	备注	编号	名称	规格/mm	材料	单位	数量	备注
①	双承三通	DN300×300	球墨铸铁	只	2		⑫	承盘短管	DN200	球墨铸铁	根	18	
②	双承三通	DN300×200	球墨铸铁	只	18		⑬	承盘短管	DN300	球墨铸铁	根	4	
③	双承三通	DN300×100	球墨铸铁	只	8		⑭	排气三通	DN300×75	球墨铸铁	只	2	
④	双承三通	DN200×100	球墨铸铁	只	1		⑮	排气阀及井			套	2	检查井φ1200
⑤	闸阀及井	DN100		套	9	备注	⑯	90°弯头	DN100	球墨铸铁	个	9	
⑥	闸阀及井	DN200		套	18	备注	⑰	法兰闷板	DN200	球墨铸铁	只	18	
⑦	蝶阀及井	DN300		套	4		⑱	法兰闷板	DN300	球墨铸铁	只	2	
⑧	地上式消火栓	浅100型		套	9	备注	⑲	支墩			个	91	
⑨	插盘短管	DN100	球墨铸铁	根	18		⑳	给水管	DN100	球墨铸铁	米	60	
⑩	插盘短管	DN200	球墨铸铁	根	36		㉑	给水管	DN200	球墨铸铁	米	220	
⑪	插盘短管	DN300	球墨铸铁	根	6		㉒	给水管	DN300	球墨铸铁	米	1 185	

图 2-21　给水管道节点详图(部分)

注：1. 本材料仅供参考，以实际工程量为准。2. 管道覆土不足 0.7 m 的应采用 20 cm 厚 C20 混凝土方包。

4. 大样(标准)图

大样(标准)图是指阀门井、消火栓井、排气阀井、泄水井、支墩等的施工详图，一般多为标准图，由平面图和剖面图组成。如图 2-21 所示的阀门井，大样图识读时应注意以下几个方面的内容：

(1)图纸比例、说明和图例。

(2)阀门井的平面尺寸、竖向尺寸、井壁厚度。

(3)井的组砌材料、强度等级、基础做法、井盖材料及大小。

(4)管件的名称、规格、数量及连接方式。

(5)管道穿越井壁的位置及穿越处的构造。

(6)支墩的大小、形状及组砌材料。

5. 给水管道施工图的识读方法

给水管道施工图的识读步骤如下：

(1)看目录。了解图纸张数等信息。按照图纸目录检查各类图纸是否齐全，标准图是哪一类。把它们查全准备在手边，以便可以随时查看。

(2)看给水施工说明。了解工程内容、管材、接口等的类型；了解施工方法和技术要求。

(3)看平面图、纵断面图和管线综合图。平面图、纵断面图和管线综合图是施工图的核心部分，要仔细深入识读。从中明确给水管道的水流走向，明确施工图中给水管道的位置及与本管道相交、相近或平行的其他管道的位置及相互关系，结合规范检查各类阀门井和消火栓等附属结构的设置情况，核对工程量，检查施工图中管道高程有无错误、各图之间有无矛盾及是否有漏项。

(4)看节点详图。在节点详图中主要核对各种管件材料用量。

(5)看大样(标准)图。大样图往往都采用标准图，可对照标准图集进行识读，计算各管道构筑物的材料用量。

6. 给水管道施工图的识读重点

给水管道施工图的识读重点主要有以下两点：

(1)工程数量表的核对。图纸识读时，根据平面图、节点详图进行工程数量表的核对，明确各种不同类型、规格、材料的管道长度；核对不同规格阀门井、消火栓井、排气阀井、泄水井、支墩等附属构筑物的数量及管件的数量。

(2)管道的高程位置的复核。图纸识读时，根据纵断面图对管道的高程位置进行复核，判断管道的覆土厚度是否满足需求，如不满足，是否有相应的措施。碰到与其他管道或构筑物交叉的时候，要复核其交叉点处各种管道的高程及各种管道外壁最小净距是否满足要求。

在施工的全过程中，一张图纸往往要看很多次。所以，看图纸时应先抓住总体和关键部分，再看细节的、次要的部分。

知识点考核

一、判断题

1. 钢管具有耐高压、耐振动、管壁薄、质量较轻、耐腐蚀性好等优点。 (　　)

2. 地上式消火栓一般布置在交叉路口消防车可以驶近的地方，距街道边不应大于 2 m，距建筑物外墙不小于 5 m。（　）

3. 在输水管道和配水管网隆起点和平直段的必要位置上应装设排气阀。（　）

4. 钢管一般主要用于压力较高的输水管道，以及因地质、地形条件限制或穿越铁路、河谷和地震地区的管道。（　）

5. 管道穿越较重要的铁路或交通繁忙公路时，一般应放在钢管或钢筋混凝土套管内。（　）

6. 在市政给水管道中，钢管除进行外防腐外，还需进行内防腐处理。（　）

7. 消防用水只是在发生火灾时使用，一般是从街道上设置的消火栓和室内消火栓取水，用以扑灭火灾。（　）

8. 城镇生活饮用水管网，可以与自备水源供水系统直接连接。（　）

二、单项选择题

1. 在输水管道和配水管网隆起点和平直段的必要位置上应装设(　　)。

A. 排气阀　　B. 泄压阀

C. 泄水阀　　D. 检查井

2. 取水构筑物的作用主要是(　　)。

A. 进行水处理　　B. 供水

C. 从水源取水　　D. 加压

3. 泄水阀的作用是(　　)。

A. 排除管道内的空气

B. 排除管道中的沉积物以及检修和放空管道内存水

C. 排除雨水

D. 清通管道

4. 给水管道的覆土厚度是指(　　)到路面(地面)的垂直距离。

A. 管中心　　B. 管内底

C. 管内顶　　D. 管外顶

5. 当按照直接供水的建筑层数确定给水管网水压时，某区一四层住宅用户接管处的最小服务水头为(　　)m。

A. 20　　B. 16

C. 12　　D. 10

6. 已知 D300 给水铸铁管道长度为 125 m，坡度为 0.15%，起点管中心标高为 3.520 m，终点有一排气阀，此处管中心标高为(　　)m。

A. 3.501　　B. 3.539

C. 3.530　　D. 3.510

7. 根据国际现行规定，公称直径为 225 mm 的管材表示应为(　　)。

A. *DG*225　　B. *DG*225

C. *DN*225　　D. *DN*225

8. 钢管具有的优点不包括(　　)。

A. 强度高　　B. 承受内压力大

C. 抗震性能好　　　　D. 抗腐蚀性能好

9. 广泛用于室外大口径的给水管道及室内消防给水主干管上的阀门是(　　)。

A. 闸阀　　　　B. 蝶阀

C. 截止阀　　　　D. 球阀

三、多项选择题

1. 承插式接口的给水管道，在(　　)，会产生向外的推力，当推力较大时易引起承插口接头松动、脱节造成破坏，故在承插式管道垂直或水平方向转弯等处应设置支墩。

A. 转弯处　　　　B. 三通管端处

C. 管径变化处　　　　D. 流量变大处

E. 以上都正确

2. 在给水铸铁管道节点安装时，以下同规格管件可以连接的是(　　)。

A.　　　　B.

C.　　　　D.

E.

任务二　排水管道施工图识读

学习目标

1. 了解常用的排水管道管材及特点。
2. 了解排水管道接口的形式和排水管道的基础类型。
3. 了解排水管道上的附属构筑物。
4. 能够正确识读排水管道平面图、纵断面图。
5. 能够正确识读排水管道构筑物图。

任务描述

随着各个城市现代化水平的不断提高，对城市的污水排水系统要求也越来越高。排水工程图主要表示排水管道的平面及高程布置情况，一般由排水平面图、排水工程纵断面图和排水工程构筑物图组成。本任务要求学生能正确识读排水管道平面图、纵断面图和构筑物图。

相关知识

一、排水管材

对管材的基本要求：具有足够的强度和一定的刚度；管道内壁表面光滑，减小水流阻力；具有一定的耐腐蚀能力；具有足够的密闭性；易加工、经济等。

1. 钢筋混凝土管

钢筋混凝土管适用于排除雨水和污水，按其管口形式通常有承插管、平口管及企口管三种，如图 2-22 所示。

(a)　　(b)　　(c)

图 2-22　钢筋混凝土管

(a)承插管；(b)平口管；(c)企口管

钢筋混凝土管的优点是制作方便、造价低、耗费钢材少，在室外排水管道中应用广泛；缺点是抵抗酸、碱浸蚀及抗渗性能较差、管节短、接头多、施工复杂，在地震区或淤泥土质地区不宜敷设。钢筋混凝土管可承受较大的内压，可在对管材抗弯、抗渗有要求，管径较大的工程中使用。

2. 塑料管

塑料管具有表面光滑、水力条件好、水头损失小、耐腐蚀、不易结垢、质量小、加工接口方便、漏水率低等优点，因此在排水管道工程中已得到应用和普及，但其也具有质脆、易老化的缺点。常用的塑料管主要有埋地排水用聚乙烯双壁波纹管、埋地排水用聚乙烯中空缠绕结构壁管、埋地排水用硬聚氯乙烯双壁波纹管，接口采用承插、黏结和法兰连接，如图 2-23 所示。

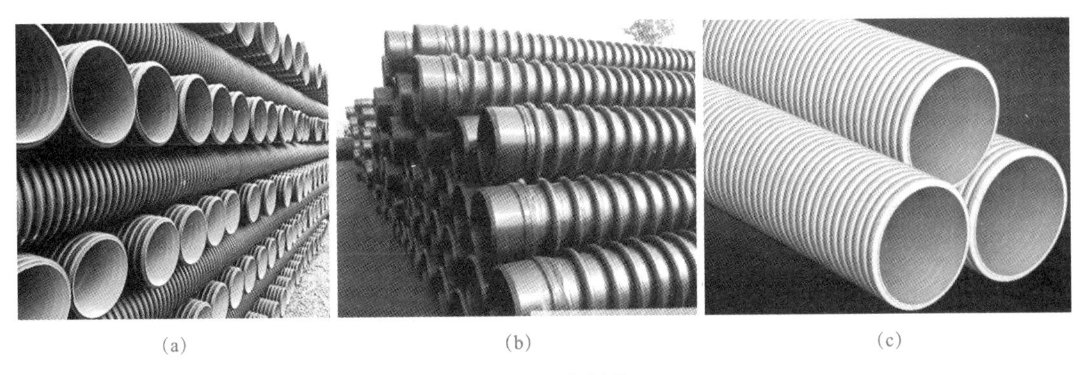

(a)　　(b)　　(c)

图 2-23　塑料管

(a)埋地排水用聚乙烯双壁波纹管；(b)埋地排水用聚乙烯中空缠绕结构壁管；(c)埋地排水用硬聚氯乙烯双壁波纹管

3. 金属管

常用的金属管有铸铁管(图 2-24)及钢管。室外重力流排水管道一般很少采用金属管，只有当排水管道承受高内压、高外压或对渗漏要求特别高的地方，才采用金属管。在地震区或地下水水位高、流砂严重的地区也可采用金属管。

图 2-24 铸铁管

4. 排水渠道

在很多城市，除采用上述排水管道外，还采用排水渠道。排水渠道一般有砖砌、石砌、钢筋混凝土渠道，断面形式有圆形、矩形、半椭圆形等。砖砌渠道应用普遍，在石料丰富的地区，可采用毛石或料石砌筑，也可用预制混凝土砌块砌筑，对大型排水渠道，可采用钢筋混凝土现场浇筑。

二、排水管道的接口

排水管道是由若干管节连接而成的，管节之间的连接处称为管道接口。排水管道的不透水性和耐久性，在很大程度上取决于敷设管道时接口的质量。因此，要求管道接口应具有足够的强度、不透水性，能抵抗污水或地下水的浸蚀并具有一定的弹性。根据接口的弹性，一般可分为柔性、刚性和半柔半刚性三种接口形式。

1. 柔性接口

柔性接口允许管道纵向轴线交错 3～5 mm 或交错一个较小的角度，而不致导致渗漏。常用的柔性接口有石棉沥青卷材接口及橡胶圈接口。

(1)石棉水泥沥青卷材接口。石棉水泥沥青卷材接口一般适用于无地下水，地基软硬不均，沿管道轴向沉陷不均匀的无压管道上，如图 2-25 所示。

(2)橡胶圈接口。橡胶圈接口结构简单，施工方便，适用非常广泛。在土质较差、地基硬度不均匀或地震地区采用，具有独特的优越性，如图 2-26 所示。

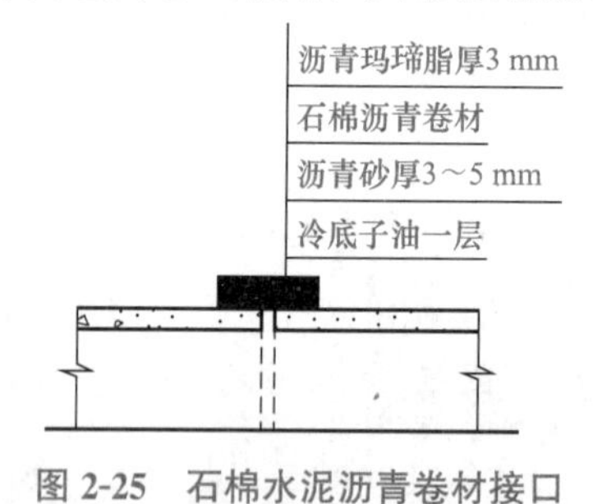

图 2-25 石棉水泥沥青卷材接口

图 2-26 橡胶圈接口

2. 刚性接口

刚性接口不允许管道有轴向的交错，但比柔性接口施工简略、造价较低，因而选用较广泛。刚性接口抗震功能差，用在地基比较良好，有带形基础的无压管道上。

常用的刚性接口有水泥砂浆抹带接口和钢丝网水泥砂浆抹带接口。

(1)水泥砂浆抹带接口。如图 2-27 所示，在管道接口用 1∶3～1∶2.5 的水泥砂浆抹成半椭圆形或其他形状的砂浆带，带宽为 120～150 mm。通常适用于地基土质较好的雨水管道，或用于地下水水位以上的污水支线上。企口管、平口管、承插管均可选用此种接口。

(2)钢丝网水泥砂浆抹带接口。将抹带范围的管外壁凿毛，抹1∶3～1∶2.5水泥砂浆一层厚15 mm，中心选用20号10 mm×10 mm钢丝网一层，两头刺进基础混凝土中固定，上面再抹砂浆一层厚10 mm。钢丝网水泥砂浆抹带的外形为梯形，宽约为200 mm，厚为25～30 mm，用于地基土质较好的具有带形基础的雨水、污水管道上，如图2-28所示。

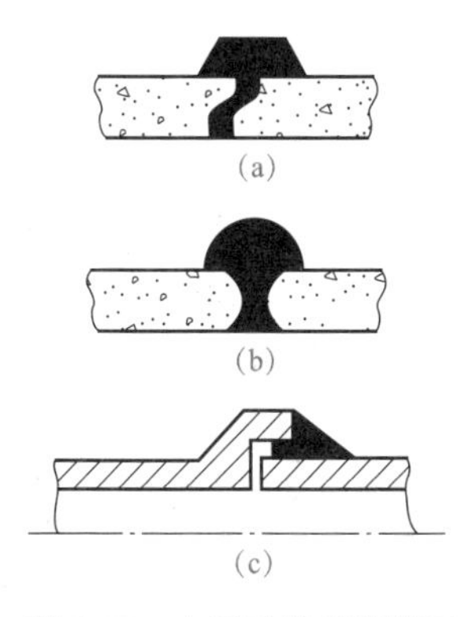

图2-27　水泥砂浆抹带接口

(a)企口；(b)平口；(c)承轴口

3. 半柔半刚性接口

半柔半刚性接口介于刚性接口及柔性接口之间，使用条件与柔性接口类似，常用预制套环石棉水泥(或沥青砂浆)接口，如图2-29所示。这种接口适用于地基较弱地段，在一定程度上可防止管道沿纵向不均匀沉降而产生的纵向弯曲或错口，一般常用于污水管道。

图2-28　钢丝网水泥砂浆抹带接口

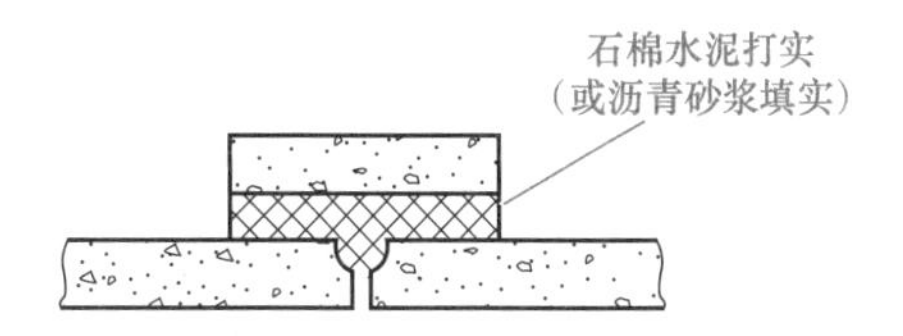

图2-29　预制套环石棉水泥接口

三、排水管道的基础

合理选择排水管道基础，对排水管道的质量有很大影响。为了避免排水管道在外部荷载作用下产生不均匀沉降而造成管道破裂、漏水等现象，对管道基础的处理应慎重考虑。排水管道基础一般由地基、垫层、基础和管座四部分组成，如图2-30所示。

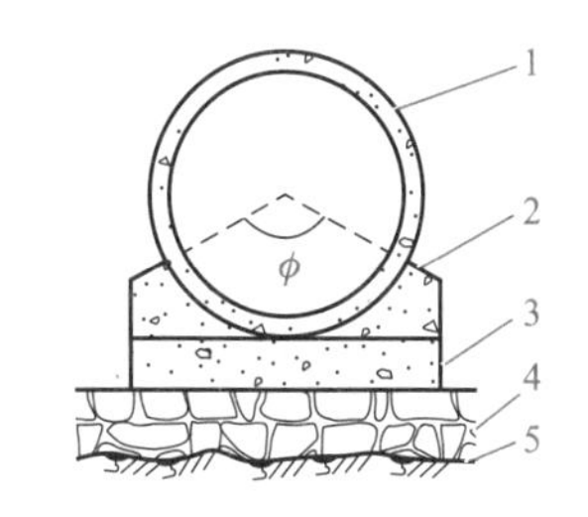

图2-30　排水管道基础构造示意

1—管道；2—管座；3—基础；4—垫层；5—地基

(1)地基。地基是指沟槽底的土壤部分。它承受管道和基础的质量、管内水重、管上土压力和地面上的荷载。

(2)垫层。垫层是基础下面的部分，起加强地基作用。地基土质较好、无地下水时也可不做垫层。

(3)基础。基础是指管道与地基之间经过人工处理过的或专门建造的设施，起传力的作用。

(4)管座。管座是管道下侧与基础之间的部分，设置管座的目的是它使管道与基础连接成一个整体，增加管道的刚度，减少变形。

以下介绍几种常见的排水管道基础。

1. 弧形素土基础

如图2-31所示，弧形素土基础是在原土上挖成弧形管槽，管道安装在弧形槽内。它适用于无地下水且原土能挖成弧形的干燥土壤，管顶覆土厚度在0.7～2.0 m的街坊污水管线或雨水管线，以及不在车行道下的次要管道及临时性管道。

2. 碎石基础

如图 2-32 所示，碎石基础是在挖好的弧形管槽上，用带棱角的粗砂填厚 200 mm 的砂垫层。它适用于无地下水、坚硬岩石地区，管顶覆土厚度在 0.7～2.0 m 的排水管道。

图 2-31　弧形素土基础

图 2-32　碎石基础

3. 混凝土枕基

如图 2-33 所示，混凝土基础是只在管道接口处设置的管道局部基础，通常在管道接口下用混凝土做成枕状垫块。它适用于干燥土壤雨水管道及不太重要的污水支管上，常与素土基础或砂垫层基础同时使用。

4. 混凝土带形基础

如图 2-34 所示，混凝土带形基础是沿管道全长铺设的基础。按管座的形式不同可分为 90°、135°、180°三种管座基础，如图 2-35 所示。

图 2-33　混凝土枕基

图 2-34　混凝土带形基础

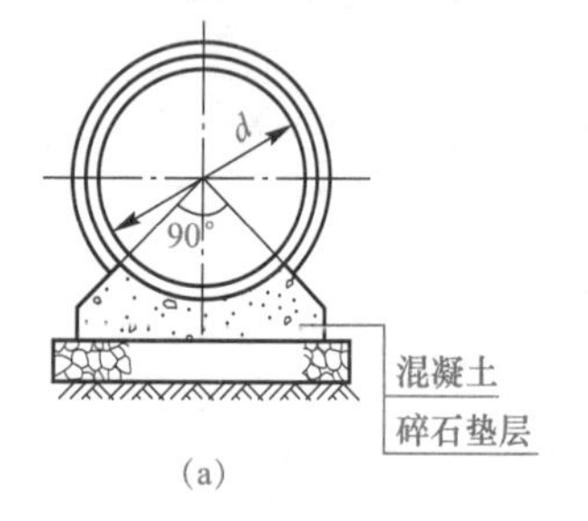

(a)

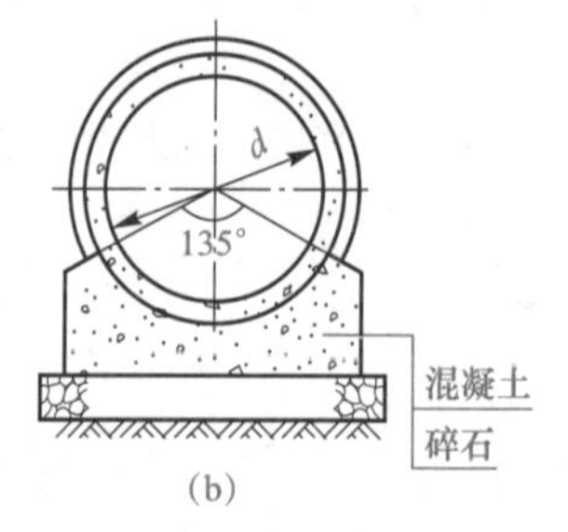

(b)

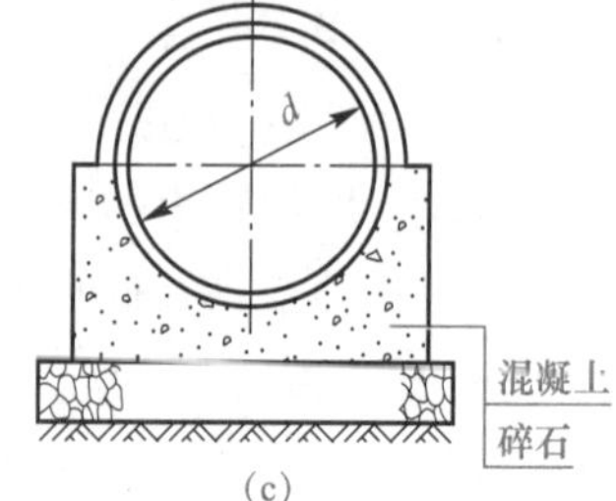

(c)

图 2-35　混凝土带形基础

(a) Ⅰ型基础(90°)；(b) Ⅱ型基础(135°)；(c) Ⅲ型基础(180°)

混凝土带形基础的整体性强，抗弯抗震性能好，适用于各种潮湿土壤，以及土质较差、地下水水位较高和地基软硬不均匀的排水管道，无地下水时可在槽底原土上直接浇筑混凝土基础；有地下水时要在槽底铺卵石或碎石垫层，然后在上面浇筑混凝土基础。

当管顶覆土厚度在 0.7～2.5 m 时采用 90°管座基础；管顶覆土厚度在 2.6～4.0 m 时采用 135°管座基础；管顶覆土厚度在 4.1～6.0 m 时采用 180°管座基础。在地震区、流沙地带、土质特别松散、不均匀沉陷严重地段，最好采用钢筋混凝土带形基础。

四、排水管渠系统上的附属构筑物

为保证排水系统的正常工作，在排水系统上还需要设置一系列附属构筑物，如检查井、跌水井、雨水口、截流井、倒虹管、出水口等。

1. 检查井

检查井是用在建筑小区(居住区、公共建筑区、厂区等)范围内，一般设置在排水管道交汇处、转弯处、管径或坡度改变处、跌水处等，为了便于定期检查、清洁和疏通或下井操作的检查用的井状构筑物。检查井包括圆形、矩形和扇形三种类型。从构造上看三种类型的检查井基本相似，主要由井底(包括井基)、井身和井盖(包括井盖座)等构成，如图 2-36 所示。

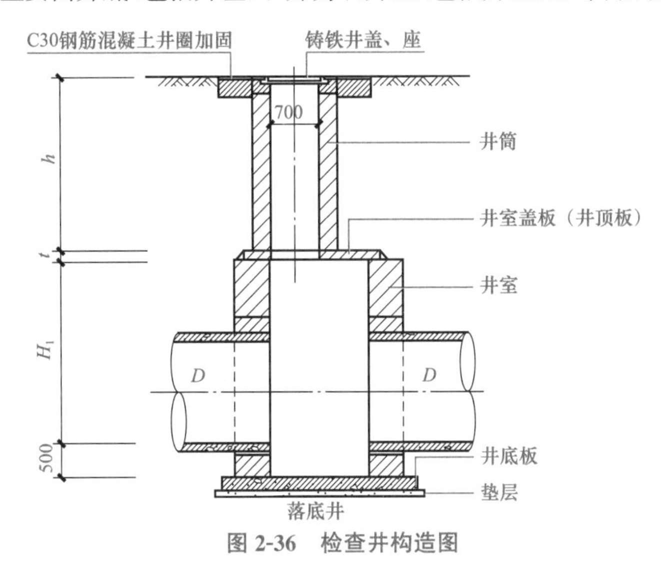

图 2-36　检查井构造图

(1)井底(包括井基)。检查井井底一般采用混凝土铺成，井基采用混凝土。为使水流流过检查井时阻力较小，井底宜设置半圆形或弧形溜槽。检查井井底各种溜槽的平面形式，如图 2-37 所示。管渠养护经验说明，每隔一定距离，雨水检查井井底做成 0.3～0.5 m 的沉泥槽，对管渠的清淤是有利的。

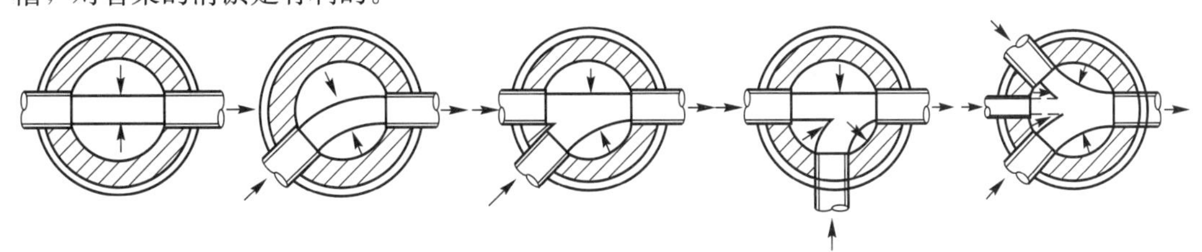

图 2-37　检查井井底溜槽的形式

在松软地基或不均匀沉降地段，检查井与管渠接口处常发生断裂，因此，应采取防止不均匀沉降的措施。

(2)井身。检查井井身的材料可采用砖、石、混凝土或钢筋混凝土。近年来，我国已开始采用混凝土预制检查井，但目前仍然多采用砖砌，以水泥砂浆抹面。井身的平面形状一般为圆形，但在大直径管道的连接处或交汇处可做成方形、矩形或扇形。

井身的构造与是否需要工人下井有密切关系。不需要下人的浅井构造很简单，一般为直臂圆形筒；需要下人的井在构造上可分为井室、收口段和井筒三部分。井室是养护人员养护时下井进行临时操作的地方，不应过分狭小，其直径不能小于 1 m，其高度在埋深许可时宜为 1.8 m。为降低检查井造价，缩小井盖尺寸，井筒直径一般比井室小，但为了工人检修出入安全与方便，其直径不应小于 0.7 m。井筒与井室之间可采用锥形收口段连接，收口段高度一般为 0.6～0.8 m，也可以用钢筋混凝土盖板衔接井筒与井室，井筒则砌筑在盖板上。

(3)井盖。位于车行道的检查井井盖必须在任何车辆荷重下，确保井盖、井盖座牢固安全，同时应具有良好的稳定性，防止车速过快造成井盖振动。

检查井井盖一般采用铸铁或钢筋混凝土材料，在车行道上一般采用铸铁。井盖座采用铸铁、钢筋混凝土或混凝土材料制作，如图 2-38 所示。检查井井盖同时应具有防盗功能，保证井盖不被盗窃丢失。位于路面上的井盖宜与路面持平；位于绿化带内的井盖不宜低于地面。

图 2-38　井盖及井盖座

2. 跌水井

当检查井内衔接的上下游管渠的管底标高跌落差大于 1 m 时，为消减水流速度，防止冲刷，在检查井内应有消能设施，这种检查井称为跌水井。目前常用的跌水井有竖管式和阶梯式等。图 2-39 所示为竖管式跌水井。

对于管道重流速过大及遇有障碍物必须跌落通过处、管道布置在地形陡峭的地区并垂直于等高线布置且按设计坡度将要露出地面处，必须设置跌水井，但在管道转弯处不宜设置。

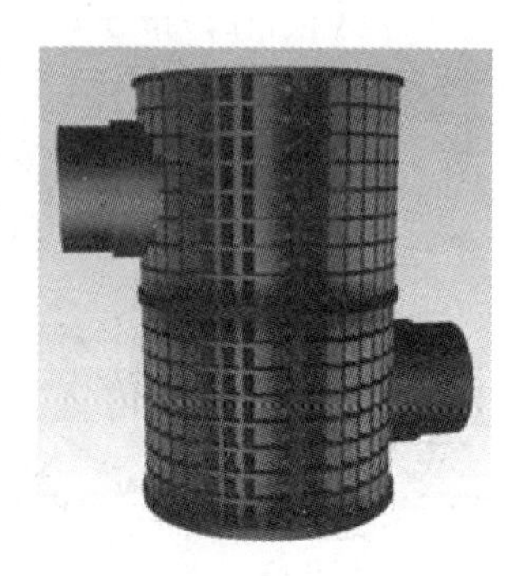

图 2-39　竖管式跌水井

3. 雨水口

雨水口(图 2-40)是在雨水管渠或合流管渠上设置的收集地

表径流的构筑物。地表径流通过雨水口连接管进入雨水管渠或合流管渠，使道路上的给水不至漫过路缘石，从而保证城市道路在雨天时正常使用，因此雨水口又称收水井。

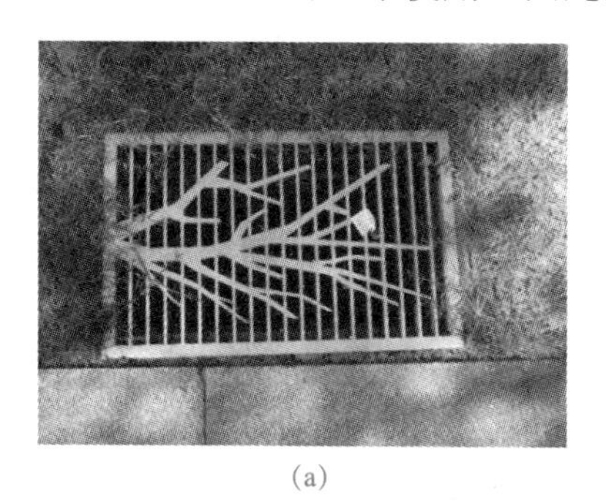

(a)

(b)

(c)

图 2-40　雨水口

(a)平箅式；(b)立箅式；(c)联合式

雨水口一般设置在道路交叉口、路侧边沟的一定距离处及设有道路缘石的低洼地方，在直线道路上的间距一般为 25～50 m，在低洼和易积水的地段，要适当缩小雨水口的间距。当道路纵坡大于 0.02 时，雨水口的间距可大于 50 m，其形式、数量和布置应根据具体情况和计算确定。

雨水口的构造包括进水箅、井筒和连接管三部分。进水箅可用铸铁、钢筋混凝土或其他材料做成，其箅条应为纵横交错的形式，以便收集从路面上不同方向上流来的雨水。

井筒一般用砖砌，深度不大于 1 m，在有冻胀影响的地区，可根据经验适当加大。雨水口通过连接管与雨水管渠或合流管渠的检查井相连接。连接管的最小管径为 200 mm，坡度一般为 0.01，长度不宜超过 25 m。

根据需要在路面等级较低、积秽很多的街道或菜市场附近的雨水管道上，可将雨水口做成有沉泥槽的雨水口，以避免雨水中挟带的泥沙淤塞管渠，但需要经常清掏，增加了养护工作量。

4. 截流井

在截流式合流制排水系统中，通常在合流管渠与截流干管的交汇处设置截流井，截流井是截流干管上最重要的构筑物。常见的截流井有截流槽式、溢流堰式和跳跃堰式。

5. 倒虹管

排水管道在穿越河道、铁路等地下障碍物时，管道不能按照原有坡度埋设，而是以下凹的折线方式从障碍物下通过，这种管道称为倒虹管。倒虹管包括进水井、下行管、平行管、上行管和出水井等部分，如图 2-17 所示，有时为了施工方便，也可用直管穿越的方式代替折线部分。

污水在倒虹管内的流动是依靠上、下游管道中的水位差进行的，该高差用来克服污水流经倒虹管的阻力损失，要求进、出水井的水位高差要稍大于全部阻力损失值，其差值一般取 0.05～0.10 m。

6. 出水口

排水管道出水口是排水系统的终点构筑物，污水由出水口向水体排放。出水口的位置和出水口的形式，根据污水水质、水体流量、水位变化幅度、水流方向、波浪状况、地形变迁和气候特征等因素确定。

常见的出水口形式有淹没式出水口和非淹没式出水口，为使污水与河水较好混合，同时为避免污水沿滩流泻造成环境污染，污水出水口一般采用淹没式，即出水管的管底标高低于水体的常水位。雨水出水口主要采用非淹没式，即出水管的管底标高高于水体的最高水位以上或高于常水位以上。

常见的出水口有江心分散式、一字式和八字式，如图 2-41 所示。出水口与水体岸边连接处采取防冲加固措施，以砂浆砌块石做护墙和铺底，在冻胀地区，出水口应考虑用耐冻胀材料砌筑，出水口的基础必须设在冰冻线以下。

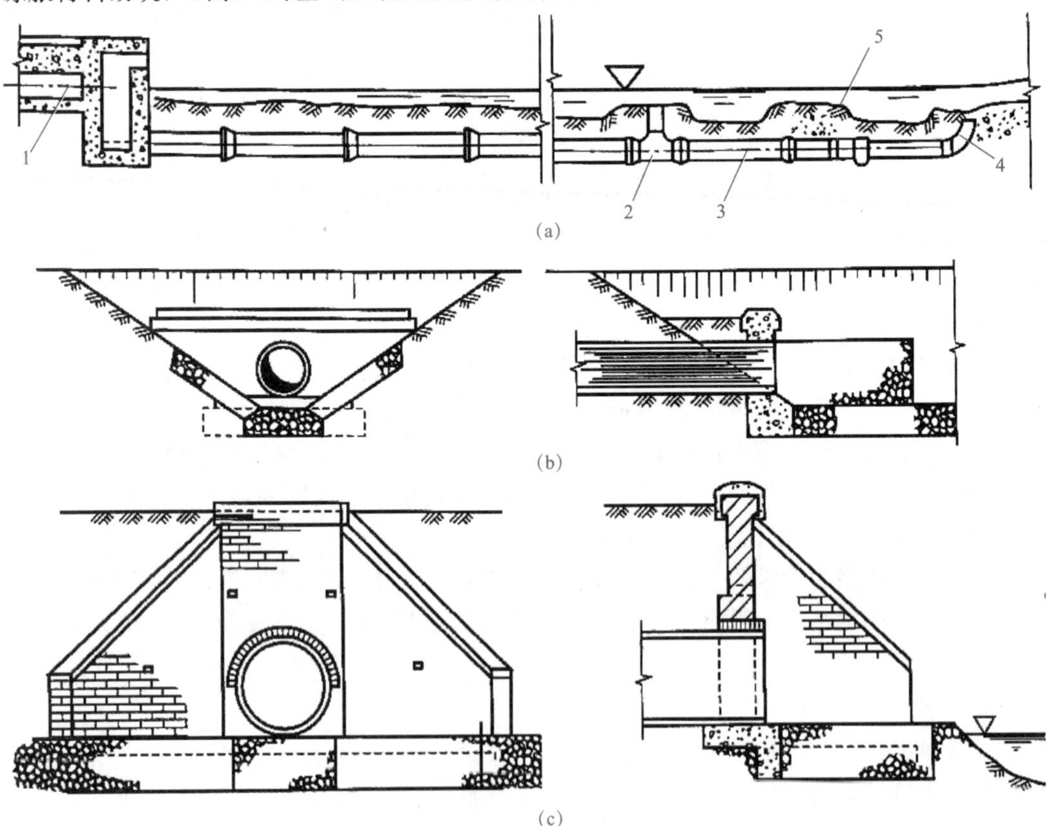

图 2-41 出水口

(a)江心分散式；(b)一字式；(c)八字式

1—进水管渠；2—T 形管；3—渐缩管；4—弯头；5—石堆

五、排水管道的允许最小覆土厚度

排水管道内壁底部到设计地面的垂直距离称为埋设深度。管道外壁顶部到地面的距离称为覆土厚度，如图 2-18 所示。同一管径的管道，采用的管材、接口和基础形式均相同，但若其埋深不同，则管道单位长度的工程费用会相差较大。因此，合理地确定管道埋设深度对于降低工程造价是十分重要。显然，在满足技术条件下，排水管道埋深越小越好，但管道最小覆土厚度应满足以下三个要求。

(1)必须防止管道内的污水冰冻和因土壤冰冻膨胀而损坏管道。

(2)必须防止管壁因地面荷载而受到破坏。管道最小覆土厚度与管道的强度、荷载大小及覆土的密实程度有关。我国相关规范规定，在车行道下，管道最小覆土厚度一般不小于 0.7 m，在非车行道下可适当减小。

(3)必须满足街区排水连接管衔接的要求。城市排水管道多为重力流，所以，管道必须有一定的坡度。在确定下游管道埋深时，应考虑上游管道接入的要求。

上述三个不同因素下得到的最大值就是管道的允许最小覆土厚度或最小埋深。

除考虑管道的最小埋深外，还应考虑最大埋深。埋深越大，则造价越高。管道的最大埋深应根据技术经济指标及施工方法而定，一般在干燥土壤中，最大埋深不超过 7～8 m；在多水、流砂、石灰岩地层中，一般不超过 5 m。

六、排水管道的衔接

上、下游排水管道在检查井中衔接时应遵循以下两个原则：

(1)尽可能抬高下游管段的高程，以减小管道的埋深，降低造价。

(2)避免在上游管段中形成回水而造成淤积。

排水管道常用的衔接方法有水面平接和管顶平接。水面平接是指下游管段的起端水面标高与上游管段的终端水面标高相同；管顶平接是指下游管段的起端管顶标高与上游管段的终端管顶标高相同；无论在何种情况下，下游管段的起端水面标高不得高于上游管段的终端水面标高；下游管道的管底标高不得高于上游管段的管底标高。

任务实施

一、排水工程平面图

如图 2-42 所示，排水平面图中表现的主要内容有排水管布置位置、管道标高、检查井布置位置、雨水口布置情况等。图中雨水管采用粗点画线、污水管道采用粗虚线表示，并在检查井边标注“Y”“W”分别表示雨水、污水井代号；排水平面图上画的管道均为管道中心线，其平面定位即管道中心线的位置；排水平面图中标注应表明检查井的桩号、编号、管道直径、长度、坡度、流向和检查井相连的各管道的管内底标高，如图 2-43 所示。

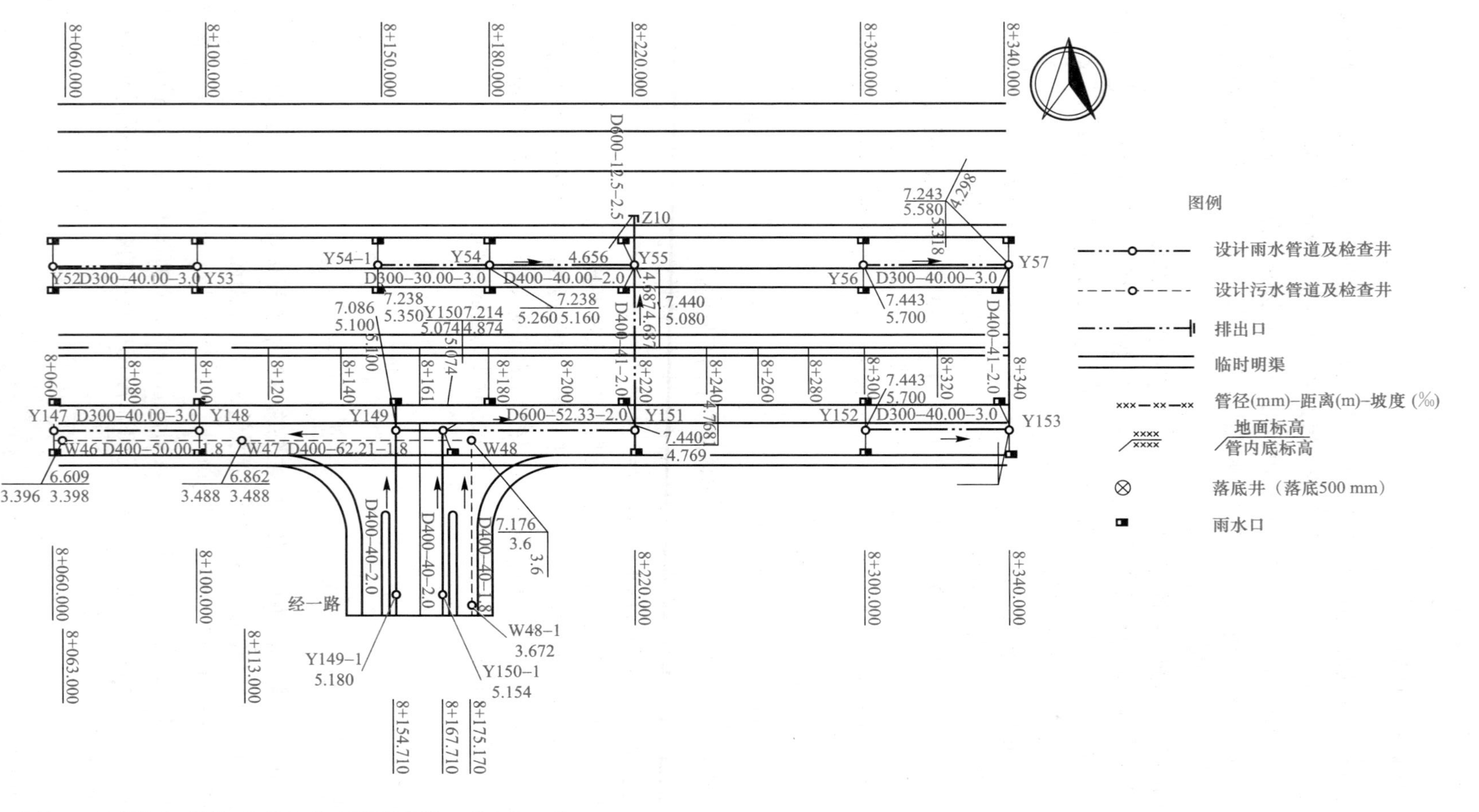

说明：1．本图尺寸：距离、标高以m计（黄海标高系），其余以mm计；
2．本图所标排水管标高均为管内底标高。

图 2–42　排水平面图

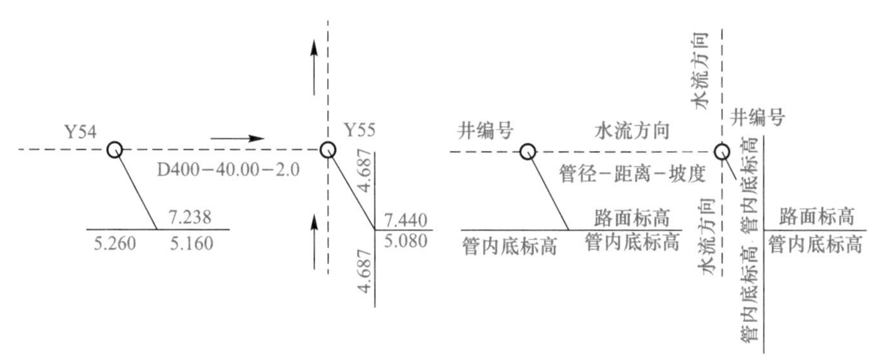

图 2-43　管道、检查井标注

二、排水工程纵断面图

排水工程纵断面如图 2-44 和图 2-45 所示。

排水工程纵断面图中主要表示管道敷设的深度、管道管径及坡度、路面标高及相交管道情况等。

排水工程纵断面图中水平方向表示管道的长度、垂直方向表示管道直径及标高，通常纵断面图中纵向比例比横向比例放大 10 倍。

排水工程纵断面图中横向粗实线表示管道、细实线表示设计地面线、两根平行竖线表示检查井，雨水纵断面图中若竖线延伸至管内底以下，则表示落底井。

排水工程纵断面图中可了解检查井支管接入情况及与管道交叉的其他管道管径、管内底标高、与相近检查井的相对位置等，如支管标注中“SYD400”分别表示“方位(由南向接入)、代号(雨水)、管径(400)”。

以雨水纵断面图中 Y54～Y55 管段为例说明图中所示内容：

(1)自然地面标高：指检查井盖处的原地面标高，Y54 井自然地面标高为 5.700。

(2)设计路面标高：指检查井盖处的设计路面标高，Y54 井设计路面标高为 7.238。

(3)设计管内底标高：指排水管在检查井处的管内底标高，Y54 井的上游管内底标高为 5.260，下游管内底标高为 5.160，为管顶平接。

(4)管道覆土深：指管顶至设计路面的土层厚度，Y54 处管道覆土深为 1.678 m。

(5)管径及坡度：指管道的管径大小及坡度，Y54～Y55 管段管径为 300 mm，坡度为 2‰

(6)平面距离：指相邻检查井的中心间距，Y54～Y55 平面距离为 40 m。

(7)道路桩号：指检查井中心对应的桩号，一般与道路桩号一致，Y54 井道路桩号为 8＋180.00。

(8)检查井编号：Y54、Y55 为检查井编号。

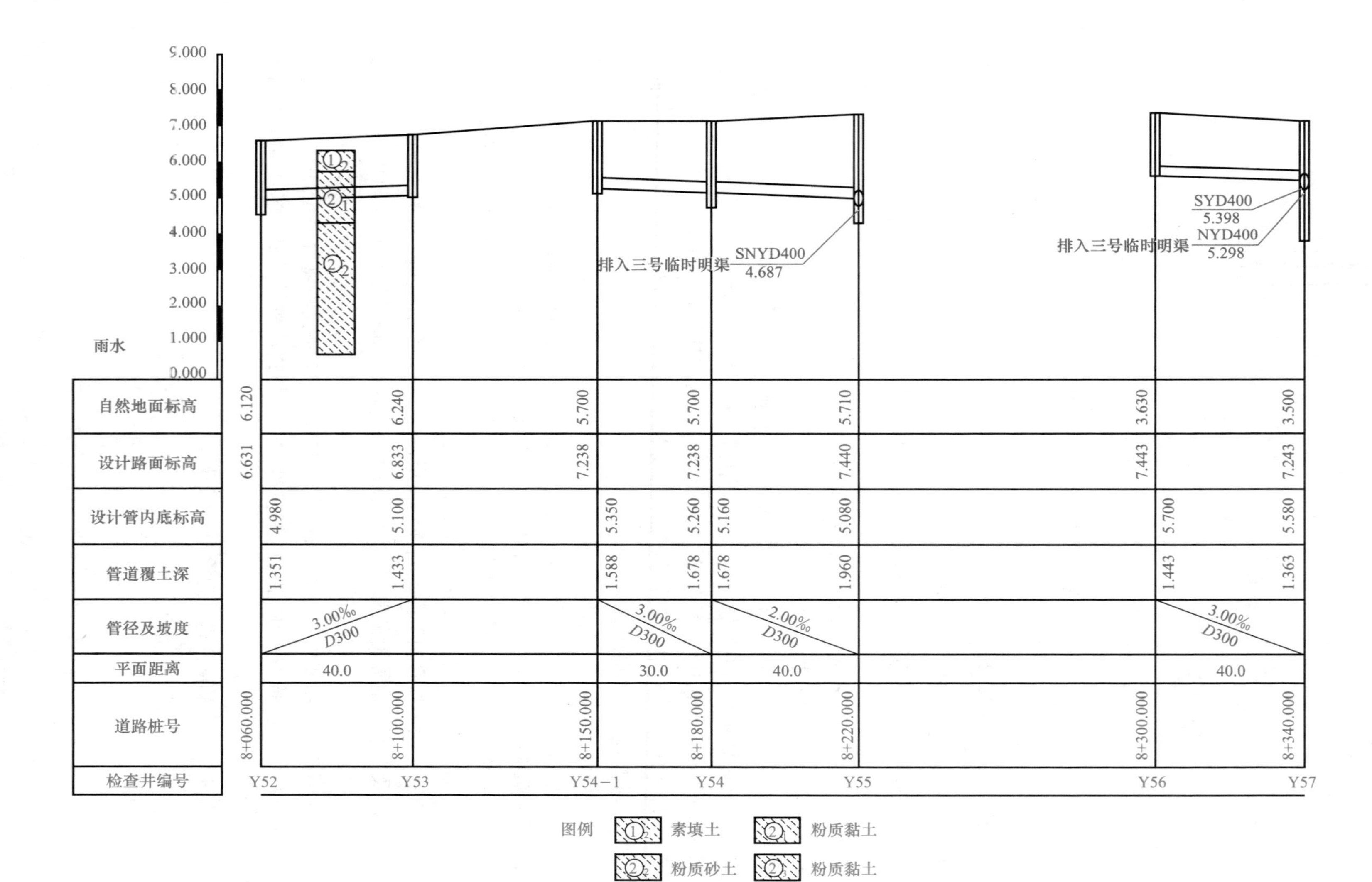

图 2-44　道路北侧雨水纵断面图

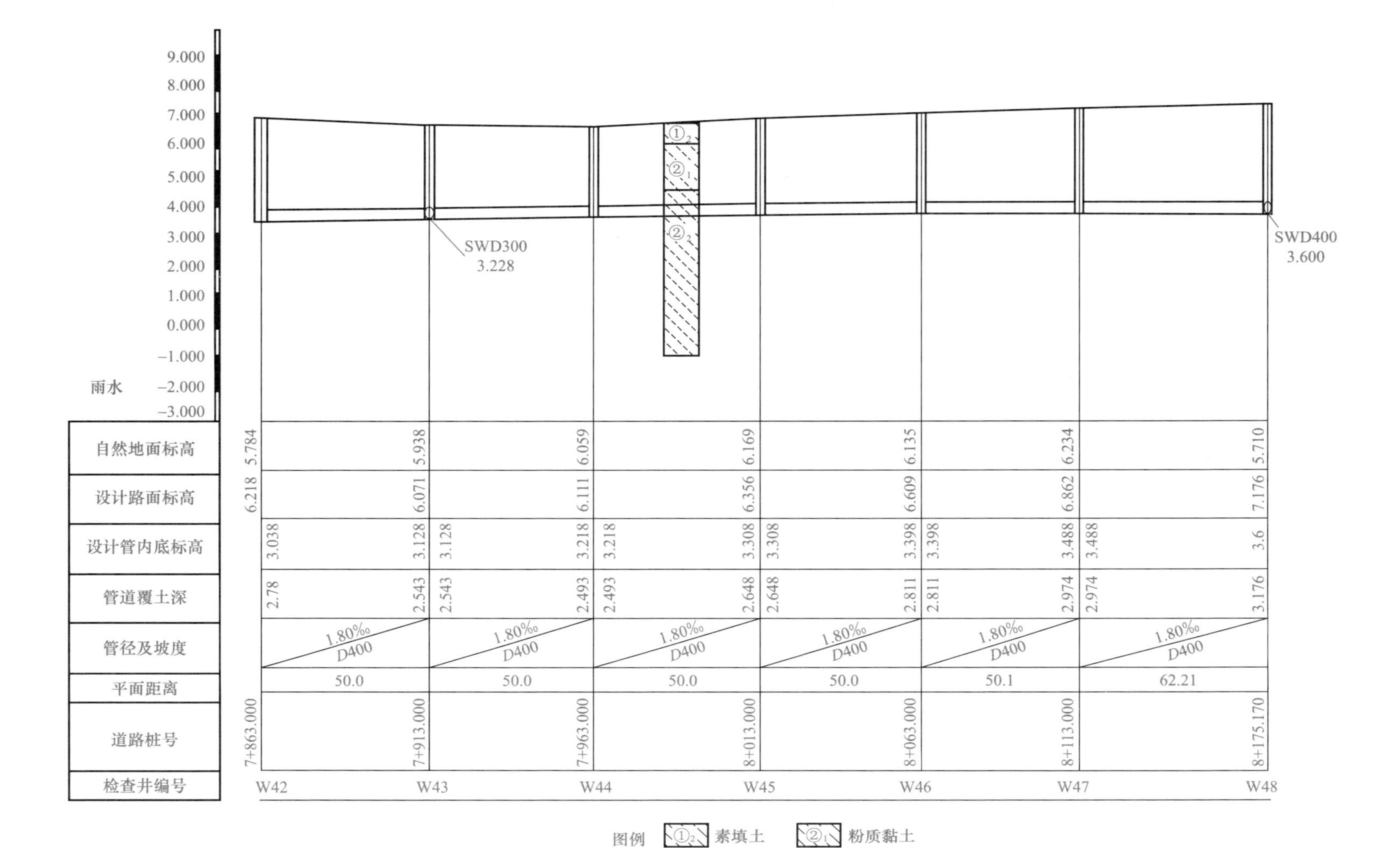

雨水
9.000
8.000
7.000
6.000
5.000
4.000
3.000
2.000
1.000
0.000
−1.000
−2.000
−3.000
SWD300
3.228
SWD400
3.600
①2
②1
②2
自然地面标高
设计路面标高
设计管内底标高
管道覆土深
管径及坡度
平面距离
道路桩号
检查井编号
5.784
6.218
3.038
2.78
1.80‰
D400
50.0
7+863.000
W42
5.938
6.071
3.128
2.543
7+913.000
W43
6.059
6.111
3.218
2.493
7+963.000
W44
6.169
6.356
3.308
2.648
8+013.000
W45
6.135
6.609
3.398
2.811
8+063.000
W46
6.234
6.862
3.488
2.974
50.1
8+113.000
W47
5.710
7.176
3.6
3.176
62.21
8+175.170
W48
图例
①2 素填土
②1 粉质黏土
②2 粉质砂土
②3 粉质黏土

图 2-45　污水纵断面图

三、排水构筑物图

1. 排水检查井

检查井内由两部分组成，井室尺寸为 1 100 mm×1 100 mm，壁厚为 370 mm；井筒为 ϕ700 mm，壁厚为 240 mm。井盖座采用铸铁井盖、井座。图 2-46 中检查井为落底井，落底深度为 50 cm。井室及井筒为砖砌，基础采用 C20 钢筋混凝土底板及 C10 素混凝土垫层。管上 200 mm 以下用 1∶2 水泥砂浆抹面，厚度为 20 mm；管上 200 mm 以上用 1∶2 水泥砂浆勾缝，如图 2-46 所示。

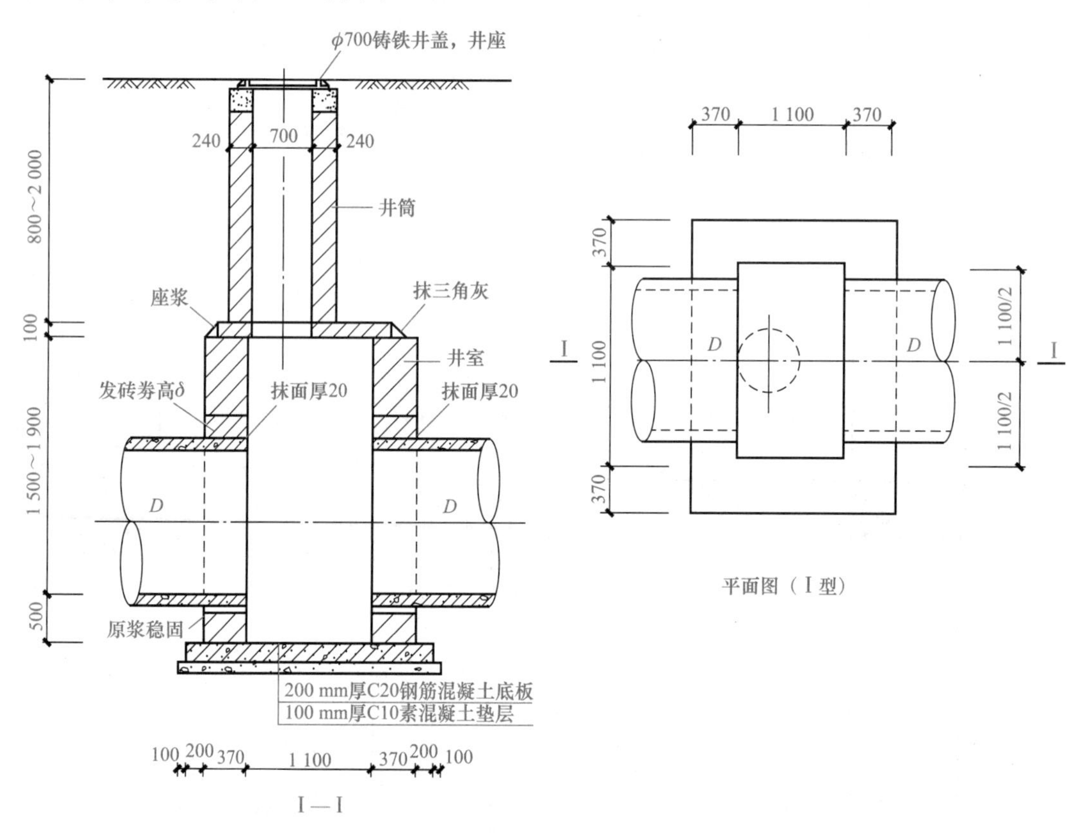

图 2-46 矩形排水检查井(井筒总高度≤2. 0 m，落底井)平面，剖面图

说明：D 为检查井主管管径

2. 雨水口图

图 2-47 所示为单箅式雨水口，由平面图及两个方向剖面图组成，内部尺寸为 510 mm×390 mm，井壁厚为 240 mm，为砖砌结构，采用铸铁成品盖座；距离底板 300 mm 高处设置直径为 200 mm 的雨水口连接管，并按规定设置一定坡度朝向雨水检查井，雨水口处平石三个方向各设一定的坡度朝向雨水口，以利于雨水收集；井底基础采用 100 mm 厚 C15 素混凝土及 100 mm 厚碎石垫层。

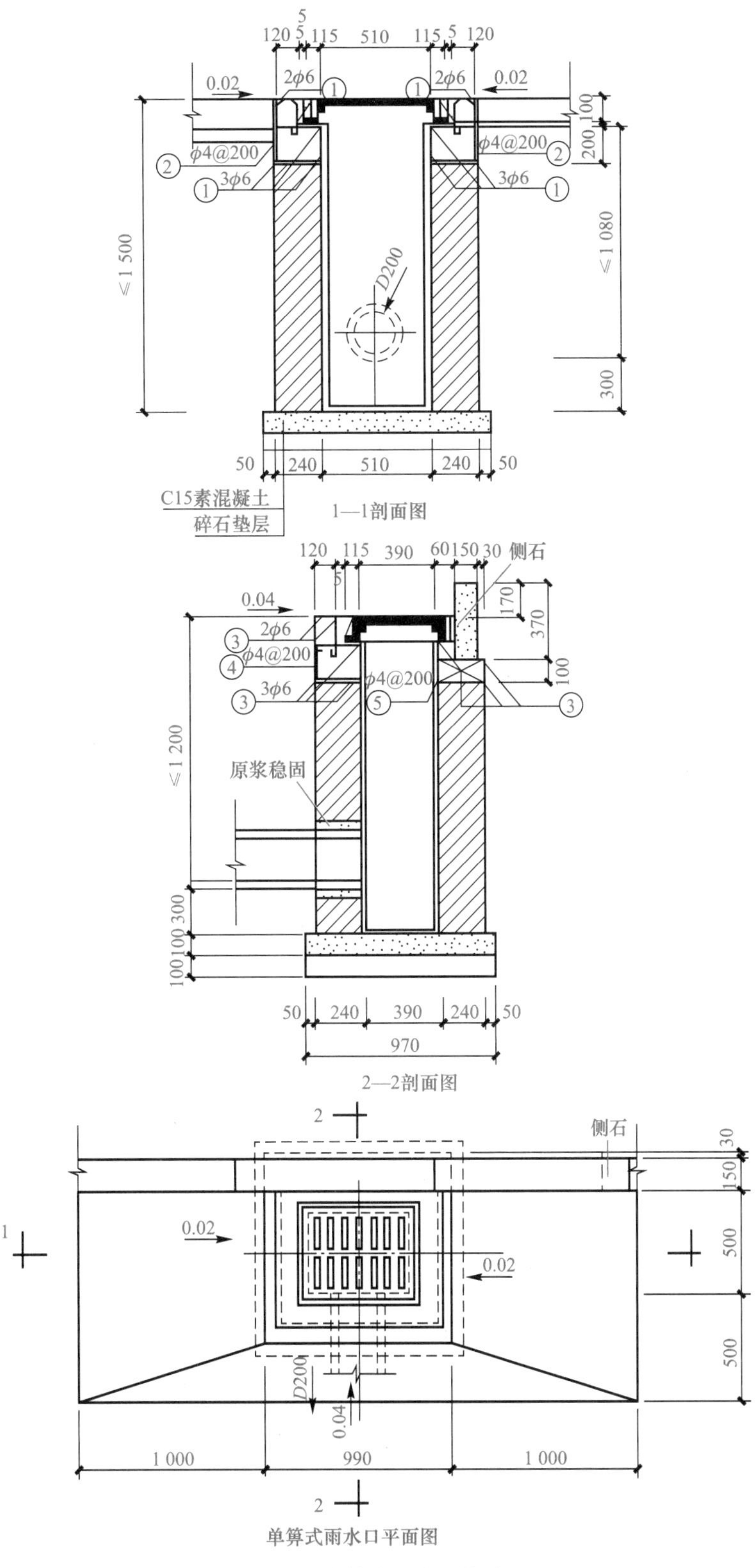

图 2-47 单箅式雨水口构造图

说明：1. 混凝土：除已注明外，均为 C30。

2. 钢筋：ϕ 级钢。

知识点考核

一、判断题

1. 最早出现的合流制排水系统是将泄入其中的污水和雨水不经处理而直接就近排入水体。其缺点是污水未经处理即行排放，使受纳水体遭受严重污染。（　　）

2. 分流制排水系统是将生活污水、工业废水和雨水分别在两个或两个以上各自独立渠内排除的系统。（　　）

3. 合流制排水系统，其优点是污水能得到全部处理；管道水力条件较好；可分期修建，主要缺点是降雨初期的雨水对水体仍有污染。（　　）

4. 我国新建城区一般采用合流制排水系统。（　　）

5. 雨水管道布置时要充分利用地形，就近排入水体。（　　）

6. 雨水口布置应根据地形及汇水面积确定，一般在道路交叉口的汇水点，低洼地段、直线段一定距离内均应设置雨水口。（　　）

7. 混凝土带形基础适用于土质较差、地下水水位较高和地基软硬不均匀的排水管道。（　　）

8. 柔性接口允许管道纵向轴线交错 3～5 mm 或交错一个较小角度，而不致引起渗漏。（　　）

9. 混凝土枕基是沿管道全长铺设的基础。（　　）

10. 污水管道的埋设深度是指管道外壁顶部到地面的距离。（　　）

11. 污水管道的覆土厚度是指管道内壁底部到地面的垂直距离。（　　）

12. 为使水流流过检查井时阻力较小，污水检查井井底不宜设置流槽。（　　）

二、单项选择题

1. 城市排水体制可分为(　　)和分流制两种。

A. 合流制　　B. 满流制
C. 非满流制　　D. 混流制

2. 下列排水系统体制中，常用于老城区改造的是(　　)。

A. 分流制排水系统　　B. 直流式合流制排水系统
C. 完全分流制排水系统　　D. 截流式合流制排水系统

3. 下列排水系统体制中，设有完整、独立的雨水排水管道系统的是(　　)。

A. 完全分流制排水系统　　B. 直流式合流制排水系统
C. 不完全分流制排水系统　　D. 截流式合流制排水系统

4. 最早出现的(　　)排水系统是将泄入其中的污水和雨水不经处理而直接就近排入水体。其缺点是污水未经处理即行排放，使受纳水体遭受严重污染。

A. 集流制　　B. 截流制
C. 合流制　　D. 分流制

5. (　　)排水系统是将生活污水、工业废水和雨水排泄到同一个管渠内排除的系统。

A. 合流制　　B. 分流制
C. 集流制　　D. 截流制

6. 生活污水、工业废水、雨水一起排向截流干管，晴天与初雨时水全部输送到污水厂，初雨后的水，当水量超过一定数时，其超量部分通过溢流井排入水体。这种排水体制称为(　　)排水体制。

A. 不完全分流　　B. 直泄式合流　　C. 全处理合流　　D. 截流式合流

7. (　　)排水系统是将生活污水、工业废水和雨水分别在两个或两个以上各自独立的管渠内排除的系统。

A. 合流制　　B. 分流制　　C. 集流制　　D. 截流制

8. 我国新建城区一般采用(　　)排水系统。

A. 集流制　　B. 截流制　　C. 合流制　　D. 分流制

9. 为便于对管渠系统做定期检查、清通和连接上、下游管道，必须在管道适当位置上设置(　　)。

A. 水封井　　B. 检查井　　C. 跌水井　　D. 截流井

10. 雨水口以连接管与街道排水管果的检查井相连；连接管长度不宜超过(　　)m；在同一连接管上串联的雨水口不宜超过(　　)个。

A. 10；2　　B. 15；2　　C. 20；3　　D. 25；3

11. 排水管渠(　　)是排水系统的终点构筑物，污水由此向水体排放。

A. 出水口　　B. 防潮门　　C. 污水泵站　　D. 雨水口

12. 对排水管渠材料的要求有(　　)。

A. 有足够强度　　B. 抗腐蚀

C. 不透水、内壁光滑　　D. 以上均是

13. 下列关于出水口叙述正确的是(　　)。

A. 出水口的位置和形式，应根据受纳污水水质、流量、水位、气候特征等因素确定

B. 出水口与水体岸边连接处采取防冲加固措施

C. 在冻胀地区，出水口应考虑用耐冻胀材料砌筑，出水口的基础必须设在冰冻线以下

D. 以上说法均正确

14. 下列不是管道基础的组成部分的是(　　)。

A. 地基　　B. 基础　　C. 管座　　D. 沙土

15. 承插(　　)接口结构简单，施工方便，适用非常广泛。在土质较差、地基硬度不均匀或地震地区采用，具有独特的优越性。

A. 钢筋混凝土抹带　　B. 水泥砂浆抹带　　C. 橡胶圈　　D. 焊接

16. 倒虹管水平管的管顶距规划的河底一般不宜小于(　　)m。

A. 0.5　　B. 0.8　　C. 1.0　　D. 1.5

17. 已知 $DN500$ 污水管道埋设深度为 2.1 m，如不计管壁厚度，则管道覆土厚度为(　　)m。

A. 1.0　　B. 1.5　　C. 1.7　　D. 1.6

18. 为了养护管理方便，提出了最小管径的规定，街道下的市政管道最小管径为(　　)mm。

A. 200　　B. 300　　C. 150　　D. 400

19. 下列影响排水管道最小覆土厚度的因素中错误的是(　　)。
  A. 必须考虑各种管道的交叉
  B. 必须防止管内污水冰冻和因土壤冰冻膨胀而损坏管道
  C. 必须防止管道被地面上行驶的车辆所形成的活荷载压坏
  D. 必须满足管道支管的接入
20. 下列接口中属于柔性接口的是(　　)。
  A. 水泥砂浆街口　　B. 钢丝网水泥砂浆接口
  C. 橡胶圈接口　　D. 石棉水泥套环接口
21. 下列关于检查井设置位置描述错误的是(　　)。
  A. 管道交汇、转弯　　B. 尺寸或坡度改变
  C. 水位跌落　　D. 直线管段 20 m 间隔处
22. 排水管道基础(　　)指管子与基础间的设施，使管子与基础称为一体，以增加管道的刚度。
  A. 地基　　B. 基础　　C. 钢筋　　D. 管座
23. 埋地排水用硬聚氯乙烯双壁波纹管的管道一般采用(　　)。
  A. 素土基础　　B. 素混凝土基础
  C. 砂砾石垫层基础　　D. 钢筋混凝土基础

三、多项选择题

1. 排水工程是指(　　)并排放污水、废水和雨水的整套工程设施。
  A. 收集　　B. 运输　　C. 处理　　D. 利用
  E. 排放
2. 城市排水系统服务对象按来源不同分为(　　)。
  A. 生活污水　　B. 工业废水　　C. 降水　　D. 综合污水
  E. 临时污水
3. 合流制排水系统可分为(　　)。
  A. 截流式　　B. 半截流式　　C. 直泄式　　D. 完全分流式
  E. 不完全分流式
4. 检查井由(　　)几部分构成。
  A. 连接支管　　B. 井底及基础　　C. 井身　　D. 井筒
  E. 井盖及井盖座
5. 混凝土管管口形式有(　　)。
  A. 承插式　　B. 企口式　　C. 平口式　　D. 焊接式
  E. 法兰式
6. 当钢筋混凝土排水管道敷设于土质松软、地基沉降不均匀或地震地区，管道接口宜采用柔性接口，下列(　　)接口均比较适用。
  A. 石棉沥青卷材　　B. 橡胶圈
  C. 预制套环石棉水泥　　D. 水泥砂浆抹带
  E. 焊接
7. 检查井通常设在(　　)以及直线管段上每隔一定距离处。

A. 转弯处　　B. 管道交汇处　　C. 管径改变处　　D. 跌水处

E. 坡度改变处

8. 排水管道根据接口的弹性，一般可分为(　　)三种接口形式。

A. 柔性　　B. 黏性　　C. 刚性　　D. 半柔半刚性

E. 砂性

9. 排水管渠材料(　　)。

A. 必须具有足够的强度、刚度、稳定性

B. 能抵抗污水中杂质的冲刷和磨损作用

C. 内壁整齐光滑，使水流阻力尽量小

D. 有足够的长度、接头少

E. 内壁尽量粗糙

10. 地基是指沟槽底的土壤部分，它承受(　　)及地面上的荷载。

A. 管子和基础的重量　　B. 管内水重

C. 管上土压力　　D. 浮力

E. 内壁尽量粗糙

11. 雨水口的构造包括(　　)三部分。

A. 盖板　　B. 进水篦　　C. 井筒　　D. 连接管

E. 井盖

任务三　沟槽开挖与基底处理

学习目标

1. 了解沟槽常用的断面形式并能计算沟槽底部开挖宽度、沟槽开挖深度和土方开挖量。

2. 了解沟槽开挖过程中的坑壁支护方法。

3. 能够正确施工坑壁支护构件。

4. 能够进行沟槽开挖技术交底。

5. 能够对沟槽基底进行加固处理。

任务描述

市政管道工程开槽施工的工序：测量放线—沟槽开挖—基础(垫层)敷设—下管—管道接口(排水有的有复杂的基础)—检查井浇筑(砌筑)—功能性试验(闭水试验、压力试验)—沟槽回填。

本任务要求学生查阅《给水排水管道工程施工及验收规范》(GB 50268—2008)，完成排水管道沟槽开挖及基础的处理。具体任务有确定沟槽开挖断面形式；计算沟槽开挖断面尺寸，确定沟槽底部开挖标高，初步确定开挖土方量；沟槽土方开挖技术交底等。

相关知识

一、沟槽断面形式的选择

在市政管道开槽法施工中，根据开挖处的土的种类、地下水水位、管道断面尺寸、管道埋深、施工排水方法及施工环境等来确定沟槽开挖断面形式。常用的沟槽断面形式有直槽、梯形槽、混合槽和联合槽四种，如图 2-48 所示。

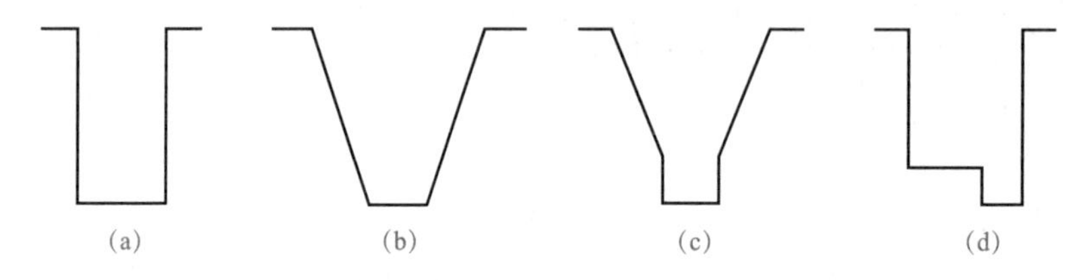

图 2-48　槽断面形式

(a)直槽；(b)梯形槽；(c)混合槽；(d)联合槽

(1)直槽(免支撑)。在无地下水的天然湿度土壤中开挖沟槽时，如沟深不超过下列规定，沟壁可不设边坡，开挖成直槽。填实的砂土和砾石土：1.0 m；粉质砂土和粉质黏土：1.25 m；黏土：1.5 m；特别密实的土：2.0 m。

直槽还适用于工期短、深度较浅的小管径工程，在地下水水位以下采用直槽时则要考虑支撑。

(2)梯形槽。当土壤具有天然湿度、构造均匀、无地下水、水文地质条件良好、挖深在 5 m 以内时，可采用梯形槽。

(3)混合槽。当槽深较大时，宜分层开挖成混合槽。人工挖槽时，每层深度以不超过 2 m 为宜；机械开挖时，则按机械性能确定。

(4)联合槽。联合槽适用于两条或两条以上的管道埋设在同一沟槽内的情况。

合理地选择沟槽断面形式，可以为市政管道施工创造良好的作业条件，在保证工程质量和施工安全的前提下，减少土方开挖量，降低工程造价，加快施工速度。

选择沟槽断面形式，应综合考虑土的种类、地下水情况、管道断面尺寸、管道埋深，施工方法和施工现场环境等因素，结合具体条件确定。

二、沟槽断面尺寸的确定

(1)沟槽底部开挖宽度。沟槽底部开挖宽度如图 2-49 所示，其计算公式为

$$B=D_1+2(b_1+b_2+b_3)$$

式中　B——管道沟槽底部的开挖宽度(mm)；

D_1——管道结构的外缘宽度(mm)；

b_1——管道一侧的工作面宽度(mm)；

b_2——管道一侧的支撑厚度，一般取 150～200 mm；

b_3——现浇混凝土或钢筋混凝土管道一侧模板的厚度(mm)。

工作面宽度 b_1 应根据管道结构、管道断面尺寸及施工方法确定，每侧工作面的宽度

应符合表 2-4 的要求。

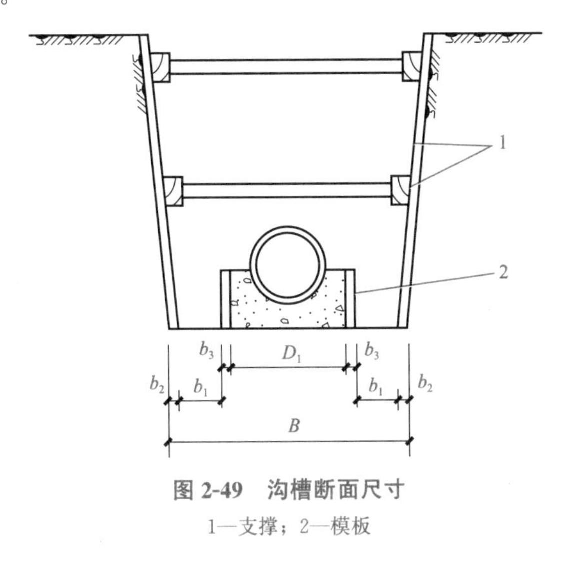

图 2-49 沟槽断面尺寸

1—支撑；2—模板

表 2-4 管道一侧的工作面宽度

管道的外径/mm	管道一侧的工作面宽度 b_1/mm		
	混凝土类管道		金属类、化学建材类管道
$D_1 \leqslant 500$	刚性接口	400	300
	柔性接口	300	
$500 < D_1 \leqslant 1\ 000$	刚性接口	500	400
	柔性接口	400	
$1\ 000 < D_1 \leqslant 1\ 500$	刚性接口	600	500
	柔性接口	500	
$1\ 500 < D_1 \leqslant 3\ 000$	刚性接口	800～1 000	700
	柔性接口	600	

注：1. 槽底需设排水沟时，工作面宽度(b_1)应适当增加。
2. 管道有现场施工的外防水层时，每侧工作面宽度宜取 800 mm。
3. 采用机械回填管道侧面时，b_1 需满足机械作业的宽度要求。

(2)确定沟槽挖深。沟槽开挖深度的计算式为

$$H=H_1+t+h_1+h_2$$

式中 H_1——沟槽开挖深度(自然地面标高到管内底标高的距离)(m)；

t——管壁厚度(m)；

h_1——管道管座及基础厚度(m)；

h_2——垫层厚度(m)。

(3)确定沟槽边坡坡度。为了保持沟槽壁的稳定，要有一定的边坡坡度(边坡铅垂方向上高度与坡面水平方向上的投影长度的比值)，在工程上通常以 1∶m 的形式表示。地质条件良好，土质均匀，地下水水位低于沟槽底面高程，且开挖深度在 5 m 以内不加支撑时，边坡的最陡坡度应符合表 2-5 的规定。

表 2-5　深度在 5 m 以内的沟槽边坡的最陡坡度

土的类别	最大边坡坡度(高∶宽)		
	坡顶无荷载	坡顶有静载	坡顶有动载
中密的砂土	1∶1.00	1∶1.25	1∶1.50
中密的碎石类土(充填物为砂土)	1∶0.75	1∶1.00	1∶1.25
硬塑的粉土	1∶0.67	1∶0.75	1∶1.00
中密的碎石类土(充填物为黏性土)	1∶0.50	1∶0.67	1∶0.75
硬塑的粉质黏土、黏土	1∶0.33	1∶0.50	1∶0.67
老黄土	1∶0.10	1∶0.25	1∶0.33
软土(经井点降水后)	1∶1.25	—	—

当沟槽挖深较大时，应合理地确定分层开挖的深度，并应符合下列规定：

1)人工开挖沟槽的槽深超过 3 m 时应分层开挖，每层的深度不宜超过 2 m。

2)人工开挖多层槽的层间留台宽度为：放坡开槽时，不应小于 0.8 m；直槽时，不应小于 0.5 m；安装井点设备时，不应小于 1.5 m。

3)采用机械挖槽时，沟槽分层的深度按机械性能确定。

(4)确定沟槽上口宽度。以应用最为广泛的梯形沟槽为例，梯形沟槽上口宽度的计算公式为

$$W=B+2mH$$

式中　B——管道沟槽底部的开挖宽度(mm)；

H——沟槽开挖深度(mm)；

m——沟槽槽壁边坡系数，为宽∶高。

三、沟槽土方量计算

为编制工程预算及施工计划，在开工前和施工过程中都要计算土方量。沟槽土方量的计算可采用断面法。其计算步骤如下：

(1)划分计算段。将沟槽纵向划分成若干段，分别计算各段的土方量。每段的起点一般为沟槽坡度变化点、沟槽转折点、断面形状变化点、地形起伏突变点等处。

(2)确定各计算段沟槽断面形式和面积。

(3)各计算段土方量计算。如图 2-50 所示，其计算公式为

$$V=\frac{F_1+F_2}{2}\times L$$

式中　V——计算段沟槽土方量(m^3)；

F_1，F_2——计算段两边横断面面积(m^2)；

L——计算段的沟槽长度(m)。

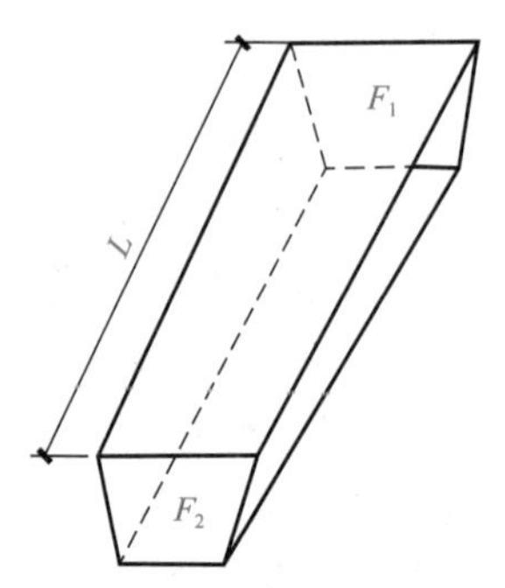

图 2-50　沟槽土方量计算

【例 2-1】 已知某给水管线纵断面图设计如图 2-51 所示，施工地带土质为黏土，无地下水，采用人工开槽法施工，其开槽边坡采用 1∶0.25，工作面宽度 $b=0.4$ mm，管道基础为原槽素土夯实，计算该管线边槽开挖的土方量。

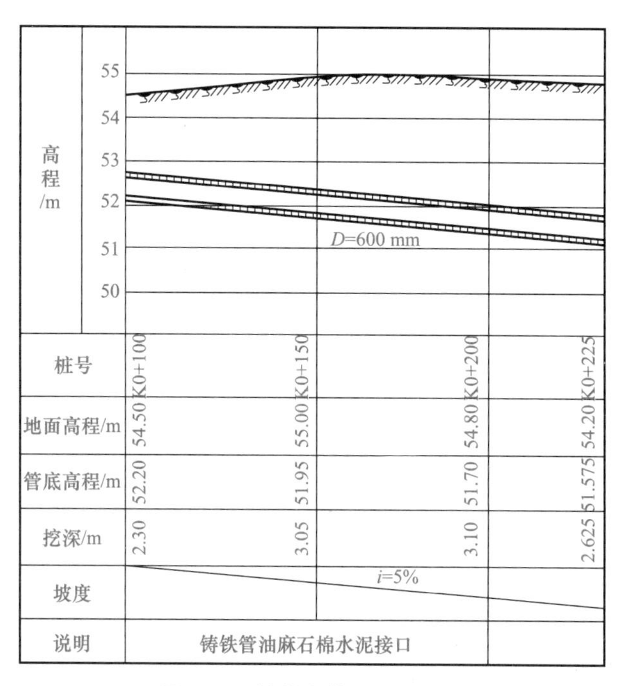

图 2-51 某给水管线纵断面图

解： 根据管线纵断面图，可以看出地形是起伏变化的。为此将沟槽按桩号分为 K0+100 至 K0+150，K0+150 至 K0+200 两段进行计算。给水管道的基础为原槽素土夯实，基础宽度为 0.6 m，高度为 0 m。给水管道的壁厚较小，可忽略不计，认为管道的设计埋设即为开槽深度。

(1)桩号 K0+100 至 K0+150 段的土方量。

1) K0+100 处断面面积。

沟槽下底宽度 $B=D_1+2b_1=0.6+2\times0.4=1.4(\text{m})$

沟槽上口宽度 $W=B+2nH=1.4+2\times0.25\times2.30=2.55(\text{m})$

沟槽断面面积 $F_1=\dfrac{1}{2}(B+W)H=\dfrac{1}{2}\times(2.55+1.4)\times2.30=4.54(\text{m}^2)$

2) K0+150 处断面面积。

沟槽下底宽度 $B=D_1+2b_1=0.6+2\times0.4=1.4(\text{m})$

沟槽上口宽度 $W=B+2nH=1.4+2\times0.25\times3.05=2.93(\text{m})$

沟槽断面面积 $F_2=\dfrac{1}{2}(B+W)H=\dfrac{1}{2}\times(2.93+1.4)\times3.05=6.60(\text{m}^2)$

K0+100 至 K0+150 段的土方量：

$$V_1=\frac{1}{2}(F_1+F_2)\times L_1=\frac{1}{2}\times(4.54+6.60)\times(150-100)=278.5(\text{m}^3)$$

(2)桩号 K0+150 至 K0+200 段的土方量。

1) K0+150 处断面面积。

沟槽下底宽度 $B=D_1+2b_1=0.6+2\times0.4=1.4(\text{m})$

沟槽上口宽度 $W=B+2nH=1.4+2\times0.25\times3.05=2.93(\text{m})$

沟槽断面面积　　$F_2=\frac{1}{2}(B+W)H=\frac{1}{2}\times(2.93+1.4)\times3.05=6.60(m^2)$

2) K0＋200 处断面面积。

沟槽下底宽度　　$B=D_1+2b_1=0.6+2\times0.4=1.4(m)$

沟槽上口宽度　　$W=B+2nH=1.4+2\times0.25\times3.10=2.95(m)$

沟槽断面面积　　$F_3=\frac{1}{2}(B+W)H=\frac{1}{2}\times(2.95+1.4)\times3.10=6.74(m^2)$

K0＋150 至 K0＋200 段的土方量：

$$V_2=\frac{1}{2}(F_2+F_3)\times L_1=\frac{1}{2}\times(6.60+6.74)\times(200-150)=333.5(m^3)$$

故沟槽总土方量　　$V=V_1+V_2=278.5+333.5=612(m^3)$

任务实施

一、沟槽施工放线

沟槽开挖前，应建立临时水准点并加以核对、测设管道中心线、沟槽边线及附属构筑物位置。临时水准点一般设置在固定建筑物上，且不受施工影响，并妥善保护，使用前要校测。沟槽边线测设完成后，用白灰放线，以作为开槽的依据。根据测设的中心线，在沟槽两端埋设固定的中线桩，以作为控制管道平面位置的依据。

沟槽的测量控制工作是保证管道施工质量的先决条件。管道工程开工前，应进行以下测量工作：

(1)核对水准点，建立临时水准点。

(2)核对接入原有管道或河道的高程。

(3)测设管道坡度板、管道中心线、开挖沟槽边线及附属构筑物的位置。

(4)堆土堆料界限及其他临时用地范围。

临时水准点应设置在不受施工影响，而且明显固定的建筑物上。对所有测量标志，在施工中应妥善保护，不得损坏，并经常校核其准确性。临时水准点的间距以不大于 100 m 为宜，且使用前应当校测。沟槽边线测设完成后，用白灰放线，以作为开槽的依据。根据测设的中心线，在沟槽两端埋设固定的中线桩，以作为控制管道平面位置的依据。

沟槽的测量控制方法较多，比较准确方便的方法是坡度板法，如图 2-52 所示。

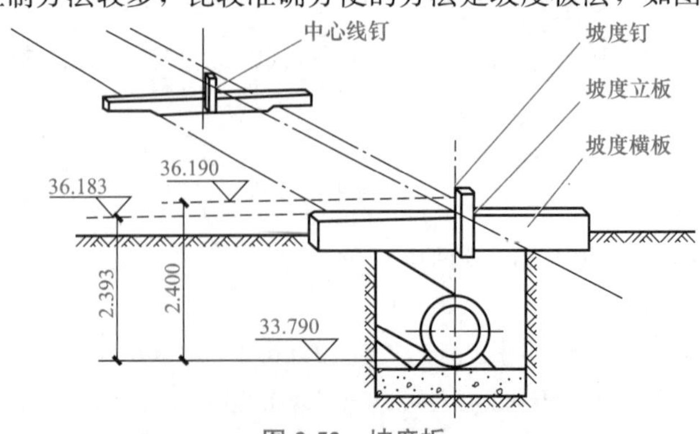

图 2-52　坡度板

(1)坡度板应选用有一定刚度且不易变形的材料制成，常用 50 mm 厚木板，长度根据沟槽上口宽，一般跨槽每边不小于 500 mm，埋设必须牢固并加以保护，板顶不应高出地面(设于底层槽者，不应高于槽台面)。

(2)坡度板设置间距一般为 10 m，最大间距不宜超过 15 m，变坡点、管道转向及检查井处必须设置。

(3)单层槽坡度板设置在槽上口跨地面。坡度板距离槽底以不超过 3 m 为宜，多层槽坡度板设置在下层槽上口跨槽台，距离槽底也不宜大于 3 m。

(4)坡度板上应钉管线中心钉和高程板，高程板上钉高程钉。中心钉控制管道中心线，高程钉控制沟槽和管底高程。相邻两块坡度板的高程钉至槽底或管底的垂直距离相等，则两个高程钉的连线的坡度即底坡度，该连线称为坡度线。坡度线上任何一点到管底的垂直距离是一常数，称为下返数。具体做法如下：

1)管线中心钉钉在坡度板的顶面。

2)高程板钉在坡度板的侧面上，应保持相互垂直，所有高程板宜钉在管道中线的同一侧。

3)高程钉钉在高程板中线的一侧。

4)坡度板上应标明桩号(检查井处的坡度板同时应标明井号)及高程钉至各有关部位的下返常数。变换常数处应在坡度板两侧分别书写清楚，并分别标明其所用的高程钉。

受地面或沟槽断面等条件限制，不宜埋设坡度板的沟槽，可在沟槽两侧槽壁或槽底两边，对称地测设一对高程桩，每对高程桩上钉一对等高的高程钉。高程桩的纵向距离以 10 m 为宜。在沟槽见底前、灌注混凝土基础前、管道铺设或砌筑前，应及时校测管道中心线及高程桩的高程。

二、沟槽开挖

沟槽降水进行一段时间，水位降落达到一定深度，为沟槽开挖创造了一定的便利条件后，即可进行沟槽的开挖工作。

1. 开挖规定

沟槽的开挖应符合下列规定：

(1)沟槽的开挖断面应符合施工组织设计(方案)的要求。槽底原状地基土不得扰动，机械开挖时槽底预留 200～300 mm 土层由人工开挖至设计高程，整平。

(2)槽底不得受水浸泡或受冻，槽底局部扰动或受水浸泡时，宜采用天然级配砂砾石或石灰土回填；槽底扰动土层为湿陷性黄土时，应按设计要求进行地基处理。

(3)槽底土层为杂填土、腐蚀性土时，应全部挖除并按设计要求进行地基处理。

(4)槽壁平顺，边坡坡度符合施工方案的规定。

(5)在沟槽边坡稳固后设置供施工人员上下沟槽的安全梯。

2. 开挖方法

土方开挖分为人工开挖和机械开挖两种方法。为了加快施工速度，提高劳动生产率，凡是具备机械开挖条件的现场，均应采用机械开挖。

(1)人工开挖。沟槽深度在 3 m 以内，可直接采用人工开挖。超过 3 m 应分层开挖，每层的深度不宜超过 2 m。

(2)机械开挖。沟槽机械开挖常用的施工机械有单斗挖掘机、多斗挖掘机、液压挖掘装载机等。常用液压式单斗反铲挖掘机的特点是操作灵活、切力大、机构简单，而且能比较准确地控制挖土深度，如图 2-53 所示。

图 2-53 液压式单斗反铲挖掘机

(3)土方运输。土方运输按作业范围可分为场内运输与场外运输。场内运输一般是指边挖边运或挖填平衡调配；场外运输一般是指多余土运往场外指定的地点。当市区内施工中，街道不允许存土，须外运待回填时再运回。

余土外运应尽量采用汽车运输与机械挖土配合施工，以减少二次装载搬运。搞好土方平衡调配，尽量减少土方外运，以降低施工费用。

3. 土方开挖细则

挖槽前应认真熟悉图纸，结合现场水文、地质情况，合理确定开挖顺序。了解核实地下及地上构筑物及施工环境等情况。合理地确定沟槽断面和适合的开挖方法，并制订必要的安全措施，还应进行书面技术交底，技术交底的交接双方均要签字。技术交底内容包括底宽、沟底高程、边坡坡度、支撑形式、安全注意事项等。

沟槽若与原地下管线相交叉或在地上建筑物、电杆、测量标志等附近挖槽时，应采取相应加固措施。如遇电信、电力、给水等管线时，应会同有关单位协调解决。

当管道需穿越道路时应组织安排车辆、行人绕行，设置明显标志。在不宜断绝交通或绕行时，应根据道路的交通量及最大通行荷载，架设施工临时便桥，并应积极采取措施，加快施工进度，尽早恢复交通。

沟槽开挖应按施工技术交底进行，土方开挖不得超挖，以减小对地基土的扰动。机械开挖应留置 20 cm 人工修整，即使是人工开挖在雨期施工也应留 20 cm 到工序开始施工前才开挖，以免遇雨泡槽。弃土应堆放至沟槽上口边缘外 0.8 m 以外，最好 1.0～1.2 m 以外，堆土高度不要超过 1.5 m，且不得掩埋消火栓、管道闸门、雨水口、测量标志及各种地下管道的井盖，并不得妨碍其正常使用。不得靠近房屋、墙壁推土。如果挖好后不能及时进行下一工序，可在槽底标高以上留 150 mm 的土层不挖，待下一工序开始前再挖除。

采用机械开挖沟槽时，应由专人负责掌握挖槽断面尺寸和标高。施工机械离沟槽上口边缘应有一定的安全距离。

相邻沟槽开挖时，应遵循先深后浅的施工顺序。

沟槽开挖深度较大时，应分层开挖，每层深度不超过 2 m；多层沟槽(联合槽、混合槽)层间应留台。台宽：放坡开槽时不小于 0.8 m，直槽时不小于 0.5 m，安装井点设备时(一般多级井点会使用)不小于 1.5 m。

施工期间，应根据实际情况铺设临时管道或开挖排水沟，以解决施工排水和防止地面水、雨水流入沟槽。沟槽内的积水应采取措施及时排除，严禁在水中施工作业。当施工地区含水层为砂性土或地下水水位较高时，应采用人工降低地下水水位法，使地下水水位降至基底以下 0.5～1.0 m 后开挖。

人工开挖时如发现两侧沟壁有开裂、沉降等危险征兆，特别是在雨后，要及时采取措施，或令操作人员暂时撤离。

沟槽开挖好后再做管道垫层及基础前应进行验槽，验槽时施工单位、设计单位、建设单位、监理单位均应参加，必要时还要有勘察单位参加。验槽主要是检验槽底工程地质情况，如槽底土层与设计文件有较大出入时，应会同勘察、设计单位协商解决。另外，还要检查沟槽的平面位置、断面尺寸及槽底高程。验槽合格，应填写书面验槽记录，各参与方均应进行隐蔽工程验收签字。

4. 开挖安全施工技术

(1)土方开挖时，人工操作间距不应小于 2.5 m，机械操作间距不应小于 10 m。

(2)挖土应由上而下逐层进行，禁止逆坡挖土或掏洞。

(3)不得超挖。采用机械挖土时，可在槽底设计标高以上预留 200 mm 土层不挖，待人工清理。即使采用人工挖土也不得超挖。如果挖好后不能及时进行下一工序，则可在槽底标高以上留 150 mm 的土层不挖，待下一工序开始前再挖除。

(4)为保证沟槽槽壁稳定和便于排管，挖出的土应堆置在沟槽一侧，堆土坡脚距沟槽上口边缘的距离应不小于 1.0 m，堆土高度不应超过 1.5 m。

(5)应严格按要求放坡，必要时应加设支撑。

(6)沟槽开挖深度超过 3 m 时，应使用吊装设备吊土，坑内人员应离开起吊点的垂直正下方，并戴安全帽，工人上下应借助靠梯。

(7)应设置路挡、便桥或其他明显标志，夜间应有照明设施。

5. 开挖质量要求

(1)严禁扰动槽底土壤，如发生超挖，严禁用土回填。

(2)槽壁平整，边坡符合设计要求。

(3)槽底不得受水浸泡或受冻。

(4)施工偏差应符合施工验收规范要求，见表 2-6。

表 2-6　沟槽开挖允许偏差

序号	检查项目	允许偏差/mm		检查数量		检查方法
				范围	点数	
1	槽底高程	土方	±20	两井之间	3	用水准仪测量
		石方	+20、−200			
2	槽底中线每侧宽度	不小于规定		两井之间	6	挂中线用钢尺量测，每侧计 3 点
3	沟槽边坡	不小于规定		两井之间	6	用坡度尺量测，每侧计 3 点

三、沟槽地基处理

市政管道及其附属构筑物的荷载均作用在地基土上，由此可引起地基土的沉降。沟槽地基处理的意义是使地基同时满足容许沉陷量和容许承载力的要求。

1. 地基处理的目的

(1)改善土的剪切性能，提高抗剪强度。

(2)降低软弱土的压缩性，减少基础的沉降或不均匀沉降。

(3)改善土的透水性，起着截水、防渗的作用。

(4)改善土的动力特性，防止砂土液化。

(5)改善特殊土的不良地基特性。

2. 地基处理的一般规定

(1)管道地基应符合设计要求，管道天然地基的强度不能满足设计要求时应按设计要求加固。

(2)槽底局部超挖或发生扰动时，超挖深度不超过 150 mm 时，可用挖槽原土回填夯实，其压实度不应低于原地基土的密实度；槽底地基土壤含水量较大，不适用于压实时，应采取换填等有效措施。

(3)排水不良造成地基土扰动时，扰动深度在 100 mm 以内，宜填天然级配砂石或砂砾处理；扰动深度在 300 mm 以内，但下部坚硬时，宜填卵石或块石，并用砾石填充空隙并找平表面。

(4)设计要求换填时，应按要求清槽，并经检查合格；回填材料应符合设计要求或有关规定。

(5)柔性管道地基处理宜采用砂桩、搅拌桩等复合地基。

3. 地基处理的对象

地基处理的对象如图 2-54 所示。

- 地基处理对象
  - 软弱地基
    - 软弱地基：淤泥、淤泥质土、泥炭、泥炭质土等
    - 冲填土
    - 杂填土
  - 特殊土地基
    - 湿陷性黄土
    - 膨胀土
    - 盐渍土
    - 季节性冻土

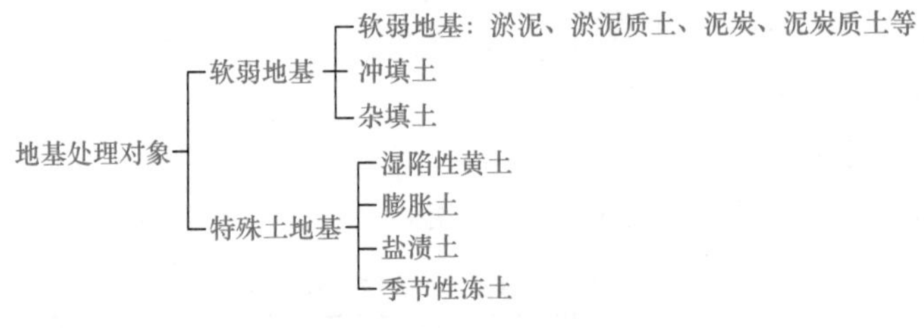

图 2-54　地基处理的对象

4. 地基处理的方法

地基处理的方法如图 2-55 所示。

- 地基处理方法
  - 换填土：换土垫层法、褥垫法
  - 密实法：浅层密实、深层密实
  - 碾压法：机械碾压、振动压法、重锤夯实法、强夯法
  - 排水固结法：堆载顶压法、排水纸板法
  - 浆液加固：硅化法、旋喷法、碱液加固法、水泥灌浆法、深层搅拌法

图 2-55　地基处理的方法

(1)换土垫层。换土垫层是一种直接置换地基持力层软弱土的处理方法。施工时将基底下一定深度的软弱土层挖除，分层回填砂、石、灰土等材料，并加以夯实振密。换土垫

层是一种较简易的浅层地基处理方法，在管道施工中应用广泛，目前常用的方法有素土垫层、砂和砂石垫层、灰土垫层。

1)素土垫层。素土垫层的土料不得使用淤泥、耕土、冻土、垃圾、膨胀土及有机物含量大于8%的土作为填料。

2)砂和砂石垫层。砂和砂石垫层所需的材料宜采用颗粒级配良好，质地坚硬的中砂、粗砂、砾石、卵石和碎石，材料的含泥量不应超过5%。若采用细砂，则宜掺入按设计规定数量的卵石或碎石，最大粒径不宜大于50 mm。

砂和砂石垫层施工的关键是将砂石料振捣到设计要求的密实度。目前，砂和砂石垫层的振捣方法有振密法、水撼法、夯实法、碾压法等多种，可根据砂石材料、地质条件、施工设备等条件选用

3)灰土垫层。灰土垫层适用于处理湿陷性黄土，可消除1～3 m厚黄土的湿陷性。灰土的土料宜采用地基槽中挖出的土，不得含有有机杂质，使用前应过筛，粒径不得大于15 mm。用作灰土的熟石灰应在使用前一天浇水将生石灰熟化并过筛，粒径不得大于5 mm，不得夹有未熟化的生石灰块。灰土的配合比宜采用3∶7或2∶8，密实度不小于95%。该种方法施工简单、取材方便、费用较低。

(2)碾压与夯实。

1)碾压法。碾压法是采用压路机、推土机、羊足碾或其他压实机械来压实松散土，常用于大面积填土的压实和杂填土地基的处理，也可用于沟槽地基的处理，如图2-56所示。

碾压的效果主要取决于压实机械的压实能量和被压实土的含水量，应根据碾压机械的压实能量和碾压土的含水量，确定合适的虚铺厚度和碾压遍数。其具体施工要求见任务五。

2)夯实法。夯实法是利用起重机械将夯锤提到一定高度，然后使锤自由下落，重复夯击以加固地基，如图2-57所示。重锤采用钢筋混凝土块、铸铁块或铸钢块，锤重一般为14.7～29.4 kN，锤底直径为1.13～1.15 m。重锤夯实施工前，应进行试夯确定夯实制度，其内容包括锤重、夯锤底面直径、落点形式、落距及夯击遍数。在市政管道工程施工中，该方法使用较少。

图2-56 碾压机械

图2-57 重锤夯实

(3)挤密桩。挤密桩是通过振动或锤击沉管等方式在沟槽底成孔、在孔内灌注砂、石灰、灰土或其他材料，并加以振实加密等过程而形成的，一般有挤密砂石桩和生石灰桩。

1)挤密砂石桩。挤密砂石桩适用于处理松散砂土、填土及塑性指数不高的黏性土。对于饱和黏土由于其透水性低，挤密效果不明显。另外，还可起到消除可液化土层(饱和砂

土、粉土)的振动液化作用。

2)生石灰桩。生石灰桩适用于处理地下水水位以下的饱和黏性土、粉土、松散粉细砂、杂填土及饱和黄土等地基。

(4)注浆液加固。松散粉细砂、浆液加固法是指利用水泥浆液、黏土浆液或其他化学浆液，采用压力灌入、高压喷射或深层搅拌的方法，使浆液与土颗粒胶结起来，以改善地基土的物理力学性质的地基处理方法。该方法在管道施工中使用较少。

■ 四、沟槽支撑

支撑是由木材或钢材做成的一种防止沟槽土壁坍塌的临时性挡土结构。

沟槽支撑的作用是在沟槽施工期间能够挡土、挡水，以保证基槽开挖和基础结构施工能安全、顺利地进行，并在基础施工期间不对相邻的建筑物、道路和地下管线等产生危害。支撑既可减少挖方量，缩小施工占地面积，减少拆迁，又可保证施工安全。但支撑增加了材料消耗，有时甚至影响后续工序的操作。

支撑的荷载是原土和地面上的荷载所产生的侧土压力。支撑加设与否应根据土质、地下水情况、槽深、槽宽、开挖方法、排水方法、地面荷载等因素确定。一般情况下，当沟槽土质较差、深度较大而又挖成直槽时，或高地下水水位砂性土质并采用明沟排水措施时，均应支设支撑。

当沟槽土质均匀并且地下水水位低于管底设计标高时，直槽不加支撑的深度不宜超过表 2-7 的规定。

表 2-7　不加支撑的直槽最大深度

土质类型	直槽最大深度/m
密实、中密的沙土和碎石类土	1.0
硬塑、可塑的轻粉质黏土及粉质黏土	1.25
硬塑、可塑的黏土及碎石土	1.5
坚硬的黏土	2.0

支撑结构应满足的要求：牢固可靠，支撑材料质地和尺寸合格，保证施工安全；在保证安全的前提下，尽可能节约用料，宜采用工具式钢支撑；便于支设、拆除，不影响后续工序的操作。支撑后，沟槽中心线每侧净宽不小于施工设计的规定。横撑不应妨碍下管和稳管。

1. 支撑的种类及其适用的条件

在市政管道工程施工中，常见的沟槽支撑形式有横撑、竖撑和板桩撑 3 种形式。沟槽支撑的形式与方法，应根据土质、工期、施工季节、地下水情况、槽深及开挖宽度、地面环境等因素确定。

(1)横撑。横撑由撑板、立柱和撑杠组成，可分成疏撑(间断式)和密撑(连续式)两种。疏撑的撑板之间有间距；密撑的各撑板间则密接铺设。

疏撑又称断续式支撑，如图 2-58(a)所示，适用于土质较好、地下水含量较小的黏性土且挖土深度小于 3 m 的沟槽。

密撑又称连续式支撑，如图 2-58(b)所示，适用于土质较差且挖深在 3～5 m 的沟槽。

井字撑是疏撑的特例，如图 2-58(c)所示。一般用于沟槽的局部加固，如地面上建筑物距离沟槽较近处。

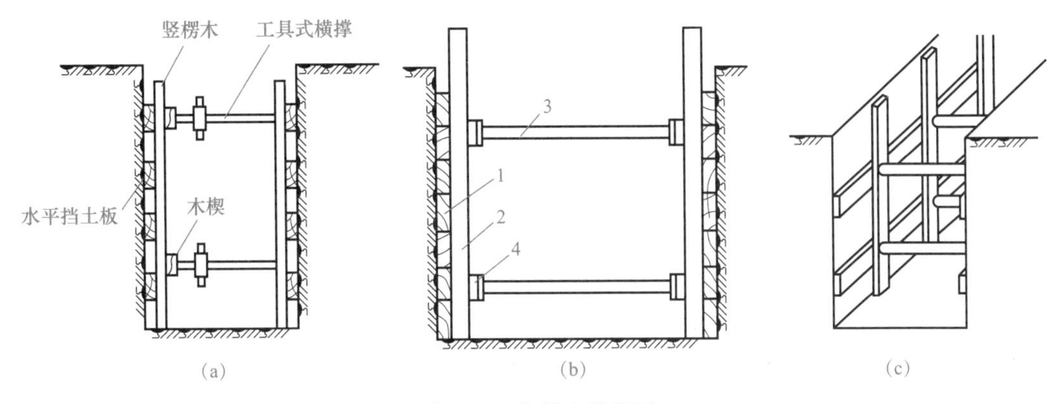

图 2-58　沟槽支护类型

(a)疏撑；(b)密撑；(c)井字撑

1—撑板；2—立柱；3—撑杠；4—横梁

(2)竖撑。竖撑由撑板、横梁和撑杠组成，如图 2-59 所示，用于沟槽土质较差，地下水较多或有流砂的情况。竖撑的特点是撑板可先于沟槽挖土而插入土中，回填以后再拔出。因此，竖撑一般为密撑，它一般在土质较差，有地下水或有流砂及挖土深度较大时采用。其特点是便于支设和拆除，操作安全，挖土深度可以不受限制。

(3)板桩撑。板桩撑一般有钢板桩和木板桩两种，如图 2-60 所示，是在沟槽土方开挖前就将板桩打入槽底以下一定深度。其优点是土方开挖及后续工序不受影响，施工条件良好。其适用于沟槽挖深较大，地下水丰富、有流砂现象或砂性饱和土层，以及采用一般支撑不能奏效的情况。

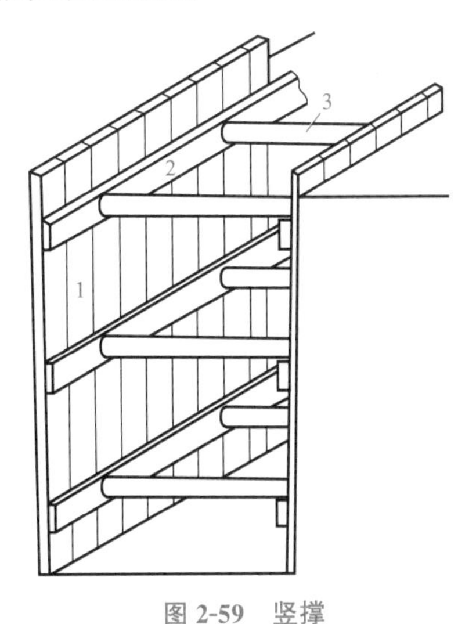

图 2-59　竖撑

1—撑板；2—横梁；3—工具式撑杠

图 2-60　板桩撑

板桩在沟槽开挖之前用打桩机打入土中。因此，板桩支护在沟槽开挖及其以后各项工序施工中，始终起安全保护作用。桩板的啮合和深入槽底一定长度能有效地防止流砂渗入沟槽。

2. 支撑的材料

支撑材料及其尺寸应根据设计计算要求及施工现场的实际情况确定。劈裂和腐朽的木材不得作为支撑材料或托木。

(1)撑板。撑板可分为木撑板和钢制撑板。木撑板板长不宜大于 4 m，板宽为 20～30 cm，厚度为 30～50 mm，材质不宜低于三级材。金属撑板由钢板焊接于型钢上拼成，型钢间用型钢连系加固，其长度有 2 m、4 m、6 m 等几种规格，如图 2-61 所示。

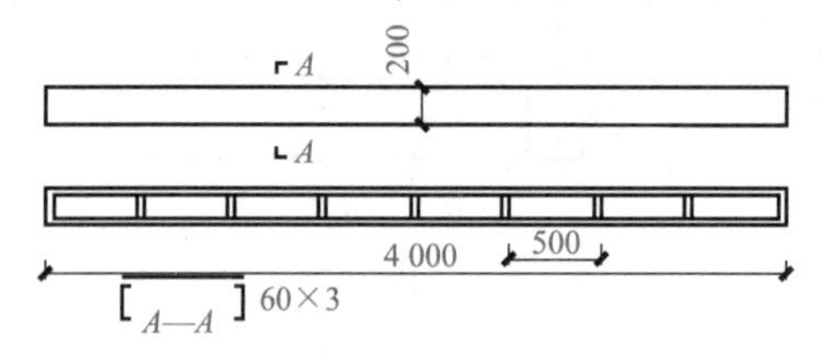

图 2-61　金属撑板

(2)横梁和纵梁。横梁和纵梁一般用木材制作，其截面尺寸不宜小于 15 cm×15 cm，有时也用型钢制作(槽钢、工字钢)。

(3)撑杠。撑杠可分为木撑杠和工具式撑杠。木撑杠一般采用 10 cm×10 cm～15 cm×15 cm 的方木或采用小头直径不少于 10 cm 的圆木。当撑杠的支撑点间距大于 2.5 m 时，其截面应加大或换用钢梁。撑杠的长度应与所撑的沟槽相适应，一般以比撑杠未打紧前长 2～5 cm 为宜。工具式撑杠支设方便、安全可靠，并可节约木材，可根据沟槽宽度选用适宜长度的圆套管，其构造如图 2-62 所示。

(4)板桩。板桩分为木板桩和钢板桩两类。

1)木板桩。木板桩应选用强度较高的木材制作。木板桩一般制作成企口式，如图 2-63 所示。板桩与板桩之间应相互吻合。板桩的厚度一般为 6.5～8 cm，也可根据设计计算确定。

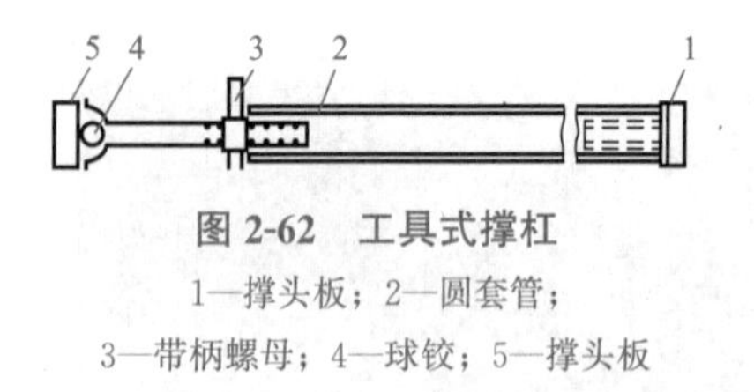

图 2-62　工具式撑杠

1—撑头板；2—圆套管；

3—带柄螺母；4—球铰；5—撑头板

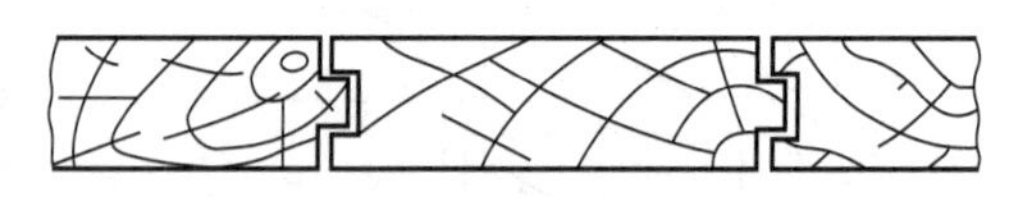

图 2-63　企口木板桩断面示意

2)钢板桩。常用的钢板桩有槽钢和工字钢，有时也使用特制的钢板桩，如拉森钢板桩作为一种新型建材，目前在大型管道铺设中使用较多。拉森钢板桩施工速度快、费用低，具有很好的防水功能，如图 2-64 所示。钢板桩的断面形式多种多样，如图 2-65 所示。钢板桩的长度应根据沟槽挖深选用，弯曲的钢板桩应经矫正后方可使用。

图 2-64　拉森钢板桩

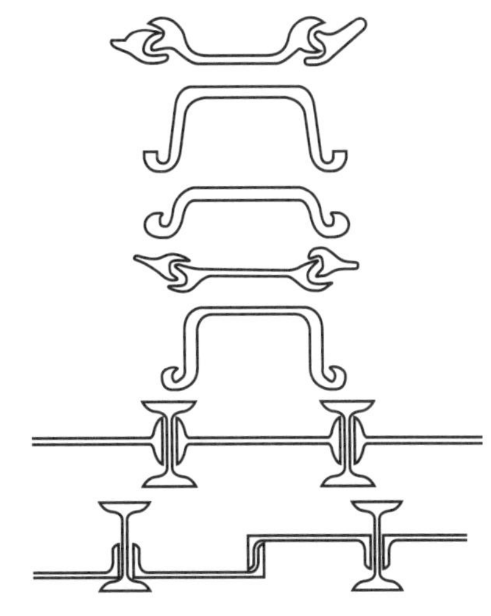

图 2-65　钢板桩的断面形式

3. 支撑的支设、倒撑与拆除

(1)沟槽支撑与要求。沟槽需要支撑时，当沟槽开挖到一定深度后，铲平槽壁开始支撑。支撑前先校测沟槽开挖断面是否符合要求的宽度，将撑板均匀紧贴于槽壁，再将纵梁或横梁紧贴撑板，然后将横撑支设在纵梁或横梁上。撑板、横梁或纵梁、横撑必须彼此之间相互垂直，紧贴靠实，并应用扒锯钉、木楔、木托等将其固定，以保证相互间牢固可靠。

撑板支撑的横梁、纵梁和横撑的布置应符合下列规定：

1)横撑必须支护横梁或纵梁；每根横梁或纵梁不得少于 2 根横撑；横撑的水平间距一般宜为 1.5～2.0 m。当管节长度大于横撑的水平间距时，应安排下管的位置，并加强支护。

2)横撑的垂直间距一般不宜大于 1.5 m。槽底横撑的垂直间距不宜超过 2.5 m。横撑长度稍差时，可在两端或一端用木楔打紧或钉木垫板。立板密撑，当横撑长度超过 4 m 时，应考虑加斜撑。

撑板的安装应符合下列规定：

1)撑板应与沟槽槽壁紧贴，当有空隙时，宜用土填实；撑板垂直方向的下端应到达沟槽槽底；横排撑板应水平，立排撑板应垂直，撑板板端应整齐；密撑的撑板接缝应严密。

2)采用横排撑板支护时，若遇有地下钢管或铸铁管横穿沟槽，则管道下面的撑板上缘应紧贴管道安装，管道上面的撑板下缘距管道顶面不宜小于 10 cm。

3)当立排撑板底端高于挖掘时的槽底面时，应边挖边用大锤将撑板打下，以保证槽挖多深撑板下多深。每挖深 0.4～0.8 m，将撑板打下一次，直至撑板打至槽底或排水沟底为止。撑板每打下 1.2～1.5 m，再加一道横撑。

4)应支撑的沟槽随挖槽随支撑，雨期施工时不得空槽过夜。

沟槽支撑在下列情况下应加强：

1)距建筑物、地下管线或其他设施较近；施工便桥的桥台部位；地下水排除不彻底时；雨期施工；其他情况。

2)沟槽土方开挖及后续各项施工过程中应经常检查支撑情况，当发现横撑有弯曲、松动、劈裂或位移等迹象时，必须及时加固或倒换横撑。雨期及春季解冻时期应加强检查。人员上下沟槽，严禁攀登支撑。承托翻土板的横撑必须加固。翻土板的铺设应平整，并且与横撑的联结必须牢固。

(2)倒撑。在施工过程中，更换纵梁和横撑位置的过程称为倒撑。例如，当原支撑妨碍下一工序进行、原支撑不稳定、一次拆撑有危险或因其他原因必须重新安设支撑时，均应倒撑。

(3)板桩的支设及要求。

1)板桩的支设是用打桩机将板桩打入沟槽底以下的。

2)钢板桩支撑可采用槽钢、工字钢或定型钢板桩。钢板桩支撑按具体条件可设计为悬臂、单锚或多层横撑的钢板桩，并通过计算确定其入土深度和横撑的位置与断面。

3)钢板桩的平面布置形式，宜根据土质和沟槽深度等情况确定。稳定土层，采用间隔排列；不稳定土层、无地下水时，采用平排；有地下水时，采用咬口排列。

4)合理选择打桩方式、打桩机械和流水分段划分，保证打入后的板桩有足够的刚度，且板桩面平直，板桩间相互啮合紧密。对封闭式板桩墙，要封闭合拢。

5)钢板桩支撑采用槽钢作为横梁时，横梁与钢板桩之间的孔隙应用木板垫实，并将钢板桩与横梁和横撑连接牢固。

6)打钢板桩的方法，通常采用单层打入法、双层围囹、插桩法和分段复打法等。

7)当板桩内的土方开挖后，一般应在基坑或沟槽内设横梁、横撑来加强支撑强度。当沟槽或基坑施工中不允许支设横撑时，可在桩板顶端支设横梁，用水平锚杆将其固定。

(4)支撑的拆除。沟槽或基坑内的各项施工全部完成后，应将支撑拆除。拆除支撑作业的基本要求如下：

1)拆除支撑前应对沟槽两侧的建筑物、构筑物、沟槽槽壁及两侧地面沉降、裂缝、支撑的位移、松动等情况进行检查，如果需要，则应在拆除支撑前采取加固措施，防止发生事故。

2)根据工程实际情况制定拆撑的具体方法、步骤及安全措施等实施细则，进行技术交底，确保施工顺利进行。

3)横排撑板支撑拆除应按自下而上的顺序进行。当拆除尚感危险时，应考虑倒撑，即用横撑将上半槽加固撑好，然后将下半槽横撑、撑板依次拆除，还土夯实后，用同样方法继续再拆除上部支撑，还土夯实。

4)立排撑板支撑和板桩拆除时，宜先填土夯实至下层横撑底面，再将下层横撑拆除，而后回填至半槽后再拆除上层横撑和撑板；最后用倒链或起重机将撑板或板桩间隔进行拔出，所遗留孔洞及时用砂灌实(可冲水助沉)。对控制地面沉降有要求时，宜采取边拔桩边注浆的措施。

5)拆除支撑时，应继续排出地下水。

6)尽量避免或减少材料的损耗。拆下的撑板、横撑、横梁、纵梁、板桩等材料应及时清理，并整齐堆放待用。

知识点考核

一、判断题

1. 管道轴线控制桩、高程桩，应经过复核方可使用，并应经常校核。 (　　)

2. 由于管道开槽时井位桩会被挖除，因此需在沟边线外设置保护桩。 (　　)

3. 沟槽宽度＝管道结构外缘宽度＋两边支撑宽度＋两边工作面宽度。 (　　)

4. 沟槽若与原地下管线相交叉或在地上建筑物、电杆、测量标志等附近挖槽时，应采取相应加固措施。 (　　)

5. 沟槽开挖弃土应掩埋消火栓、管道闸门、雨水口、测量标志及各种地下管道的井盖，起到保护作用。 (　　)

6. 土方开挖不得超挖，防止对基底土的扰动。 (　　)

7. 沟槽的支撑是防止施工过程中槽壁坍塌的一种临时有效的挡土结构，是一项临时性施工安全技术措施。 (　　)

8. 沟槽或基坑内的各项施工全部完成后，应将支撑拆除。 (　　)

9. 拆除支撑时，应停止排除地下水。 (　　)

10. 横排撑板支撑拆除应按自下而上的顺序进行，当拆除尚感危险时，应考虑倒撑。 (　　)

二、单项选择题

1. (　　)应设在不受施工干扰、引测方便、易于保存的地方，一般应设置在管沟边线 1 m 以外。

A. 井位控制桩　　B. 沟槽边线

C. 坡度板　　D. 高程点

2. 采用机械挖土时，为了防止对基底土的扰动，应使槽底留(　　)mm 厚度土层，由人工清槽底。

A. 100～150　　B. 200～300

C. 700～800　　D. 500～600

3. 沟槽开挖的底宽的质量要求为(　　)。

A. 不小于底宽

B. 中心线每侧的净宽不小于底宽的一半

C. ±10 mm

D. ±20 mm

4. 沟槽用机械开挖，常用的机械是(　　)。

A. 多斗挖土机　　B. 单斗正向挖土机

C. 单斗反向挖土机　　D. 合瓣铲挖土机

5. 在各种沟槽支撑中(　　)是安全度最高的支撑。

A. 横撑　　B. 横排密撑

C. 竖撑　　D. 板桩撑

6. 关于沟槽开挖下列说法错误的是(　　)。

A. 槽底原状地基土不得扰动

B. 槽底不得受水浸泡或受冻

C. 机械开挖至设计高程，整平

D. 槽底土层为杂填土、腐蚀土时，应全部挖除并按设计要求进行地基处理

7. 开挖沟槽的弃土，堆在沟槽两侧的堆土高度不得大于(　　)m。

A. 1.0　　B. 1.5　　C. 1.8　　D. 2.0

8. 关于沟槽开挖下列说法错误的是(　　)。

A. 当沟槽挖深较大时，应按每层 3 m 进行分层开挖

B. 采用机械挖槽时，沟槽分层的深度按机械性能确定

C. 人工开挖多层沟槽的层间留台宽度：放坡开槽时不应小于 0.8 m，直槽时不应小于 0.5 m，安装井点设备时不应小于 1.5 m

D. 槽底原状地基土不得扰动

9. 管道沟槽底部的开挖宽度的计算公式为 $B=D_1+2(b_1+b_2+b_3)$，则 D_1 代表(　　)。

A. 管道结构或管座的内缘宽度(mm)

B. 管道结构或管座的外缘宽度(mm)

C. 管道一侧的工作面宽度(mm)

D. 管道一侧的支撑厚度(mm)

10. 采用机械挖槽时，沟槽分层的深度应按(　　)确定。

A. 机械数量　　B. 挖斗容量

C. 降水类型　　D. 机械性能

11. 在相同条件下，沟槽开挖时下列哪种土的坡度最缓(　　)。

A. 中密的碎石类土　　B. 中密的砂土

C. 粉质黏土　　D. 老黄土

12. 沟槽开挖深度较大时，应分层开挖，每层深度不超过(　　)m。

A. 1.5　　B. 2

C. 2.5　　D. 3

三、多项选择题

1. (　　)的设置应便于观测且必须牢固，并应采取保护措施。

A. 临时水准点　　B. 坡度板

C. 管道轴线控制桩　　D. 观测点

E. 水准仪

2. 施工测量时应符合的规定有(　　)。

A. 施工前，建设单位应组织有关单位向施工单位进行现场交桩

B. 临时水准点和管道轴线控制桩的设置应便于观测且必须牢固，并应采取保护措施。开槽铺设管道的沿线临时水准点每 200 m 不宜少于 1 个

C. 管道轴线控制桩、高程桩，应经过复核方可使用，并应经常校核

D. 已建管道、构筑物等与本工程衔接的平面位置和高程，开工前应校测

E. 管道轴线控制桩、高程桩，应经过复核方可使用，后期不用应再次校核

3. 管道施工测量主要是控制管道的(　　)。

A. 长度　　B. 宽度

C. 中线　　　　　　　　　D. 高程
E. 坐标

4. 选择沟槽断面通常要考虑(　　)施工方法及施工环境。

A. 土的种类　　　　　　　　B. 地下水的情况
C. 沟槽深度　　　　　　　　D. 沟槽形状
E. 管道大小

5. 关于管道开槽的施工要求下列正确的有(　　)。

A. 槽底局部扰动或受水浸泡时，宜用混凝土回填
B. 在沟槽边坡稳固后设置供施工人员上下沟槽的安全梯
C. 槽底原状地基土不得扰动，机械开挖时槽底预留200～300 mm土层由人工开挖、整平
D. 人工开挖沟槽的槽深超过3 m时应分层开挖，每层的深度不超过2 m
E. 采用机械挖槽时，沟槽分层的深度应按机械性能确定

6. 给水排水管道采用开槽施工时，沟槽断面可采用直槽、梯形槽、混合槽等形式，下列规定中正确的有(　　)。

A. 合槽施工时应注意机械安全施工
B. 不良地质条件，混合槽开挖时，应编制专项安全技术施工方案，采取切实可行的安全技术措施
C. 沟槽外侧应设置截水沟及排水沟，防止雨水浸泡沟槽，且应保护回填土源
D. 沟槽支护应根据沟槽的土质、地下水水位、开槽断面、荷载条件等因素进行设计；施工单位应按设计要求进行支护
E. 开挖沟槽堆土高度不宜超过2.5 m，且距槽口边缘不宜小于1.0 m

7. 管道基础采用天然地基时，地基因排水不良被扰动时，应将扰动部分全部清除，可回填(　　)。

A. 卵石　　　　　　　　　B. 级配碎石
C. 碎石　　　　　　　　　D. 低强度混凝土
E. 砂垫层

8. 在沟槽开挖施工中，对于以下情况(　　)，必须采用适当的方法对沟槽进行支撑，使槽壁不致坍塌。

A. 施工现场狭窄而沟槽土质较差，深度较大时
B. 开挖直槽，土层地下水较多，槽深超过1.5 m，并采用表面排水方法时
C. 沟槽土质松软有坍塌的可能，或需晾槽时间较长时，应根据具体情况考虑支撑
D. 沟槽槽边与地上建筑物的距离小于槽深时，应根据情况考虑支撑
E. 为减少占地对构筑物的基坑、施工操作工作坑等采用的临时性基坑维护措施，如顶管工作坑内支撑，基坑的护壁支撑等

9. 沟槽断面的形式有(　　)。

A. 直槽　　　　　　　　　B. 梯形槽
C. 圆形槽　　　　　　　　D. 混合槽
E. 联合槽

任务四　沟槽施工降排水

学习目标

1. 了解沟槽常用的施工降排水方法。
2. 能够根据工程的实际情况选用合适的降排水方法。
3. 能够进行排水系统平面布置和竖向布置。
4. 能够计算降排水量、选择抽水设备。
5. 能够进行降排水施工技术交底。

任务描述

市政管道工程开槽施工的工序：测量放线—沟槽开挖—基础(垫层)敷设—下管—管道接口(排水有的有复杂的基础)—检查井浇筑(砌筑)—功能性试验(闭水试验、压力试验)—沟槽回填。

在松软地基或地下水水位较高的地区，沟槽开挖边坡不稳，易坍塌，如不排出，不但会影响正常施工，还会扰动地基，降低承载力或造成边坡坍塌等不良事故。本任务要求学生了解降排水的方法并能协助指导施工。

相关知识

市政管道开槽施工时，经常会遇到地下水，这些地下水主要是来自潜水层的自由水，如图 2-66 所示。当沟槽开挖后地下水从沟槽侧壁和底部渗入沟槽内，使施工条件恶化，严重时会使沟槽侧壁土体塌落，地基土承载力下降，从而影响沟槽内的施工。因此，在管道开槽施工时必须做好施工排(降)水工作。施工排水主要指排除影响施工的地下水，同时，也包括排除流入沟槽内的地表水和雨水。

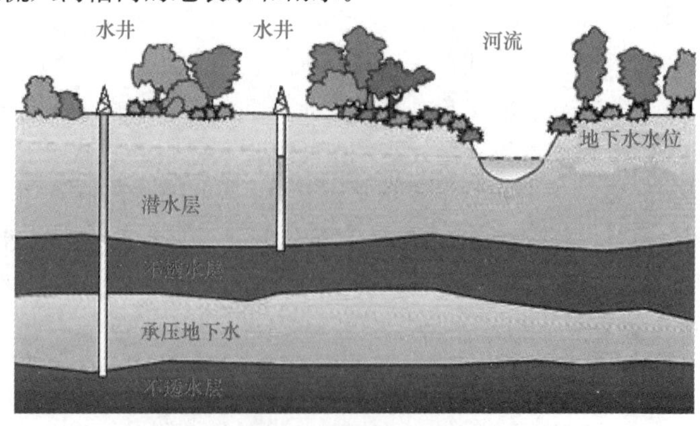

图 2-66　地下水层结构

雨水的排出主要利用地面坡度设置沟渠，将地面雨水疏导它处，防止沟槽开挖过程中地面水流入沟槽内，造成槽壁塌方、漂管事故；地下水的排出一般是开挖沟槽前，使地下水水位降低至沟槽底地基基面以下不小于 0.5 m，以保证槽底始终处于疏干状态，地基不被扰动。施工排水方法有明沟排水和人工降低地下水水位两种方法。

无论采用何种方法，都应将地下水水位降至槽底以下一定深度，以改善槽底的施工条件，稳定边坡和槽底，防止地基土承载力下降，为市政管道的开槽施工创造有利条件。

一、明沟排水

1. 明沟排水原理

明沟排水也称集水井排水，将从槽壁、槽底渗入沟槽内的地下水及流入沟槽内的地表水和雨水，经沟槽内的排水沟汇集到集水井，然后用水泵抽走的排水方法，其组成如图 2-67 所示。明沟排水适用于槽内少量的地下水、地表水和雨水的排出。对软土、淤泥层或土层中含有细砂、粉砂的地段及地下水量较大的地段均不宜采用。

明沟排水通常是当沟槽开挖到接近地下水水位时，修建集水井并安装排水泵。继续开挖沟槽至地下水水位后，先在沟槽中心线处或两侧开挖排水沟，使地下水不断渗入排水沟后，再开挖其他土。如此一层一层地反复下挖，地下水便不断地由排水沟流至集水井，当挖探接近槽底设计标高时，将排水沟移置在槽底两侧或一侧，如图 2-68 所示。

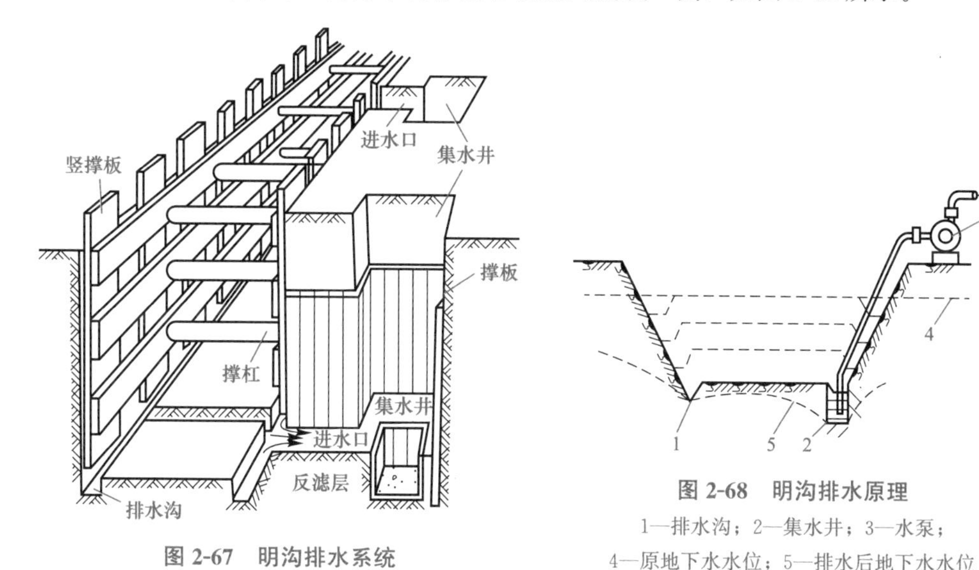

图 2-67　明沟排水系统

图 2-68　明沟排水原理

1—排水沟；2—集水井；3—水泵；4—原地下水水位；5—排水后地下水水位

2. 明沟排水涌水量计算

为了合理选择排水设备，确定水泵型号，应计算总涌水量，水泵的流量一般为涌水量的 1.5～2.0 倍。

在市政管道开槽施工时，沟槽一般为狭长式，此时可忽略沟槽两端的涌水量，认为地下水主要由沟槽两侧渗入。因此，沟槽的总涌水量可按裘布依公式进行计算，见式(2-1)。

$$Q=\frac{KL(2H-S)S}{R} \tag{2-1}$$

式中 Q——沟槽总涌水量(m^3/d)；

K——渗透系数(m/d)；

H——离沟槽边为 R 处的地下水含水层厚度；

R——影响半级(m)；

S——地下水水位降落深度(m)。

二、人工降低地下水水位

人工降低地下水水位是在非岩性含水层中布设井点进行抽水，地下水水位下降后形成倒伞状漏斗。如果槽底标高位于漏斗以上，就基本消除了地下水对施工的影响。地下水水位是在沟槽开挖前人为预先降低的，并维持到沟槽土方回填，因此这种方法称为人工降低地下水水位。

人工降低地下水水位一般有轻型井点、喷射井点、电渗井点、管井井点、深井井点等方法，见表 2-8。选用时应根据地下水的渗透性能、地下水水位、土质及所需降低的地下水水位深度等情况确定。

表 2-8 各种井点的适用范围

经典类型	土层渗透系数/($m \cdot d^{-1}$)	降低水位深度/m	适用土质
一级轻型井点	0.1～50	3～6	粉质黏土、砂质、含薄层粉砂的粉质黏土粉砂粉土
二级轻型井点	0.1～50	6～12	
喷射井点	0.1～5	8～20	
电渗井点	<0.1	根据选用的井点确定	黏土、粉质黏土
管井井点	20～200	3～5	粉质黏土、含薄层粉砂的粉质黏土、各类砂土、砾砂
深井井点	10～250	>15	

其中，各种降水方法中轻型井点降水效果显著、应用最为广泛，并有成套设备可选用，根据地下水水位降深的不同，可分为单层轻型井点和多层轻型井点两种。在市政管道的施工降水时，一般采用单层轻型井点系统，有时可采用双层轻型井点系统，三层及三层以上的轻型井点系统则很少采用。下面重点学习轻型井点降水。

三、轻型井点降水

1. 适用条件

轻型井点系统适用于粉砂、细砂、中砂、粗砂等土层，渗透系数为 0.1～50 m/d，降深小于 6 m 的沟槽。

2. 组成

轻型井点系统由管路系统和抽水设备组成，如图 2-69、图 2-70 所示。管路系统包括滤管、井点管、弯联管及总管、抽水设备。

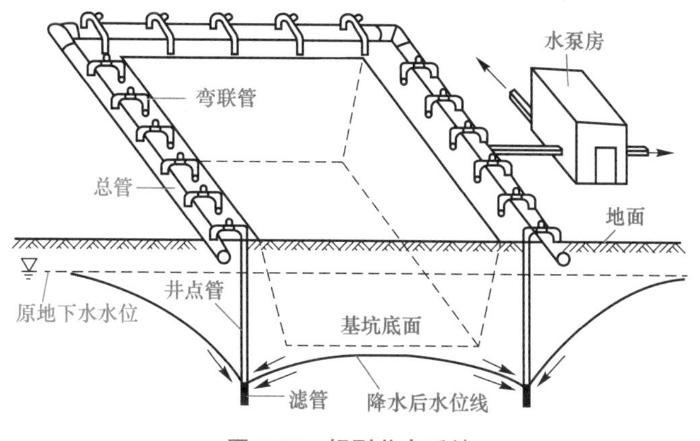

图 2-69 轻型井点系统

图 2-70 基坑井点降水

(1)滤管。滤管为进水设备，通常可采用直径 38～110 mm 的金属管，渗水段长度大于 1.0 m，管壁上渗水孔按梅花状布置，渗水孔直径宜取 12～18 mm，渗水孔的孔隙率应大于 15%。为防止土颗粒进入滤水管内，管壁外包两层孔径不同的金属网或尼龙网等滤水网。为使流水畅通避免滤孔堵塞，滤水管与滤网间应采用金属丝绕成螺旋形隔开，滤网外面应再绕一层粗金属丝，如图 2-71 所示。滤管下端安装一个锥形铸铁头，滤管上端与井点管连接。

(2)井点管。井点管为 $\phi48$ 或 $\phi51$ 的无缝钢管，如图 2-72 所示。井点管的上端用弯联管与总管相连。集水总管为 $\phi75$～$\phi110$ 的无缝钢管，其上端有与井点管连接的短接头，间距宜取 0.8～2.0 m。

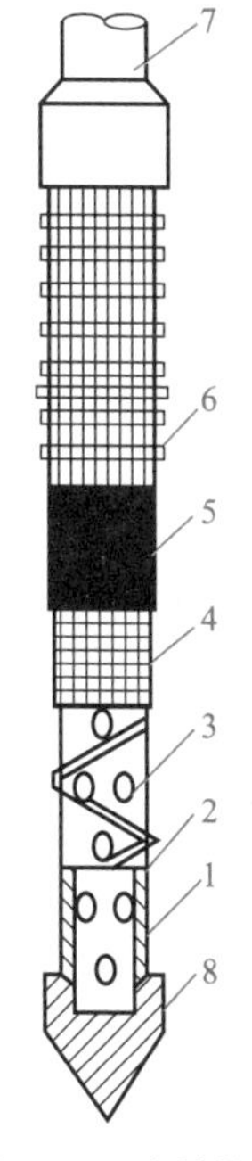

图 2-71 滤管构造

1—钢管；2—管壁上的孔；3—塑料管；4—细滤网；5—粗滤网；6—粗金属丝保护网；7—井点管；8—铸铁头

图 2-72 井点管

(3)弯联管。为了安装方便，弯联管通常采用加固橡胶管，内有螺旋形钢丝，使井管与总管沉陷时有伸缩余地且起支护管内壁的作用，以防止软管在真空下被压扁。橡胶管的套接长度应大于 100 mm，外用夹子箍紧不得漏气。有时也可用透明的聚乙烯塑料管，以便随时观察井管的上水是否正常。用金属管件作为弯联管，其气密性好，但安装不方便，如图 2-73 所示。

图 2-73　弯联管

(4)总管。总管一般采用直径为 150 mm 的钢管，每节长为 4～6 m。管壁上焊有直径与井点管相同的短管，用于弯联管与总管的连接。短管的间距应等于井点管的布置间距。不同土质和降水要求所计算的井点管间距各不相同。因此，总管上的短管间距通常按井点管间距的模数选定，一般为 0.8～1.5 m。总管与总管之间用法兰连接。

(5)抽水设备。轻型井点抽水设备有自引式、真空式和射流式 3 种。

1)自引式抽水设备。自引式抽水设备是用离心泵直接连接总管抽水，其地下水水位降深仅为 2～4 m，适宜于降水深度较小的情况下采用。

2)真空式抽水设备。真空式抽水设备是用真空泵和离心泵联合工作。真空式抽水设备的地下水水位降落深度为 5.5～6.5 m。真空式抽水设备组成较复杂，占地面积大，现在一般不用。

3)射流式抽水设备。射流式抽水设备如图 2-74 所示。该装置具有体积小、设备组成简单、使用方便、工作安全可靠、地下水水位降落深度较大等特点，因此被广泛采用。

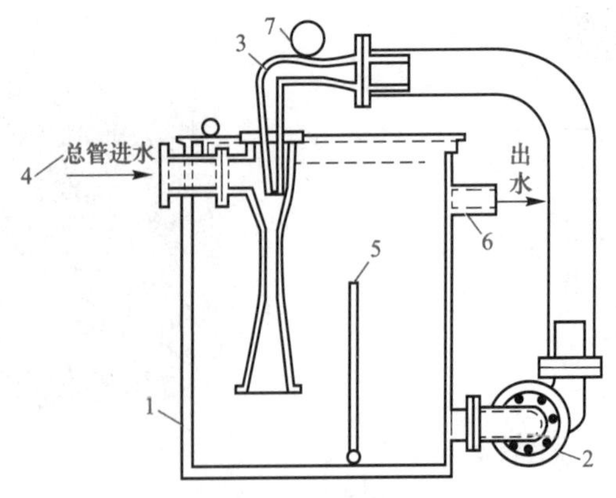

图 2-74　射流泵系统

1—水箱；2—加压泵；3—射渣泵；4—总管；5—隔板；6—出水口；7—压力表

射流式抽水设备的技术性能见表 2-9。

表 2-9 射流式抽水设备的技术性能

型号	抽水深度/m	排水量/($m^3 \cdot h^{-1}$)	工作水压力/MPa	电机功率/kW	外形尺寸/mm(长×宽×高)
QJD—45	9.6	45	≥0.25	7.5	1 500×1 010×850
QJD—60	9.6	60	≥0.25	7.5	2 722×600×850
QJD—90	9.6	90	≥0.25	7.5	1 900×1 680×1 030
JS—45	9.6	45	>0.25	7.5	1 450×960×760

3. 轻型井点降水设计布置

(1)平面布置。布置井点系统时，应将所有需降低地下水的范围都包括在设计圈内，即在主要构筑物基坑和沟槽附近。

根据沟槽形状，轻型井点可采用单排布置、双排布置、环形布置，当土方施工机械需进出沟槽时，也可采用 U 形布置，如图 2-75 所示。

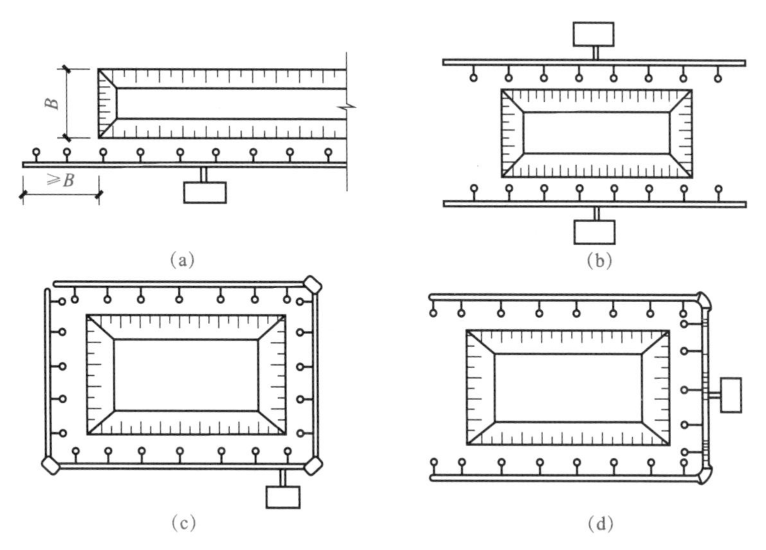

图 2-75 井点的平面布置

(a)单排布置；(b)双排布置；(c)环形布置；(d)U 形布置

1)单排布置。单排布置适用于基坑、槽宽度小于 6 m，且降水深度不超过 5 m 的情况，井点管应布置在地下水的上游一侧，两端的延伸长度在条件许可时可外延 10～15 m。

2)双排布置。双排布置适用于基坑宽度大于 6 m 或土质不良的情况。

3)环形布置。环形布置适用于大面积基坑，如采用 U 形布置，则井点管不封闭的一段应在地下水的下游方向。

井管平面定位。井管距离沟槽或基坑上口外缘一般不小于 1.0 m，以防止井点局部漏气破坏真空，影响施工，但也不宜太大，以免影响降低地下水效果。井点间距一般为 0.8～1.6 m，在总管末端及转角处应适当加密布置。

总管的布置。总管一般布置在井管的外侧。为了保证降水深度，一般情况下，总管位于原地下水水位以上 0.2～0.3 m。

(2)高程布置。高程布置就是确定井点管埋深，即滤管上口至总管埋设面的距离，主要考虑降低后的水位应控制在沟槽底面标高以下，保证坑底干燥，如图 2-76 所示。

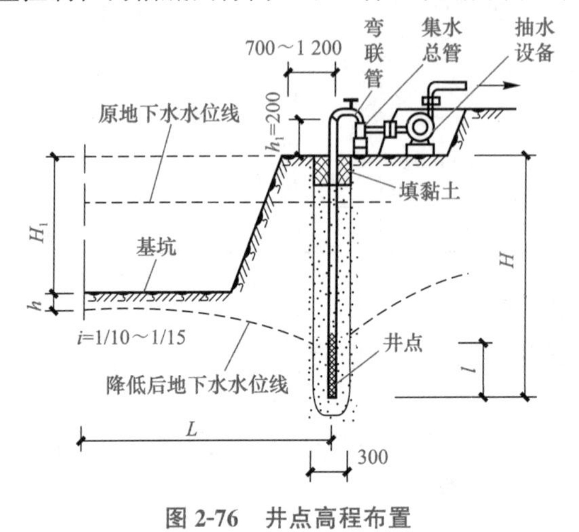

图 2-76　井点高程布置

井点管埋深(不包括滤管)按式(2-2)计算：

$$H \geqslant H_1 + h + iL \tag{2-2}$$

式中　H——井点管埋深(m)；

H_1——总管埋设面至基底的距离(m)；

h——基底至降低后的地下水水位线的距离(m)，一般取 0.5～1.0 m；

i——水力坡度，对单排井点取 1/4；对环形井点取 1/10；

L——井点管至沟槽中心的水平距离，当井点管为单排布置时，L 为井点管至对边坡角的水平距离(m)。

当真空井点的井口至设计降水水位的深度大于 6 m 时，可采用多级井点降水，多级井点上下级的高差宜取 4～5 m，两级之间的平台宽度一般取 1.0～1.5 m，如图 2-77 所示。

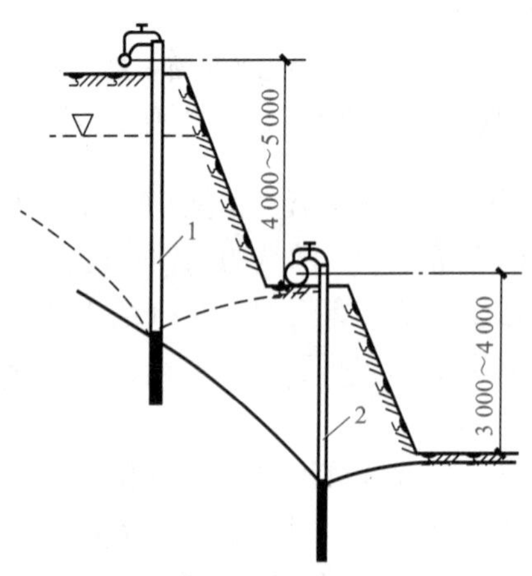

图 2-77　二级井点示意

1—第一级井点；2—第二级井点

4. 多级轻型井点

一级轻型井点系统所能降低的地下水水位一般为 3.5～4.0 m，最高达 5.5～6.5 m。当要求地下水水位降低深度超过此限值时，也可采用多级轻型井点系统逐级降低地下水水位，图 2.77 所示为二级轻型井点系统。多级轻型井点系统的下级抽水设备应设在上级井点系统抽水后的稳定水位以上，而且下级井点系统是在上级井点系统已经把水位降低，土方挖掘到该阶平台后才设置。

多级轻型井点系统的沟槽土方开挖量和预降时间，都比单级井点系统要大，并且多级轻型井点系统需要设备较多，安装管理麻烦，其土方开挖较大。当降水深度要求较大时，可以考虑其他降水方法。

5. 涌水量的计算

轻型井点计算内容包括确定井点系统的涌水量、井管的出水量、井管的个数与间距、井管的埋设深度及抽水设备的选择。进行井点系统的计算时，应具备的相关资料有：地质剖面图(包括含水层厚度、不透水层厚度和埋深、地下水水位线或等水位线)；含水层土壤颗粒组成的天然湿度；饱和含水量、土的渗透系数等。

(1)水井分类。根据地下水有无压力，水井可分为无压井和承压井。

当水井布置在具有潜水自由面的含水层中时，称为无压井；当水井布置在承压含水层中时，称为承压井。根据水井底部是否达到不透水层，水井可分为完整井和非完整井。当水井底部达到不透水层时称为完整井，否则称为非完整井。因此，水井可分为无压完整井、无压非完整井、承压完整井和承压非完整井四大类，如图 2-78 所示。

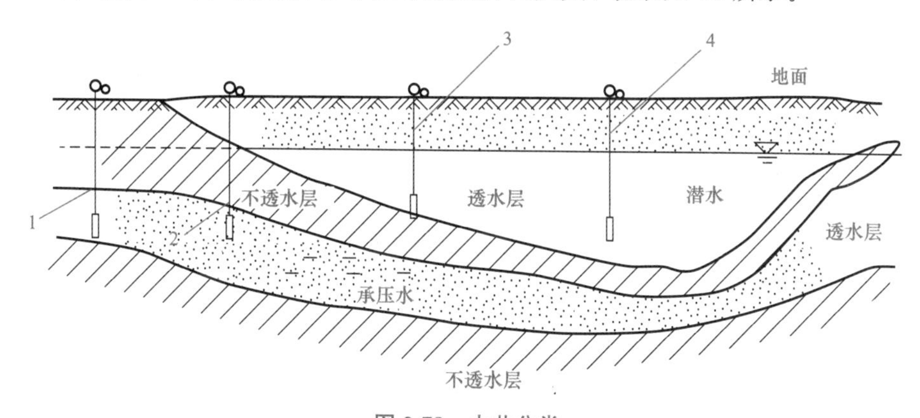

图 2-78　水井分类

1—承压完整井；2—承压非完整井；3—无压完整井；4—无压非完整井

(2)涌水量计算。各类井的涌水量计算方法都不同，实际工程中降水应分清楚水井类型，采用相应的计算方法。下面分析潜水完整井的涌水量计算问题。

潜水完整井的基坑降水总涌水量可按式(2-3)计算，如图 2-79 所示。

$$Q=\pi K\times\frac{(2H_0-s_0)s_0}{ln\left(1+\frac{R}{r_0}\right)} \tag{2-3}$$

式中　Q——基坑降水的总涌水量(m^3/d)；

K——渗透系数(m/d)；

H_0——潜水含水层厚度(m)；

s_0——基坑水位降深(m)；

R——降水影响半径(m)，应按现场抽水试验确定；缺少试验时，也可按 $R=2s_w\sqrt{KH_0}$ 计算，此处，s_w 为井水位降深当井水位降深小于 10 m 时，取 $s_w=10$ m；

r_0——沿基坑周边均匀布置的降水井群所围面积等效圆的半径；可按 $r_0=\sqrt{A/\pi}$ 计算，此处，A 为降水井群连线所围的面积。

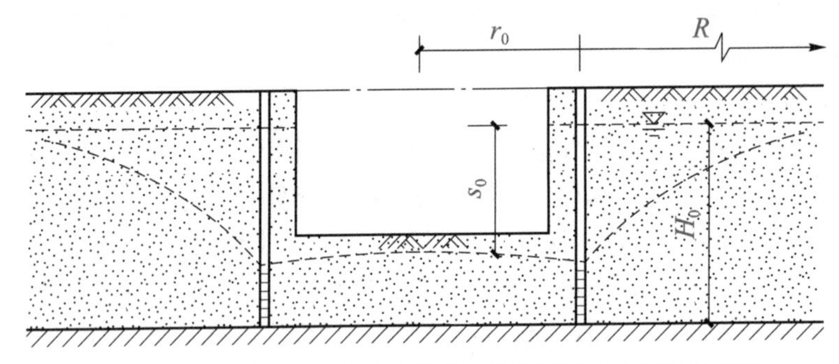

图 2-79　按均质含水层潜水完整井简化的基坑涌水量计算简图

6. 井点管数量和间距计算

(1)井点管数量计算，按式(2-4)计算：

$$n=1.1\frac{Q}{q} \tag{2-4}$$

式中　Q——基坑总涌水量(m^3/d)；

q——设计单井出水量(m^3/d)，轻型井点出水量一般取 36～60 m^3/d。

当无经验数据时，设计单井出水量也可按式(2-5)确定：

$$q=120\pi\times r_s\times l\times\sqrt[3]{K} \tag{2-5}$$

式中　r_s——过滤器半径(m)；

l——过滤器进水部分长度(m)；

K——含水层的渗透系数(m/d)。

(2)井点管间距根据布置的井点总管长度及井点管数量按下式计算：

$$D=\frac{L}{n} \tag{2-6}$$

式中　L——井管排列的总管长度(m)。

井点管实际间距应当与总管上接头尺寸相适应，即 0.8 m、1.2 m、1.6 m、2.0 m。

7. 抽水设备的选择

抽水设备的选择应根据井点系统的涌水量及所需扬程来确定，在考虑水泵流量时应将计算的涌水量增加 10%～20%，因为开始运行时的涌水量比稳定的涌水量大。一个井点机组带动的井点数，根据水泵性能、含水层土质、降水深度、水量及水泵进水点高程一般可按 50～80 个井点布置。

四、其他降水方法

1. 深井井点

深井井点适用于涌水量大、降水较深的砂类土质，其降水的深度可达 50 m。当土的渗透系数大于 20～200 m/d，地下水比较丰富的土层或砂层，要求地下水降深较大时，宜采用深井井点。

深井井点的主要设备由深井泵或深井潜水泵和井管滤网等组成。它包括井管、过滤管、出水管和抽水设备。其中，井管按管材可分为是钢管、铸铁管、混凝土管，直径一般在 200 mm 以上，长度根据实际井深确定；滤水管安装在井管的下部，长度为 3 m 左右，采用钢管打孔，孔径为 8～12 mm，沿过滤器外壁纵向焊接直径为 6～8 mm 的钢筋作为垫筋，外缠 12 号镀锌钢丝，缠丝间距可取 1.5～2.5 mm，垫筋应使缠丝距滤管外壁 2～4 mm，在滤管的下端装沉砂管，长度为 1～2 m；抽水设备一般选用深井泵，也可选用潜水泵；出水管的作用是排除地下水，一般选用钢管，管径根据抽水设备的出水口而定。

深井井点一般沿基坑(槽)外围每隔一定距离(10～50 m)设一个，每个井点设置一台水泵。深井井点应设观测井，在运行过程中，应经常对地下水的动态水位及排水量进行观测并作记录，一旦发现异常情况，应及时找出原因并排除故障。

深井井点使用完毕后应及时拔出，冲洗干净，检修保养，以供再次使用。拔除井管后的井孔应立即回填密实。

2. 喷射井点

喷射井点最大降水深度可达 15～20 m，适用于地下水渗透系数为 1～50 m/d 的情况。当要求地下水水位降深超过单级轻型井点降水能力时，可采用喷射井点。根据工作介质不同，喷射井点分为喷气井点和喷水井点。我国较多采用喷水井点。

喷射井点系统主要由喷射井点、高压水泵及管路等设备组成(图 2-80)，在井点管内安装喷射器。高压水泵运行时，工作压力为 0.7～0.8 MPa。其抽升的地下水流入循环水箱，一部分水作为高压泵的工作用水，另一部分则排放。

3. 管井井点

在土的渗透系数大($K \geqslant 20$ m/d)、地下水量大的土层中，宜采用管井井点(图 2-81)。管井井点是沿基坑周围每隔一定距离(20～50 m)设置一个管井，每个管井单设一台水泵不断抽水来降低地下水水位。降水深度为 3～15 m。管井井点系统由滤水井管、吸水管、抽水机等组成。滤水井管的过滤部分，可用钢筋焊接骨架外包孔眼为 1～2 mm 的滤网，长为 2～3 m；井管部分宜用直径为 150～250 mm 的钢管或其他竹、木、棕麻袋、混凝土等材料制成。吸水管宜用直径为 50～100 mm 的胶皮管或钢管，其底端应沉入管井抽吸时最低水位以下。管井井点采用离心式水泵或潜水泵抽水。

4. 电渗井点

对于渗透系数 $K < 0.1$ m/d 的土层(如黏土、淤泥、砂质黏土等)，宜采取电渗井点(图 2-82)。电渗井点的原理源于电动试验，在含水的细颗粒土中，插入正、负电极并通以直流电后，土颗粒从负极向正极移动，水由正极向负极移动。这样把井点沿沟槽外围埋入含水层中作为负极，导致弱渗水层中的黏滞水移向井点中，然后用抽水设备将水排出，

使地下水水位下降。

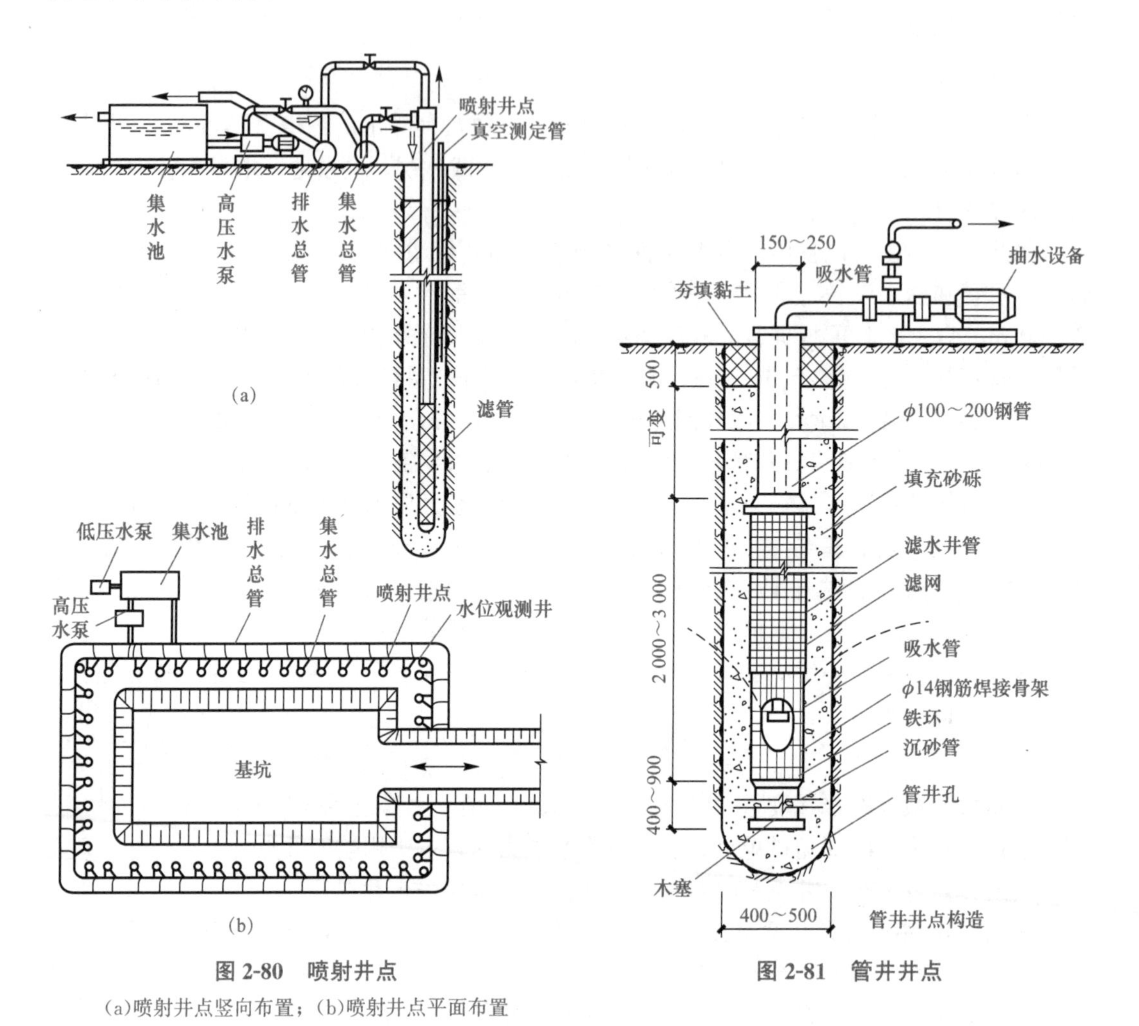

图 2-80 喷射井点

(a)喷射井点竖向布置；(b)喷射井点平面布置

图 2-81 管井井点

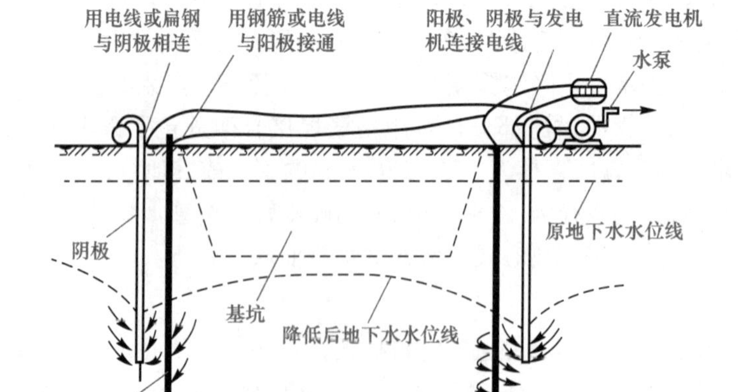

图 2-82 电渗井点

任务实施

一、明沟排水施工

1. 集水井

为防止基底上的土颗粒随水流失而使土结构受到破坏，集水井应设置在基础范围之外，地下水走向的上游。根据地下水量、基坑平面形状及水泵的抽水能力，每隔 20～40 m设置一个集水井。集水井的断面一般为圆形和方形两种，其直径或宽度一般为 0.7～0.8 m，其深度随挖土的加深而加深，并保持始终低于排水沟底 0.7～1.0 m。井壁可用竹、木等材料简易加固。当基坑挖至设计标高后，井底应低于坑底应低于排水沟底 1～2 m，并铺设碎石滤水层(0.3 m厚)或下部砾石(0.1 m厚)上部粗砂(0.1 m厚)的双层滤水层，以免由于抽水时间较长而将泥砂抽出，并防止井底的土被扰动。集水井开挖断面如图 2-83 所示。

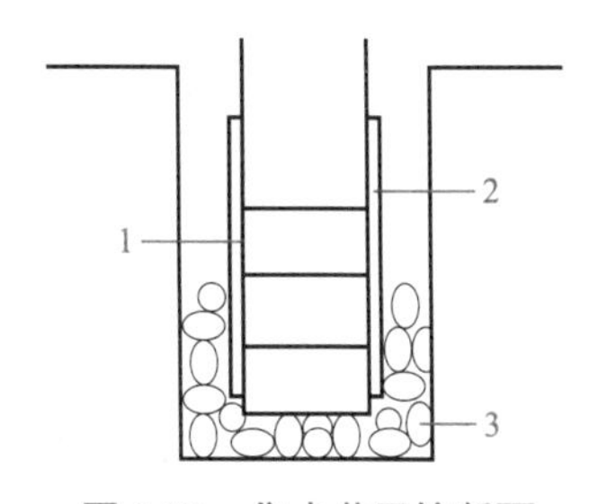

图 2-83 集水井开挖断面

1—水泵吸水管；2—滤网；3—碎石

2. 排水沟

施工时，排水沟的开挖断面应根据地下水水量及沟槽的大小来决定。通常排水沟的底宽不小于 0.3 m，水沟深应大于 0.3 m，排水沟的纵向坡度不应小于 3‰，且坡向集水井。若在稳定性较差的土壤中施工，可在排水沟内埋设多孔排水管，并在其周围铺卵石或碎石加固，也可在排水沟内埋设管径为 150～200 mm 的排水管，排水管接口处留有一定缝隙，排水管两侧和上部也用卵石或碎石加固；或在排水沟内设板框、荆笆等支护。

集水井明沟排水法，施工简单，所需设备较少，是目前工程中常用的一种施工排水方法。

3. 明沟排水设备

明沟排水常用的设备有离心泵、潜水泵和潜污泵。

(1)离心泵。根据流量和扬程选型，安装时应注意吸水管接头不漏气及吸水头部至少沉入水面以下 0.5 m，以免吸入空气，影响水泵的正常使用。

(2)潜水泵。这种泵具有整体性好、体积小、质量轻、移动方便及开泵时不需要灌水等优点，在施工排水中广泛应用。使用时，应注意不得脱水空转，也不得抽升含泥砂量过大的泥浆水，以免烧坏电机。

(3)潜污泵。潜污泵的泵与电动机连成一体潜入水中工作，由水泵、三相异步电动机及橡胶圈密封和电器保护装置四部分组成。该泵的叶轮前部装有搅拌叶轮，它可将作业面下的泥沙等杂质搅起抽吸排送。

明沟排水是一种常用的简易的降水方法，适用于槽内少量的地下水、地表水和雨水的排除。对软土、淤泥层或土层中含有细砂、粉砂的地段及地下水量较大的地段均不宜采用。

二、轻型井点降水施工工艺

1. 施工准备

(1)编制降水施工组织设计或降水专项施工方案。包括工程概况、编制依据(规范、标准、图纸)、施工计划(进度计划、设备计划、材料计划)、施工工艺技术(技术参数、工艺流程、施工方法、检查验收)、施工安全保证措施(组织保障、技术措施、应急预案、监测监控)、劳动力计划(项目组织、特种作业人员)、计算书及相关图纸。

(2)进行技术交底。降水施工作业前应进行技术质量和安全交底，交底要经交底人和接受交底人签字。

2. 施工机械

(1)井点降水设备。离心泵、真空泵按计划进场，须配置备用泵，最少一台。降水运行应独立配电。连续降水的工程项目还应配置双路以上独立供电电源或备有发电机。

(2)施工机械。施工机械包括冲孔机械、铁锹、撬棍、手推车、钢丝绳、扳手、电缆和闸箱等。

3. 材料准备

(1)井点管及设备已购置，材料已备齐，并已加工和配套完成。

(2)填孔用的粗砂、碎石、封口黏土已准备。

4. 作业条件准备

(1)地质勘探资料具备，根据地下水水位深度、土的渗透系数和土质分布已确定降水方案。

(2)基础施工图纸齐全，以便根据基层标高确定降水深度。

(3)已编制施工组织设计，确定井点布置、数量、观测井点位置、泵房位置等，并已测量放线定位。

(4)现场三通一平工作已完成，并设置排水沟。

5. 施工工艺流程

轻型井点降水施工工艺流程如图 2-84 所示。

6. 操作要点

(1)排放总管。按设计要求挖设总管沟槽，安装总管。

(2)埋设井点管。井点管的埋设一般用水冲法进行，并分为冲孔与埋管两个过程。如图 2-85 所示。

1)冲孔。冲孔时，先用起重设备将冲管吊起并插在井点的位置上，然后开动高压水泵，将土冲松，冲管则边冲边沉。冲孔直径一般为 300 mm，以保证井管四周有一定厚度的砂滤层，冲孔深度宜比滤管底深 0.5～1.0 m，以防止冲管拔出时，部分土颗粒沉于底部而触及滤管底部。

2)插管填砂。井孔冲成后，立即拔出冲管，插入井点管。井管下入后，立即倒入粒径 5～30 mm 石子，使管底有 50 cm 高，并在井点管与孔壁之间迅速填灌砂滤层，以防止孔壁塌土。砂滤层的填灌质量是保证轻型井点顺利抽水的关键，一般宜选用干净粗砂，填灌均匀，并填至滤管顶部 1～1.5 m，以保证水流畅通。

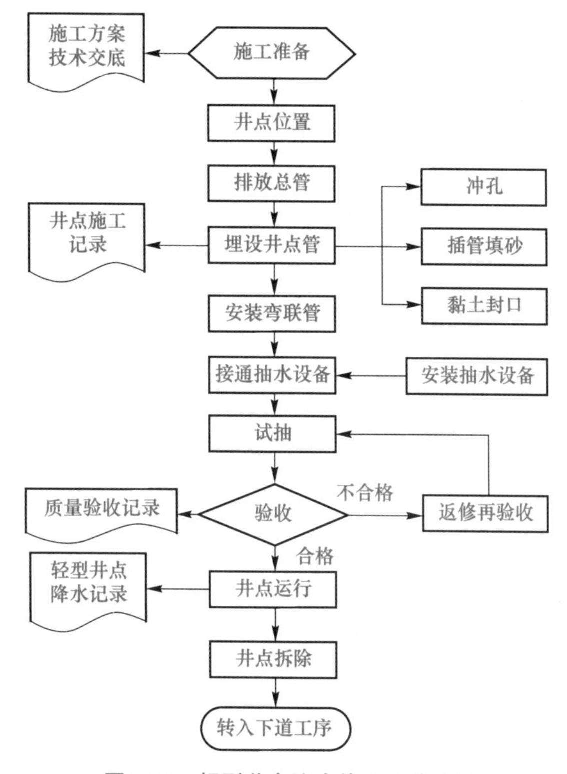

图 2-84　轻型井点降水施工工艺流程

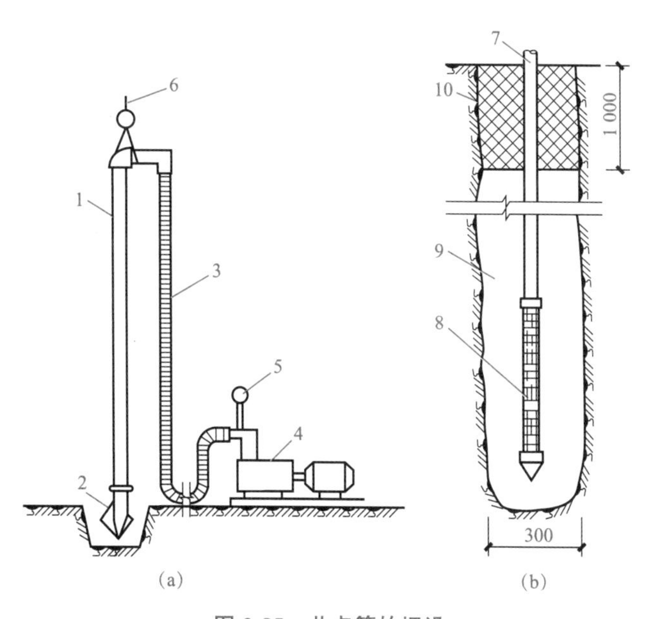

图 2-85　井点管的埋设

(a)冲洗；(b)埋管

1—冲管；2—冲嘴；3—胶管；4—高压水泵；5—压力表；
6—起重机吊钩；7—井点管；8—滤管；9—填砂；10—黏土封口

3)黏土封口。井点填砂后，上部1～1.5 m深度内，改用黏土封口，以防止漏气。

(3)地面抽水系统安装。用弯联管将井点管与总管接通，将集水总管与抽水设备相连接，接通电源，即可进行试抽水，以检查有无漏气现象。

(4)试抽验收。井点系统安装完毕，应及时进行试抽水，核验水位降深、抽水量、管路连接质量、井点出水和水泵真空度等情况。试抽后如无异常，即可组织现场验收。当发现出水浑浊时，应查明原因及时处理。严禁长期抽吸浑水，验收合格后应观测静止水位高程作为起算水位降深的依据。

(5)井点运行。井点运行后要求连续工作，应准备双电源以保证连续抽水。真空度是判断井点系统良好与否的尺度，应通过真空表经常观察，一般真空度应不低于60 kPa，如真空度不够，通常是因为管路漏气，应及时修复。除测定真空度外，还可通过听、摸、看等方法来检查。如通过检查发现井点管淤塞太多，严重影响降水效果时，应逐个用高压水反冲洗井点管或拔除重新埋设。

听——有上水声是好井点，无声则可能井点已被堵塞；

摸——手摸管壁感到振动，另外冬天热、夏天凉为好井点；反之则为坏井点；

看——夏天湿、冬天干的井点是好井点。

(6)井点拆除。

1)井点拆除。地下结构物竣工并将基坑进行回填土后，方可拆除井点系统。多借助于倒链、起重机等拔出井点，起拔时吊钩应保持在井管的延长线上顺势进行，以免将井管强行拉断。所留孔洞用砂或土填塞。

2)井点管保养。井点管在工地指定的场所冲洗、油漆保养，并堆放整齐以备再用。

知识点考核

一、判断题

1. 为防止浸水造成基底土的扰动，在开挖前应将地下水水位降至槽底下0.5～1 m，在施工过程中施工降水不能停止。 (　　)

2. 井点管施工中，当井孔用水冲法成孔后，应拔出冲管，插入井点管并用黏土将井点管四周回填密实。 (　　)

3. 在井点降水过程中，为减少井点管系统设备的损坏，当水位降低至沟槽(基坑)以下1 m应暂停降水，待水位升高后，再开始降水。 (　　)

4. 地面点到大地水准面的铅锤距离称为绝对高程，地理学上称为海拔，工程上称为标高。 (　　)

5. 采用明排水法降水，可防止流砂现象发生。 (　　)

6. 流砂的发生与动水压力大小和方向有关，因此在沟槽(基坑)开挖中，截断地下水流是防治流沙的唯一途径。 (　　)

二、单项选择题

1. 开挖低于地下水水位的沟槽(基坑)时，一般将地下水降至开挖底面的(　　)，然后再开挖。

A. 20 cm　　B. 30 cm

C. 40 mm　　D. 50 mm

2. 单排井点降水时，井点应设在(　　)。

A. 水流的上游　　B. 水流的下游

C. 基坑的中心　　D. 均可以

3. 某沟槽开挖土方，自然地面标高为3.50 m，槽底标高为−0.50 m，槽底宽为4 m，顶宽为5 m，当选用6 m长井点管时，槽底至降落后的地下水水位距离为(　　)m。

A. 0.30～0.66　　B. 0.385～0.66

C. 0.365～0.66　　D. 0.5～1.0

4. 下列轻型井点系统适用范围错误的是(　　)。

A. 粉砂、细沙　　B. 中砂　　C. 黏土　　D. 砂质黏土

5. 井点管应布置在基坑或沟槽上口边缘外(　　)m处。

A. 1.5～2.0　　B. 1.0～1.5　　C. 0.8～1.0　　D. 0.5～0.8

6. 下列不是人工降低地下水水位的方法是(　　)。

A. 轻型井点　　B. 明沟排水　　C. 深井泵井点　　D. 喷射井点

7. 轻型井点系统采用(　　)抽吸地下水。

A. 离心泵　　B. 射流式真空抽水设备

C. 活塞泵　　D. 轴流泵

8. 当基坑宽<2.5 m，降水深度≤4.5 m，一般可用(　　)。

A. 单排轻型井点　　B. 双排轻型井点

C. 环形轻型井点　　D. 多层轻型井点

9. 施工降排水设计降水深度在基坑(槽)范围内不应小于(　　)。

A. 基坑(槽)底面处　　B. 基坑(槽)底面以下0.2 m

C. 基坑(槽)底面以下0.3 m　　D. 基坑(槽)底面以下0.5 m

三、多项选择题

1. 人工降低地下水水位作用有(　　)。

A. 防治流砂　　B. 防止边坡塌方

C. 防止坑底管涌　　D. 保持坑底地干燥

E. 增加地基土承载力

2. 井点管施工时，应按(　　)来操作。

A. 井点管、滤水管及总管弯联管均应逐根检查管内不得有污垢、泥砂等杂物

B. 过滤管孔应畅通，滤网应完好，绑扎牢固，下端装有丝堵时应拧紧

C. 每组井点系统安装完成后，应进行试抽水，并对所有接头逐个进行检查，如发现漏气现象，应认真处理，使真空度符合要求

D. 选择好滤料级配，严格回填，保证有较好的反滤层

E. 直接用黏土将井点管和孔壁之间填实

3. 明沟排水法的组成包括(　　)。

A. 明沟　　B. 进水口

C. 滤水管　　D. 集水井

E. 弯联管

任务五　管道基础施工

学习目标

1. 了解常用的管道基础种类，并能说出其特点。
2. 能够指导砂石基础的施工。
3. 能够指导混凝土带形基础的施工。

任务描述

管道基础一般称为管座混凝土，有些也称为包管混凝土，是直接包裹或浇筑在管道下的。

混凝土垫层是管道构筑物基础下铺设的。管道基础与混凝土垫层区别还是比较大的。一般管座混凝土下是砂垫层居多，混凝土垫层多用于检查井基础。

管道基础必须是管道下直接包裹或者是直接接触到管道的。管道基础有混凝土的，也有砂石的。本任务要求学生能指导管道基础的施工。

相关知识

常用的管道基础主要有土弧基础、砂石基础、混凝土枕基、混凝土带形基础等(详见项目二给水和排水管道工程图的识读)，各种基础的施工方法根据材料和作用不同而不同，这里仅介绍砂石基础和混凝土带形基础的施工。

任务实施

一、砂石基础施工

管道沟槽验收合格后，应及时进行砂石基础的施工。

1. 施工前的准备

施工前要先明确基础宽度及垫层顶部的高程，然后再恢复管道中心线，放出砂石基础的标高，合格后进行施工。

2. 砂石的铺设

《给水排水标准图集——室外给水排水管道及附属设施(二)(2012 年合订本)》[S5(二)]规定，砂石基础材料一般采用中、粗砂，也可采用天然级配砂石、碎石、石屑等地方材料，但其最大粒径不宜大于 25 mm。投料时要检查原材料质量。

3. 压实

将砂石按设计标高整平(可考虑松铺)，压实工具采用蛙式夯，夯实 6～8 遍，砂石基础压实度不小于 90%，在管道基础支承角 2α 范围内的腋角部位，必须采用中粗砂或砂砾石回填密实，且厚度不得小于设计规定，压实度不小于95%，具体如图2-86所示。

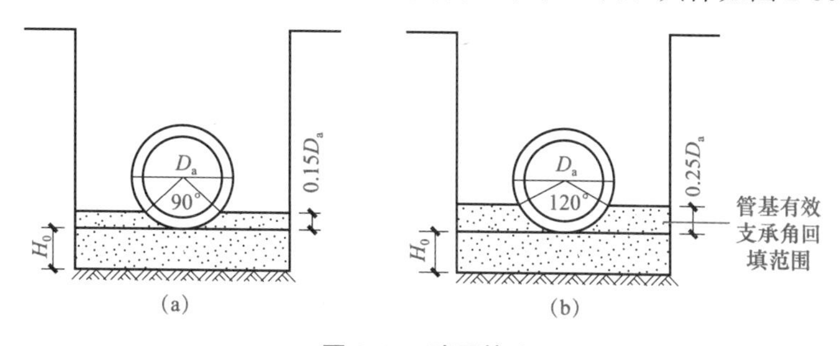

图 2-86　砂石基础

(a)90°砂石基础；(b)120°砂石基础

4. 接口工作坑

管道基础在接口部位的工作坑，宜在铺设管道时随铺随挖(图 2-87)。工作坑长度 L 按管径大小采用，宜为 0.4～0.6 m，深度 h 宜为 0.05～0.1 m，宽度 B 宜为管外径的 1.1 倍，在接口完成后，工作坑随即用砂回填密实。

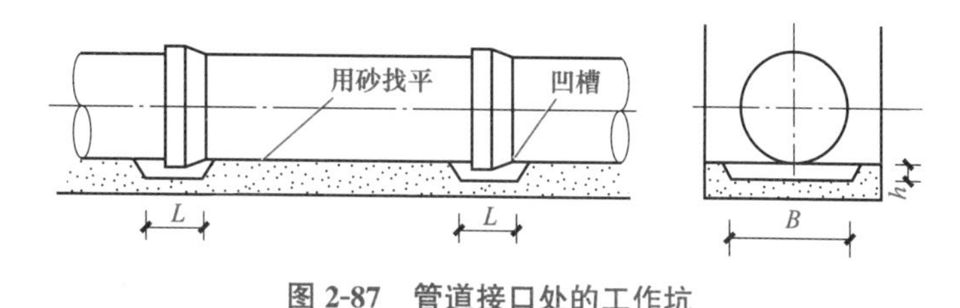

图 2-87　管道接口处的工作坑

二、混凝土带形基础施工

混凝土带形基础是沿管道全长铺设的基础，施工时通常和安管一起按照平基、安管(稳管)、管座浇筑的顺序完成施工。混凝土基础的施工工艺流程：基槽清理、验槽→混凝土垫层浇筑、养护→抄平、放线→基础底板钢筋制作、绑扎、支模板→钢筋、模板质量检查，清理→基础混凝土浇筑→混凝土养护→拆模。

1. 清理及垫层混凝土浇筑

地基验槽完成后，清理表层浮土及扰动土，不得积水，立即进行垫层混凝土施工，必须振捣密实，表面平整，严禁晾晒基土。

2. 钢筋加工

钢筋加工的内容如下：

(1)钢筋除锈。在自然环境中，钢筋表面容易生成铁锈，影响钢筋和混凝土共同受力工作，导致混凝土结构耐久性能下降，甚至导致结构构件完全破坏，因此，在进行钢筋加工之前首先进行除锈，可以人工除锈，也可以机械除锈、酸洗法除锈。

(2)钢筋调直。弯曲不直的钢筋在混凝土中不能与混凝土共同工作而易导致混凝土出现裂缝，以至于产生不应有的破坏。如果用未经调直的钢筋来断料，断料钢筋的长度不可能准确，从而会影响到钢筋成型、绑扎安装等一系列工序的准确性。钢筋调直的方法有手工调直和机械调直。

(3)钢筋的切断。钢筋经调直后，即可按下料长度进行切断。钢筋切断前，应有计划，根据工地的材料情况确定下料方案，确保钢筋的品种、规格、尺寸、外形符合设计要求。切断时，精打细算，长料长用，短料短用，使下脚料的长度最短。切剩的短料可作为电焊接头的绑条或其他辅助短钢筋使用，力求减少钢筋的损耗。

(4)钢筋的弯曲成型。弯曲成型是将已切断、配置好的钢筋按照施工图纸的要求加工成规定的形状尺寸。钢筋弯曲成型的顺序：准备工作→划线→样件→弯曲成型。钢筋的弯曲成型可分为人工弯曲和机械弯曲两种。

3. 钢筋绑扎

钢筋绑扎的常用工具有钢筋钩、小撬棍、起拱板子和绑扎架等。

4. 模板安装与清理

钢筋绑扎及相关专业施工完成后应立即进行模板安装，模板采用组合钢模板或木模，利用钢管或方木加固。锥形基础坡度＞30°时，采用斜模板支护，利用螺栓与底板钢筋拉紧，防止上浮，模板上部设透气及振捣孔，坡度≤30°时，利用钢丝网(间距为 30 cm)，防止混凝土下坠，上口设井字木控制钢筋位置。

不得用重物冲击模板，不得在吊帮的模板上搭设脚手架，保证模板的牢固和严密。同时清除模板内的木屑、泥土等杂物，木模浇水湿润，堵严板缝及孔洞，清除积水和模板内表面涂脱模剂。

5. 混凝土搅拌

根据配合比及砂石含水率计算出每盘混凝土材料的用量。认真按配合比用量投料，严格控制用水量，搅拌均匀，搅拌时间不少于 90 s。

6. 混凝土浇筑

浇筑管道混凝土带形基础时，注意基础钢筋位置的正确，防止造成位移和倾斜，在浇筑开始时，先满铺一层 5～10 cm 厚的混凝土并捣实，使钢筋网片的位置基本固定，然后对称浇筑。对于管座基础，应注意保持管座斜面坡度的正确。先浇筑管道基础，当基础达到一定强度后，下管、安管，再浇筑管座，浇管座前应先将基础面凿毛洗净。浇筑管座时先用砂浆或细石混凝土填充管下腋角部位，并充满捣实，然后在管道两侧对称浇筑。为防止地基的不均匀沉降而引起基础断裂，造成管道接口漏水，基础施工要考虑留设变形缝，内填柔性材料，缝的位置要与柔性接口位置一致。

混凝土浇筑安全注意事项如下：

(1)施工人员进入现场必须进行入场安全教育，经考核合格后方可进入施工现场。

(2)作业人员进入施工现场必须佩戴合格安全帽，系好下颚带，锁好带扣。

(3)施工人员要严格遵守操作规程，振捣设备安全可靠。

(4)泵送混凝土浇筑时，输送管道头应紧固可靠，不漏浆，安全阀完好，管道支架要牢固，检修时必须卸压。

(5)使用溜槽、串桶时必须固定牢固，操作部位应设护身栏，严禁站在溜槽上操作。

7. 混凝土振捣

采用插入式振捣器，插入的间距不大于振捣器作用半径的 1.25 倍。上层振捣摔插入下层 3～5 cm，尽量避免碰撞钢筋、模板及预埋件、预埋螺栓，防止预埋件移位。

8. 混凝土养护

已浇筑完的混凝土，常温下，应在 12 h 左右覆盖和浇水。一般常温养护不得少于 7 d，特种混凝土养护不得少于 14 d。养护设专人检查落实，防止由于养护不及时而造成混凝土表面裂缝。

9. 模板拆除

侧面模板在混凝土强度能保证其棱角不因拆模板而受损坏时方可拆模，拆模前设专人检查混凝土强度，拆除时采用撬棍从一侧顺序拆除，不得采用大锤砸或撬棍乱撬，以免造成混凝土棱角破坏。

知识点考核

一、判断题

1. 浇筑管道混凝土带形基础时，注意基础钢筋位置的正确，防止造成位移和倾斜。（　）

2. 绑扎钢筋网片时，在相邻两个绑点应互相平行。（　）

3. 管道砂石基础施工时，在管道基础支承角 2α 范围内的腋角部位，必须采用中粗砂或砂砾石回填密实，且厚度不得小于设计规定。（　）

4. 为防止地基的不均匀沉降而引起基础断裂，造成管道接口漏水，基础施工要考虑留变形缝，内填柔性材料，缝的位置要与柔性接口位置一致。（　）

二、单项选择题

管道基础钢筋安装完毕后，上面(　　)。

A. 可以放模板

B. 铺上木板才可以走人

C. 铺上木板可以堆放管子

D. 不准堆放重物和人员行走

三、多项选择题

管道基础施工时，应按(　　)来操作。

A. 在浇筑混凝土时，先满铺一层 5～10 cm 厚的混凝土并捣实，使钢筋网片的位置基本固定，然后对称浇筑

B. 浇筑混凝土时先使混凝土充满模板内边角，然后浇筑中间部分，以保证混凝土密实

C. 浇筑混凝土时可以将混凝土抛向槽底

D. 采用插入式振捣器，插入的间距没有要求

E. 已浇筑完成的混凝土，常温下，应在 12 h 左右覆盖和浇水

任务六　给水排水管道的铺设与安装

学习目标

1. 了解给水和排水管道的接口种类，并能说出各种接口的特点。

2. 能够准确说出给水排水管道施工的工序。

3. 能够对沟槽开挖质量、管道及管件的质量进行检查。

4. 能够协助完成管道接口的施工。

5. 能够对施工后的给水排水管道进行质量检查。

6. 能够查阅《给水排水管道工程施工及验收规范》(GB 50268—2008)，完成给水排水管道安装施工及质量检查的技术交底工作。

任务描述

市政管道工程开槽施工的工序：测量放线—沟槽开挖—基础(垫层)敷设—下管—管道接口(排水有的有复杂的基础)—检查井浇筑(砌筑)—功能性试验(闭水试验、压力试验)—沟槽回填。

市政管道的沟槽开挖完毕，经验收符合要求后，应按照设计要求进行管道的基础施工，基础施工完毕并经验收合格后，应准备进行管道的铺设与安装工作。管道铺设与安装包括沟槽与管材检查、排管、下管、稳管、接口施工、质量检查与验收等工序。

本任务要求学生知道排水管道的安装步骤，掌握管道铺设与安装的施工方法和技术要点，并能协助进行管道安装施工，管道安装完成后能进行质量检查。

相关知识

一、给水管道接口

1. 铸铁管接口

铸铁管的接口形式有刚性接口、柔性接口和半柔半刚性接口三种。接口材料为嵌缝填料和密封填料，嵌缝填料放置于承口内侧，用来保证管道的严密性，防止外层散状密封填料漏入管内，目前常用油麻、石棉绳或橡胶圈作嵌缝填料；密封填料采用石棉水泥、膨胀水泥、铅等，置于嵌缝填料外侧，用来保护嵌缝填料，同时还起密封作用。

(1)刚性接口。刚性接口形式主要有油麻——石棉水泥、石棉绳——石棉水泥、油麻——膨胀水泥砂浆、油麻——铅等。施工时，先填塞嵌缝填料，然后再填打密封填料，养护后即可。

油麻是传统的嵌缝材料，纤维柔顺，不易腐蚀。石棉绳是油麻的代用材料，具有良好的水密性与耐高温性。但有研究认为，水长期与石棉接触会造成水质污染。因此，要慎重选用石棉绳。

石棉水泥作为接口密封填料，具有抗压强度高、材料来源广、成本低的优点。但石棉水泥接口抗弯曲能力和抗冲击能力较差，接口养护时间长，且打口劳动强度大，操作水平要求高。

膨胀水泥砂浆接口与石棉水泥接口相比，虽然同是刚性接口，但膨胀水泥砂浆接口不需要填打，只需将膨胀水泥砂浆在承插口间隙内填塞密实即可。

铅接口具有较好的抗震、抗弯性能，普通铸铁管采用铅接口应用较早，但由于铅为有色金属，造价高，含毒性，现已被石棉水泥或膨胀水泥砂浆取代。但是，铅具有柔性，铅接口的管道渗漏时，只需将铅用麻錾锤击即可堵漏。因此，当管道穿越铁路、过河、地基不均匀沉陷等特殊地段和直径在 600 mm 以上的新旧普通铸铁管碰头连接需要立即通水时，仍采用铅接口。

(2)半柔半刚性接口。半柔半刚性接口的嵌缝材料为胶圈，密封材料仍为石棉水泥或膨胀水泥砂浆等刚性材料。用橡胶圈代替刚性接口中的油麻即构成半柔半刚性接口。

橡胶圈具有足够的水密性和弹性，当承口和插口间产生一定量的相对轴向位移或角位移时，都不会渗水。因此，橡胶圈是取代油麻和石棉绳的理想材料。

(3)柔性接口。刚性接口和半柔半刚性接口的抗应变能力差，受外力作用容易造成接口漏水事故，在软弱地基地带和强震区更严重。因此，上述地带可以用柔性接口。常用的柔性接口有楔形橡胶圈接口、其他形式橡胶圈接口。

1)楔形橡胶圈接口(图 2-88)：将管道的承口内壁加工成斜形槽，插口端部加工成坡形，安装时在承口斜槽内嵌入起密封作用的楔形橡胶圈。由于斜形槽的限制作用，胶圈在管内水压的作用下与管壁压紧，具有自密性，使接口对承插口的椭圆度、尺寸公差、插口轴向位移及角位移等均具有一定的适应性。实践表明，此种接口抗震性能良好，并且可以提高施工速度、减轻劳动强度。

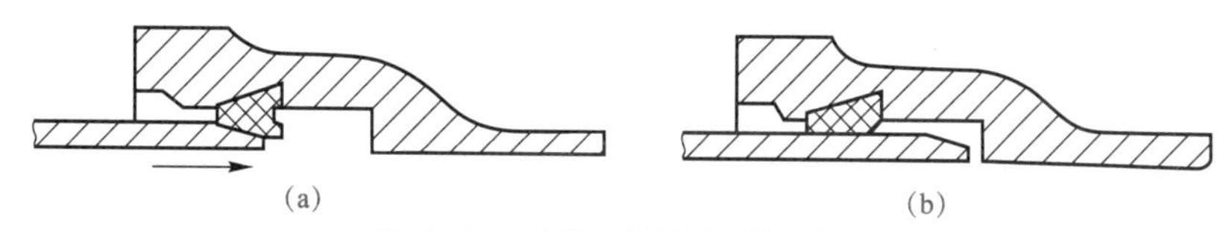

图 2-88　承插口楔形橡胶圈接口

(a)起始状态；(b)插入后状态

2)其他形式橡胶圈接口(图 2-89)：为了改进施工工艺，铸铁管可以采用角唇形、圆形、螺栓压盖形和中缺形胶圈接口。螺栓压盖形的主要优点是抗震性能良好，安装与拆修方便；缺点是配件较多，造价较高。中缺形是插入式接口，接口仅需一个胶圈，操作简单，但承口制作尺寸要求较高；角唇形的承口可以固定安装胶圈，但胶圈耗胶量大，造价较高；圆形则具有耗胶量小、造价低的优点，但仅适用于离心铸铁管。

2. 球墨铸铁给水管接口

球墨铸铁管与普通铸铁管相比具有较高的抗拉强度和延伸率，均采用柔性接口，按接口形式可分为推入式(简称 T 形)和机械式(简称 K 形)两类。

(1)承插式球墨铸铁管采用推入式柔性接口，常用工具有叉子、手动捯链、连杆千斤顶等，这种接口操作简便、快速、工具配套，适用于管径为 80～2 600 mm 的输水管道，在国内外输水工程上广泛采用。

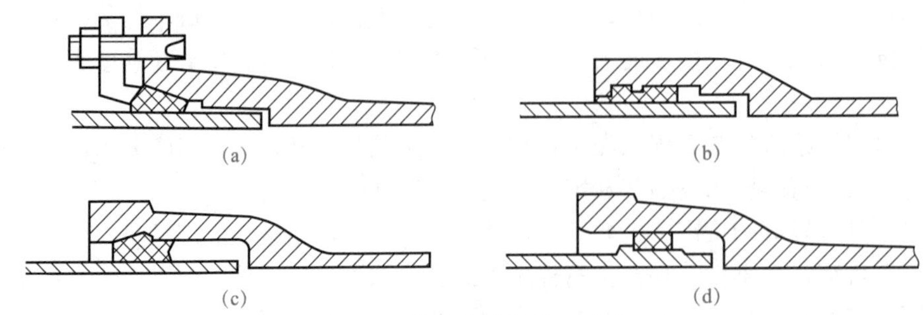

图 2-89　其他橡胶圈接口形式

(a)螺栓压盖形；(b)中缺形；(c)角唇形；(d)圆形

(2)机械式接口是将球墨铸铁管的承插口加以改造，使其适应特殊形状的橡胶圈做挡水材料，外部不需要其他填料，其主要优点是抗震性能好，并且安装与拆修方便；缺点是配件多，造价高。

3. 硬聚氯乙烯管(UPVC)接口

给水硬聚氯乙烯(UPVC)管道的接口形式有胶圈接口、黏结接口和法兰连接等形式，最常用的是胶圈接口和黏结连接。橡胶圈接口适用于管外径为 63～710 mm 的管道连接；黏结接口只适用管外径小于 160 mm 管道的连接；法兰连接一般用于硬聚氯乙烯管与铸铁管等其他管材、阀件的连接。

胶圈接口中所用的橡胶圈不应有气孔、裂缝、重皮和接缝等缺陷，胶圈内径与管材插口外径之比宜为 0.85～0.90，胶圈断面直径压缩率一般采用 40%。

黏结接口的连接强度高、严密性好、施工速度快，但连接后未完全固化前不能移动。所选用的胶粘剂应具有较强的黏附力和内聚力，固化时间短，且对水质不产生任何污染。

4. 钢管接口方法

市政给水管道中所使用的钢管主要采用焊接接口，小管径的钢管可采用螺纹连接，不埋地时可采用法兰连接。由于钢管的耐腐性差，使用前需要进行防腐处理，现在已被越来越多的衬里(衬塑料、衬橡胶、衬玻璃钢、衬玄武岩)钢管所代替。

5. 预(自)应力钢筋混凝土管接口方法

预(自)应力钢筋混凝土管是目前常用的给水管材，其耐腐蚀性优于金属管材，代替钢管和铸铁管使用，可降低工程造价。但预(自)应力钢筋混凝土管的自重大、运输及安装不便；承口椭圆度大，影响接口质量。一般在市政给水管道工程中很少采用，但在长距离输水工程中使用较多。

承插式预(自)应力钢筋混凝土管一般采用胶圈接口。施工时用撬杠顶力法、拉链顶力法与千斤顶顶入法等产生推力或拉力的施工装置使胶圈均匀而紧密地达到工作位置。

预(自)应力钢筋混凝土压力管采用胶圈接口时，一般不需要做封口处理，但遇到对胶圈有腐蚀性的地下水或靠近树木处应进行封口处理。封口材料一般为水泥砂浆。

二、排水管道接口

排水管道经常采用混凝土管和钢筋混凝土管，其接口形式有刚性、柔性和半柔半刚性三种。刚性接口施工简单，造价低，应用广泛；但刚性接口抗震性差，不允许管道有轴向变形。柔性接口抗变形效果好；但施工复杂，造价较高。

1. 刚性接口

目前，常用的刚性接口有水泥砂浆抹带接口和钢丝网水泥砂浆抹带接口两种。

(1)水泥砂浆抹带接口。水泥砂浆抹带接口是在管道接口处用 1∶(2.5～3)的水泥砂浆抹成半椭圆形或其他形状的砂浆带，带宽为 120～150 mm，如图 2-90 所示。水泥砂浆抹带接口一般适用于地基较好、具有带形基础、管径较小的雨水管道和地下水水位以上的污水支管。企口管、平口管和承插管均可采用此种接口。

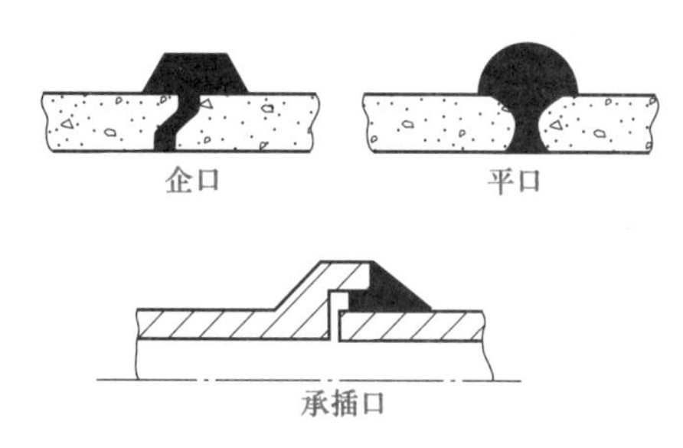

图 2-90　水泥砂浆抹带接口

(2)钢丝网水泥砂浆抹带接口。钢丝网水泥砂浆抹带接口，是在抹带层内埋置 20 号 10 mm×10 mm 方格的钢丝网，两端插入基础混凝土中，如图 2-91 和图 2-92 所示。这种接口的强度高于水泥砂浆抹带接口，适用于地基较好、具有带形基础的雨水管道和污水管道。

图 2-91　钢丝网水泥砂浆抹带接口

2. 半柔半刚性接口

半柔半刚性接口通常采用预制套环石棉水泥接口。图 2-93、图 2-94 所示为适用于地基不均匀沉陷不严重地段的污水管道或雨水管道的接口。

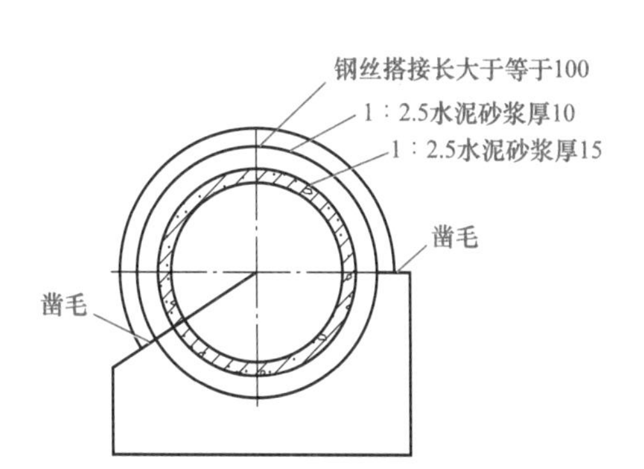

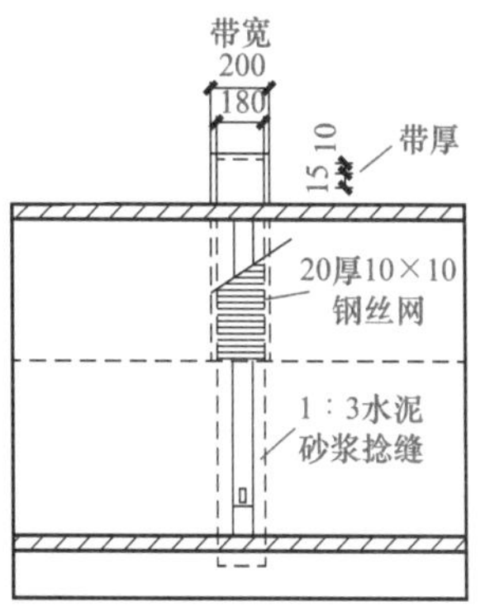

图 2-92　钢丝网水泥砂浆抹带接口(单位：mm)

图 2-93　现浇混凝土套环接口(一)

图 2-94　预制混凝土套环接口(二)

套环为工厂预制，石棉水泥的质量配合比为水∶石棉∶水泥＝1∶3∶7。施工时，先将两管口插入套环内，然后用石棉水泥在套环内填打密实，确保不漏水。

3. 柔性接口

通常采用的柔性接口有沥青麻布(玻璃布)接口、沥青砂浆接口、承插管沥青油膏接口等。柔性接口适用于地基不均匀沉陷较严重地段的污水管道和雨水管道的接口。

(1)沥青麻布(玻璃布)接口。沥青麻布(或玻璃布，如图 2-95 所示)接口适用于无地下水、地基不均匀沉降不太严重的平口或企口排水管道。

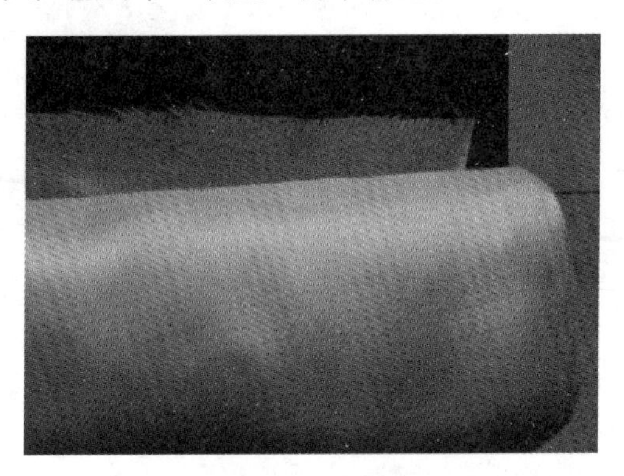

图 2-95　玻璃布

(2)沥青砂浆接口。沥青砂浆接口的使用条件与沥青麻布(玻璃布)接口相同，但不用麻布(玻璃布)，可降低成本。

(3)承插管沥青油膏接口。沥青油膏具有粘结力强、受温度影响小等特点，接口施工方便。沥青油膏可自制，也可购买成品，自制沥青油膏的质量配合比为 6 号石油沥青∶重松节油∶废机油∶石棉灰∶滑石粉＝100∶11.1∶44.5∶77.5∶119。这种接口适用于承插口排水管道。

(4)橡胶圈接口。对新型混凝土和钢筋混凝土排水管道，现已推广使用橡胶圈接口。一般混凝土承插管接口采用遇水膨胀胶圈；钢筋混凝土承抽管接口采用 O 形橡胶圈；钢筋混凝土企口管接口采用 q 形橡胶圈；钢筋混凝土 F 形钢套环接口采用齿形止水橡胶圈。

任务实施

一、沟槽与管材检查

1. 沟槽开挖的质量检查

下管前，应按照设计要求对已挖好的沟槽进行复测，检查其平面位置、断面尺寸、开挖深度和槽底标高等是否符合设计要求，槽底土壤有无扰动与杂物；设置管道基础的沟槽，应检查基础的尺寸和两侧工作面宽度是否符合设计要求，基础混凝土是否达到规定的设计抗压强度等；还应检查沟槽的边坡和支撑的稳定性。槽壁不能出现裂缝，有裂缝隐患处要采取措施加固，并在施工中注意观察，严防出现沟槽坍塌事故。如沟槽支撑影响管道施工，应进行倒撑，并保证倒撑的质量。槽底排水沟要保持畅通，尺寸及坡度要符合施工要求，必要时可用木板撑牢，以免发生塌方，影响降水。

2. 管材质量检查

在市政管道施工中，管材和管件的质量直接影响到工程的质量。因此，必须做好管材和管件的质量检查工作，检查的内容主要如下：

(1)管道和管件必须有出厂质量合格证，其指标应符合国家或部委颁发的技术标准要求。

(2)应按设计要求认真核对管道和管件的规格、型号、材质与压力等级。

(3)应进行外观质量检查。

1)铸铁管及管件内外表面应平整、光洁，不得有裂纹、凹凸不平等缺陷。承插口部分不得有黏砂及凸起，其他部分不得有大于 2 mm 厚的黏砂和 5 mm 高的凸起。承插口配合的环向间隙，应满足接口嵌缝的需要。

2)钢管及管件的外径、壁厚和尺寸偏差应符合制造标准要求；表面应无斑痕、裂纹、严重锈蚀等缺陷；内外防腐层应无气孔、裂纹和杂物；防腐层厚度应满足要求；安装中使用的橡胶、石棉橡胶、塑料等非金属垫片，均应质地柔韧，无老化变质、折损、皱纹等缺陷。

3)塑料管材内外壁应光滑、清洁、无划伤等缺陷；不允许有气泡、裂口、凹陷、颜色不均、分解变色等现象；管端应平整并与轴线垂直。

4)普通钢筋混凝土管、自(预)应力钢筋混凝土管的内外表面应无裂纹、露筋、残缺、蜂窝、空鼓、剥落、浮渣、露石、碰伤等缺陷。

(4)金属管道应用小锤轻轻敲打管口和管身进行破裂检查。非金属管道通过观察进行破裂检查。

(5)对无出厂合格证的压力流管道或管件，如无制造厂家提供的水压试验资料，则每批应抽取 10%的管道做试件进行强度检查。如试验有不合格者，则应逐根进行检查。

(6)对压力流管道，还应检查管道的出厂日期。对于出厂时间过长的管道经水压试验合格后方可使用。

3. 管材修补

(1)对管材本身存在的不影响管道工程质量的微小缺陷，应在保证工程质量的前提下进行修补使用，以降低工程成本。铸铁管道应对承口内壁、插口外壁的沥青用气焊或喷灯烤掉；对飞刺和铸砂可用砂轮磨掉或用錾子剔除。内衬水泥砂浆防腐层如有缺陷或损坏，应按产品说明书的要求修补、养护。

(2)钢管防腐层质量不符合要求时，应用相同的防腐材料进行修补。

(3)钢筋混凝土管的缺陷部位，可用环氧腻子或环氧树脂砂浆进行修补。修补时，先将修补部位凿毛，清洗晾干后刷一薄层底胶，而后抹环氧腻子(或环氧树脂砂浆)，并用抹子压实抹光。

■ 二、排管

排管应在沟槽和管材质量检查合格后进行，如图 2-96 所示。根据施工现场条件，将管道在沟槽堆土的另一侧沿铺设方向排列成一长串称为排管。排管时，要求管道与沟槽边缘的净距不得小于 0.5 m。

图 2-96　排管

压力流管道排管时，对承插接口的管道，宜使承口迎着水流方向排列，这样可减小水流对接口填料的冲刷，避免接口漏水；在斜坡地区排管，以承口朝上坡为宜；同时，还应满足接口环向间隙和对口间隙的要求。一般情况下，金属管道可采用 90°弯头、45°弯头、22.5°弯头、11.25°弯头进行平面转弯，如果管道弯曲角度小于 11°，应使管道自弯水平借转。当遇到地形起伏变化较大或翻越其他地下设施等情况时，应采用管道反弯借高找正作业。

重力流管道排管时，对承插接口的管道，同样宜使承口迎着水流方向排列，并满足接口环向间隙和对口间隙的要求。无论何种管口的排水管道，排管时均应扣除沿线检查井等构筑物所占的长度，以确定管道的实际用量。

当施工现场条件不允许排管时，也可以集中堆放。但管道铺设安装时需在槽内运管，施工不便。

■ 三、下管

管道经过检验、修补后，运至沟槽边。按设计进行排管，核对管节、管件位置无误可下管。

下管方法可分为人工下管和机械下管两类，如图 2-97 所示。可根据管材种类、单节管重及管长、机械设备、施工环境等因素来选择下管方法。无论采取哪种下管方法，一般宜沿沟槽分散下管，以减少在沟槽内的运输。当不便于沿沟槽下管，允许在沟槽内运管，可以采用集中下管法。

(a) (b)

图 2-97 下管

(a)人工下管；(b)机械下管

分散下管是将管道在沟槽堆土的另一侧沿铺设方向有序排列，再依次下到沟槽内。这种下管方式多用于较小管径、无支撑等有利于分散下管的环境。排管时，要求管道与沟槽边缘的净距不得小于 0.5 m。

集中下管是将管道相对集中地下到沟槽内某处，然后再将管道运送到所需的位置。这种下管方式需要槽内运管，一般用于管径大、沟槽两侧堆土，场地狭窄或沟槽内有支撑等情况。

槽内运管工作一般由人工完成。根据管径大小，槽下运管可分为管道横推法和管道竖推法，如图 2-98 所示。当管道直径≥700 mm 时，一般采用横推法；当管道直径<700 mm 时，沟槽狭窄，管节转不过来，故采用竖推法。竖推法是在下管处预先放 2～3 根长度为 40～60 mm，直径为 50 mm 的钢管作为滚杠。下管时，先将管道轻轻放在滚杠上，然后开始推管。在推管中，后面滚杠推出后，再在管前填入滚杠，当管道即将就位时，不再继续填滚杠，直至滚杠全部推出为止。

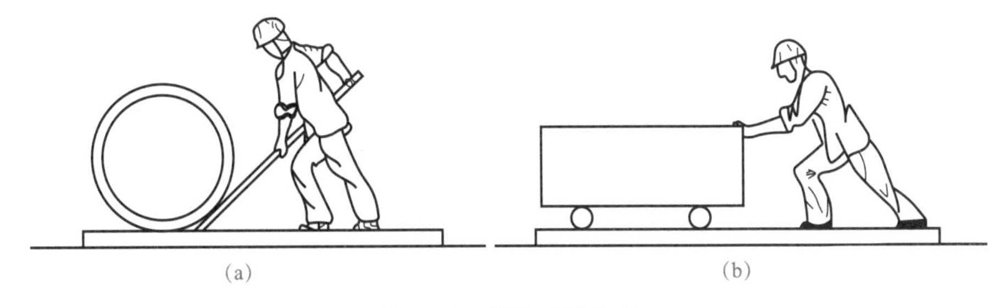

(a) (b)

图 2-98 槽内运管方式

(a)管道横推法；(b)管道竖推法

1. 人工下管

人工下管多用于施工现场狭窄、质量较轻的中小型管道，以施工方便、操作安全、经济合理为原则。

(1)贯绳法。贯绳法适用于管径小于 300 mm 以下的混凝土管。用一端带有铁钩的绳子钩住管道一端，绳子另一端由人工徐徐放松直至将管道放入槽底。

(2)溜管法。溜管法适用于管径小于 300 mm 以下的混凝土管。将由两块木板组成的三角木槽斜放在沟槽内，管道一端用带有铁钩的绳子钩住管道，绳子另一端由人工控制，将管道沿三角木槽缓慢溜入沟槽内。

(3)压绳下管法。压绳下管法是人工下管法中最常用的一种方法，适用于中、小型管道。压绳下管法包括人工撬棍压绳下管法和立管压绳下管法。

1)人工撬棍压绳下管法具体操作是：在沟槽上边土层打入两根撬棍，分别套住一根下管大绳，绳子一端用脚踩牢，用于拉住绳子的另一端，听从一人号令，徐徐放松绳子，直至将管道放至沟槽底部。如图 2-99(a)所示。

2)立管压绳下管法适用于较大直径的管道集中下管，是在距离沟边一定距离处，直立埋没一节或两节管道，管道埋入一半立管长度。内填土方，将下管用两根大绳缠绕在立管上(一般绕一圈)，绳子一端固定，另一端由人工操作，利用绳子与立管管壁之间的摩擦力控制下管速度，操作时注意两边放绳要均匀，防止管道倾斜，如图 2-99(b)所示。

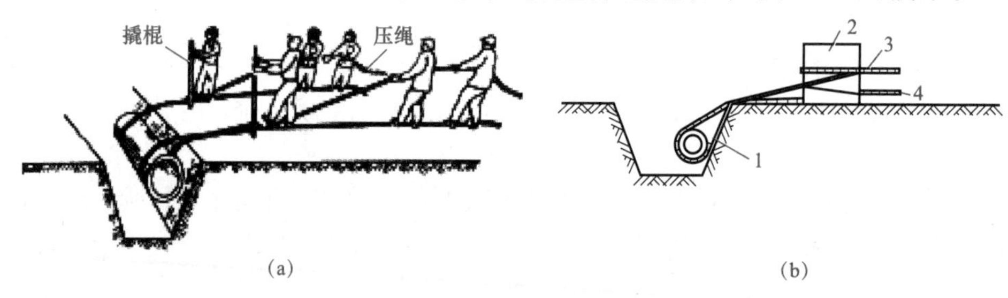

图 2-99 压绳下管法

(a)人工撬棍压绳下管法；(b)立管压绳下管法

1—管道；2—立管；3—放松绳；4—固定绳

(4)搭架(吊链)下管法。常用三脚架或四脚架法。其操作过程为：首先在沟槽上搭设三脚架或四脚架等塔架，在塔架上安设吊链，然后在沟槽上铺方木或细钢管，将管道运至方木或细钢管上。吊链将管道吊起，撤出原铺方木或细钢管，操作吊链使管道徐徐放入槽底，如图 2-100 所示。

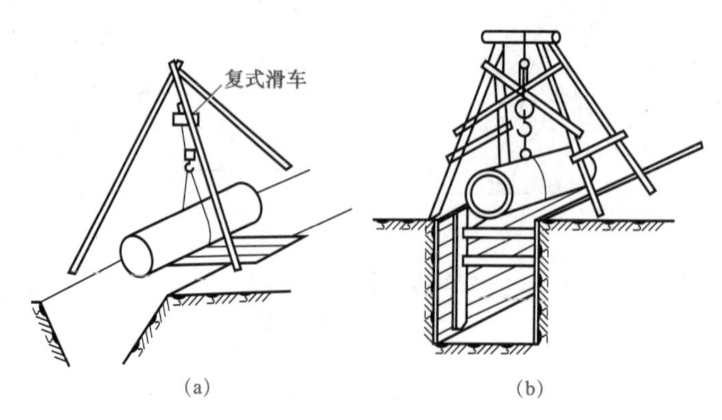

图 2-100 搭架下管法

2. 机械下管

机械下管适用于管径大、沟槽深、工程量大且便于机械操作的地段。

机械下管速度快、施工安全，并且可以减轻工人的劳动强度，提高生产效率。因此，只要施工现场条件允许，就应尽量采用机械下管法。

机械下管时，应根据管道质量选择起重机械，常采用轮胎式起重机、履带式起重机和汽车式起重机。

下管时，起重机一般沿沟槽开行，距槽边至少应有 1 m 以上的安全距离，以免槽壁坍塌。行走道路应平坦、畅通，当沟槽必须两侧推土时，应将某一侧堆土与槽边的距离加大，以便起重机行走。

机械下管一般为单节下管(图 2-101)，起吊或搬运管材、配件时，对于法兰盘面、非金属管材承插口工作面、金属管防腐层等，均应采取保护措施。应找好重心采用两点起吊，吊绳与管道的夹角不宜小于 45°。在起吊过程中，应平吊平放，勿使管道倾斜以免发生危险。如使用轮胎式起重机，作业前应将支腿撑好，支腿距槽边要有 2 m 以上的距离，必要时应在支腿下垫木板。

当采用钢管时，为了减少槽内接口的工作量，可在地面上将钢管焊接成长串，然后由数台起重机联合下管(图 2-102)。这种方法称为长串下管法。由于多台起重机不易协调，故长串下管一般不要多于 3 台起重机。在起吊时，管道应缓慢移动，避免摆动。应有专人统一指挥，并按有关机械安全操作规程进行。

图 2-101　单节下管

图 2-102　联合下管

四、稳管

稳管是给水排水管道施工中的重要工序，其目的是确保施工中管道稳定在设计规定的空间位置上。压力流管道对高程和平面位置的要求精度可低些，一般由上游向下游进行稳管；重力流管道的高程和平面位置应严格符合设计要求，一般由下游向上游进行稳管。

稳管要借助坡度板进行，坡度板埋设的间距对于重力流管道一般为 10 m，压力流管道一般为 20 m。在管道纵向标高变化、管径变化、转弯、检查井、阀门井等处应埋设坡度板。坡度板与槽底的垂直距离一般不超过 3 m。坡度板应在人工清底前埋设牢固，不应高出地面，上面钉管线中心钉和高程板，高程板上钉高程钉，以便控制管道中心线和高程。

稳管通常包括对中和对高程两个环节。给水排水管道的稳管常用坡度板法、边线法和仪器测量法控制管道中心与高程。边线法控制管道中心和高程比坡度板法速度快，但准确度不如坡度板法。

1. 对中作业

对中作业是使管道中心线与沟槽中心线在同一平面上重合。如果中心线偏离较大，则应调整管道位置，直至符合要求为止。

(1)中心线法。该法借助坡度板上的中心钉进行，如图 2-103 所示。当沟槽挖到一定深度后，沿着挖好的沟槽埋设坡度板，根据开挖沟槽前测定管道中心线时所预设的中线桩(通常设置在沟槽边的树下或电杆下等可靠处)定出沟槽中心线，并在每块坡度板上钉上中心钉，使各中心钉的连线与沟槽中心线在同一铅垂面上。对中时，将有二等分刻度的水平尺置于管口内，使水平尺的水泡居中。同时，在两中心钉的连线上悬挂垂球，如果垂线正好通过水平尺的二等分点，表明管道中心线与沟槽中心线重合，对中完成。否则应调整管道使其对中。

(2)边线法。边线法进行对中作业是将坡度板上的中心钉移至与管外皮相切的铅垂面上，如图 2-104 所示。操作时，只要向左或向右移动管道，使两个钉子之间的连线的垂线恰好与管外皮相切即可。边线法对中速度快，操作方便，但要求各节管的管壁厚度与规格均应一致。

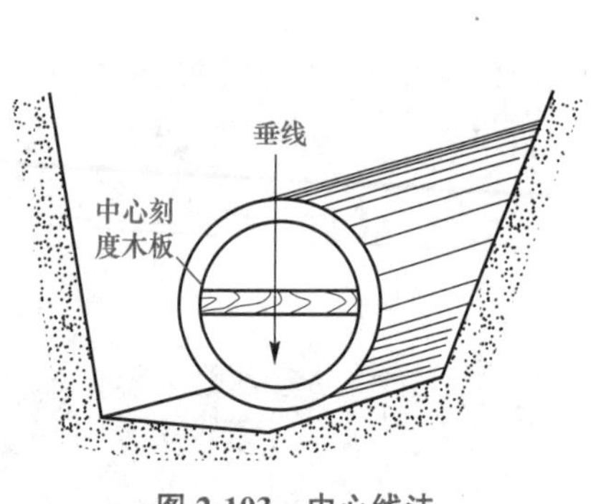

图 2-103　中心线法

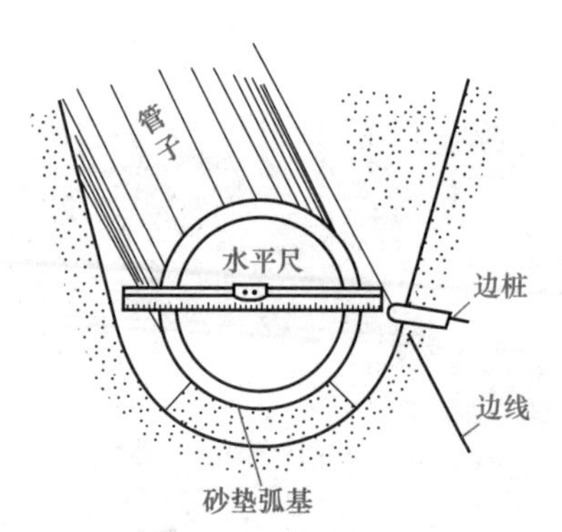

图 2-104　边线法对中

2. 对高程作业

对高程作业是使管内底标高与设计管内底标高一致，在坡度板上标出高程钉，相邻两块坡度板的高程钉到管内底的垂直距离相等，则两高程钉之间连线的坡度就等于管内底坡度，该连线称为坡度线。坡度线上任意一点到管内底的垂直距离为一常数，称为对高数(或下返数)，如图 2-105 所示。

进行对高程作业时，使用丁字形对高尺，尺上刻有坡度线与管底之间的距离标记，即对高数。将对高尺垂直置于管端内底，当尺上标记线与坡度线重合时，表明管内底高程正确。

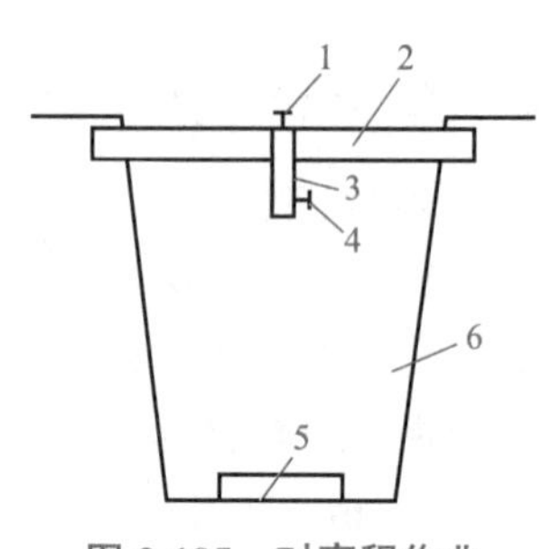

图 2-105　对高程作业

1—中心钉；2—坡度板；3—高程板；4—高程钉；5—管道基础；6—沟槽

调整管道标高时，所垫石块应稳固可靠，以防管道从垫块上滚下伤人。为便于混凝土管道勾缝，当管径 $D \geqslant 700$ mm 时，对口间隙为 10 mm；当管经 $D < 600$ mm 时，可不留间隙；当管经 $D > 800$ mm 时，须进入管内检查对口，以免出现错口。

3. 仪器测量法

在稳管中，有时工程量较小或精度较高时，也可使用水准仪直接测量，一般每一管节首尾各测一点，可确保精度。

稳管作业应达到平、直、稳、实的要求，其管内底标高允许偏差为±10 mm，管中心线允许偏差为 10 mm。

胶圈接口的承插式给水铸铁管、预应力钢筋混凝土管及给水用 UPVC 管，稳管与接口宜同时进行。

五、管道接口施工

(一)给水管道接口施工

1. 铸铁管接口

(1)刚性接口。刚性接口适用于普通铸铁管，一般的接口材料有油麻－石棉水泥、油麻－膨胀水泥砂浆、石棉绳－铅等。施工时，先填塞嵌缝填料，然后再填打密封填料，养护后即可。

1)嵌缝材料填打。

①材料：油麻或石棉绳，如图 2-106 和图 2-107 所示。有研究认为，水长期与石棉接触会造成水质污染，因此，应慎重选用石棉绳。

图 2-106 油麻

图 2-107 石棉绳

②尺寸：粗细：1.5 倍的缝宽；长度：插口周长＋搭接长度(100～150 mm)。

③填麻圈数：

a. 石棉水泥、膨胀水泥砂浆密封时：管径≤400 mm，1 缕油麻，绕填 2 圈；管径为 500～800 mm，每圈 1 缕油麻，绕填 2 圈；管径为＞800 mm，每圈 1 缕油麻，绕填 3 圈。

b. 用铅密封时，在上面基础上再加绕 1～2 圈。

④填麻施工：要保证环向间隙均匀，可使用錾子(图 2-108)；使用打锤质量 1.5 kg。

图 2-108 錾子

油麻的填打程序和遍数：第一圈：2 遍；第二圈：2 遍；第三圈：3 遍。

⑤检验填麻质量：麻打不动，填麻深度允许偏差为±5 mm。

2)密封材料填打。

①石棉水泥。

a. 材料：石棉应采用 4F 级石棉绒，水泥采用 32.5 级以上普通硅酸盐水泥。其质量配合比为石棉∶水泥∶水＝3∶7∶(1～2)。

b. 拌和：加水均匀、手抓成团不湿手。

c. 养护：浇水养护，1～2 d。

d. 其他：刷防腐层、不得碰撞。

石棉水泥的填打与油麻的填塞至少要相隔两个管口分开进行。填打石棉水泥前，先用探尺检查填料填入深度，避免因振动而影响接口质量，并用麻錾将麻口重打一遍，以麻不动为合格。石棉水泥应分层填打，每层实厚不大于 25 mm，灰口深在 80 mm 以上者采用四填十二打，即第一次填灰口深度的 1/4，打三遍；第二次填灰深约为剩余灰口的 2/3，打三遍；第三次填平打三遍；第四次找平再打三遍。灰口深在 80 mm 以下者可采用三填九打。打好的灰口要比承口端部凹进 2～3 mm，当听到金属回击声，水泥清晰出水分，用力连击三次，灰口不再发生内凹或掉灰现象时，接口作业即可结束。

接口填打合格后，及时采取措施进行养护。一般用湿泥将接口糊严，上用草袋覆盖，定时洒水养护，养护时间不得少于 24 h。石棉水泥接口不宜在气温低于－5 ℃的冬期施工。

2)膨胀水泥砂浆。

①材料：采用硫铝酸盐或铝酸盐自应力水泥，与粒径为 0.5～1.5 mm 的中砂进行拌和，膨胀水泥∶砂∶水＝1∶1∶0.3。

②做法：填塞膨胀水泥前，应先检查嵌缝填料位置是否正确、深度是否合适。然后将接口缝隙用清水湿润，分层填入、分层捣实；通常三填三捣为宜；封口处凹进承口 1～2 mm，表面平整。

③养护：施工完成后理解湿草袋养护，1～2 h 后再定时洒水养护，养护时间以 12～24 h 为宜。

3)铅。

①铅接口施工程序：安设灌铅卡箍→熔铅→运送铅溶液→灌铅→拆除卡箍。

②熔铅：保证无水，熔铅温度适宜(紫红色，铁棍无熔铅附着为宜)。

③模具准备：卡箍并防漏铅。

④灌铅：一次灌入、不得断流，凝后服模，切飞刺，用錾打平。

(2)半刚半柔性接口。半刚半柔性接口适用于普通铸铁管、球墨铸铁管。一般的接口材料有橡胶圈－石棉水泥、橡胶圈－膨胀水泥砂浆。

1)橡胶圈尺寸：胶圈内径应为承插口间隙的 1.4～1.6 倍，内环径一般为插口外径的 0.85～0.87 倍，厚度为承插口间隙的 1.35～1.45 倍，如图 2-109 所示。

图 2-109　橡胶圈

2)胶圈施工：打胶圈之前，应先清除管口杂物，并将胶圈套在插口上。打口时，将胶圈紧贴承口，在一个平面上不能呈麻花形，先用錾子沿管外皮将胶圈均匀地打入承口内，开始打时，须以二点、四点、八点……在慢慢扩大的对称部位上用力锤击，胶圈要打至插口小台，吃深要均匀。不可在快打完时出现像“鼻子”形状的“闷鼻”现象，也不能出现深浅不一致及裂口现象。若某处难以打进，说明该处环向间隙太窄，应用錾子将此处撑大后再打。

胶圈填打完毕后，外层填塞石棉水泥或膨胀水泥砂浆，方法同刚性接口。

(3)柔性接口。柔性接口适用于球墨铸铁管，常在松软地基、强震区使用。一般的接口材料有楔形橡胶围或其他形的橡胶圈。

1)安装方法：推入式(滑入式)、机械式。

2)推入式(滑入式)施工顺序：胶圈定位、涂润滑剂、检查插口安装程度(安装线)、连接、承插口连接检查(深度)，如图 2-110 和图 2-88 所示。

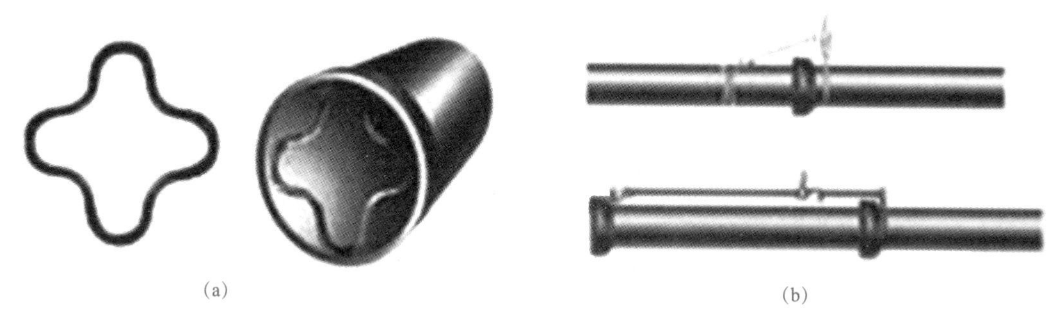

(a)　　　　(b)

图 2-110　橡胶圈接口施工

(a)安装胶圈；(b)连接

2. 球墨铸铁给水管接口

(1)推入式柔性接口施工。常用工具有叉子、手动倒链、连杆千斤顶等，这种接口操作简便、快速、工具配套，适用于管径为 80～2 600 mm 的输水管道，在国内外输水工程上广泛采用。其施工程序：下管→清理承口和胶圈→上胶圈→清理插口外表面、刷润滑剂→撞口→检查。

下管后，将管道承口和胶圈清理洁净，把胶圈完成心形或花形放入承口槽内就位，确保各个部位不翘不扭，仔细检查胶圈的固定是否正确。

清理插口外表面，在插口外表面和承口内胶圈的内表面上刷润滑剂(肥皂水、洗衣粉水等)。

插口对准承口找正后，上安装工具，扳动倒链，将插口慢慢挤入承口内。

(2)机械式柔性接口施工。其施工顺序：下管→清理插口、压兰和胶圈→压兰与胶圈定位→清理承口→刷润滑剂→对口→临时紧固→螺栓全方位紧固→检查螺栓扭矩。

下管后，用棉纱和毛刷将插口端外表面、压兰内外表面、胶圈表面、承口内表面彻底清洁干净。然后吊装压兰并将其推送至插口端部定位，用人工把胶圈套在插口上。为便于安装，在插口及密封胶圈的外表面和承口内表面均匀涂刷润滑剂。将管道吊起，使插口对正承口，对口间隙应符合设计规定，调整好管中心和接口间隙后，在管道两侧填砂固定管身，将密封胶圈推入承口与插口的间隙，调整压兰，使其螺栓孔和承口螺栓孔对正、压兰与插口外壁间的缝隙要均匀。最后，用螺栓在上、下、左、右 4 个方位对角紧固。

3. 硬聚氯乙烯(UPVC)管接口施工

(1)胶圈接口施工。如图 2-111 所示，首先将管端工作面及胶圈清理干净，把胶圈正确安装在承口内；为便于安装可先用水浸湿胶圈，但不得在胶圈上涂润滑剂；若管道在施工中被切断(断口平整且垂直管轴线)，则应在插口端倒角；划出插入长度标线，将管道的插口对准承口，保持插入管段平直；用手动葫芦或其他拉力机械将管道一次插入至标线。若插入阻力过大，切勿强行插入，以防止胶圈扭曲。胶圈插入后，用探尺顺承插口间隙插入，沿管周检查胶圈的安装是否正常。

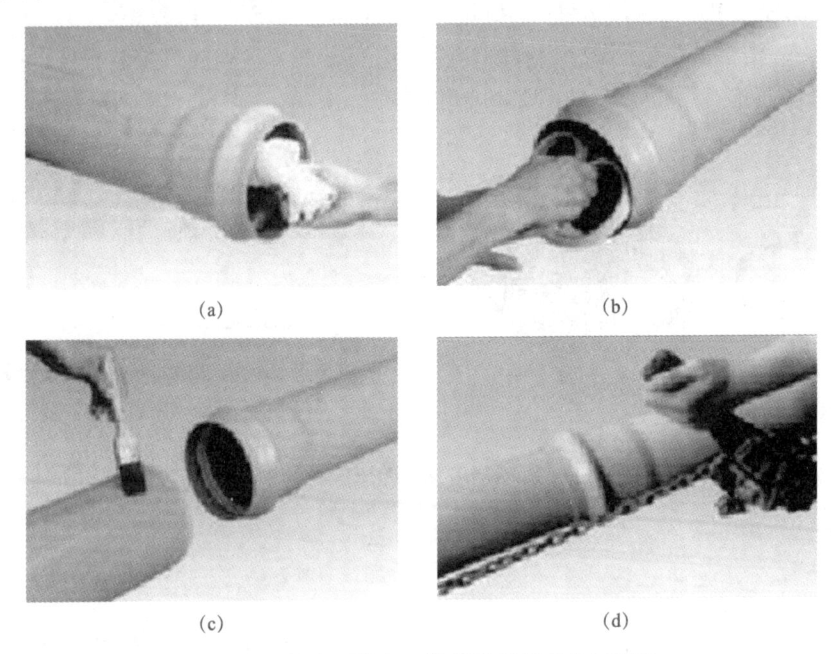

图 2-111 给水硬聚氯乙烯管胶圈接口施工顺序

(a)清理；(b)安装胶圈；(c)涂胶粘剂；(d)连接

(2)黏结接口施工。施工顺序：倒角→清洁→试插→涂胶→连接→清理多余胶粘剂，如图 2-112 所示。

要求：管道在施工总被切断时，必须将插口处倒角，挫成坡口后再进行连接。切断管材时，应保证断口平整且垂直管轴线。管材或管件在黏结前，应用干棉纱或干布将承口内侧和插口外侧擦拭干净，当表面有油污时，可用丙酮等有机溶剂擦净。黏结前应进行试插，若试插不合适应换管再试，直到插入深度和配合情况符合要求为止。然后在插入端表面划出插入承口深度的标线，用毛刷将胶粘剂迅速涂刷在插口外侧和承口内侧的结合面上。涂刷时宜先承口、后插口，宜轴向涂刷，涂刷量要均匀。然后，立即找正方向将插口端插入承口，用力挤压使插口端的插入深度达到所划的标线，并保持一定的挤压时间。所选用的胶粘剂应具有较强的黏附力和内聚力、固化时间短、对水质不产生任何污染。当管外径为 63 mm 以下时，挤压时间不少于 30 s；当管外径为 63～160 mm 时，挤压时间不少于 60 s。

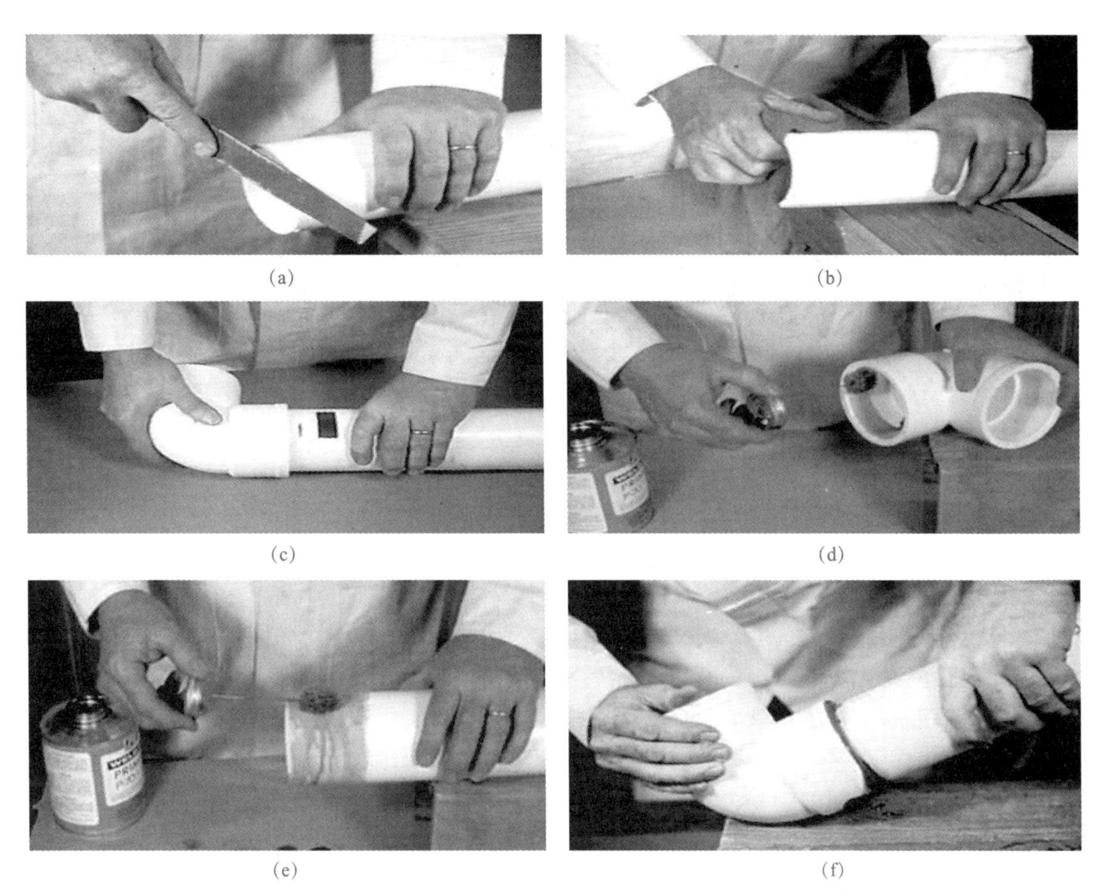

图 2-112　给水硬聚氯乙烯管胶圈接口施工顺序

(a)倒角；(b)清洁；(c)试插；(d)承口内侧涂胶粘剂；(e)插口外侧涂胶粘剂；(f)连接

(二)排水管道铺设施工

普通钢筋混凝土管管口形式通常有承插式、企口式及平口式等，管节长度为 1～3 m，一般用于排出雨水、污水。这种管材的主要缺点是抵抗酸、碱侵蚀及抗渗性能较差，管节短，接头多，在地震地区及饱和松砂、淤泥、冲填土、杂填土地区不宜使用。

为了减少对地基的压力和对管道的反作用力，普通钢筋混凝土管施工时，应设基础和管座。管座包角一般有 90°、135°、180°三种，应视管道覆土深度及地基土的性质选用。

普通钢筋混凝土管道铺设的方法较多，常用的方法有平基法、垫块法、“四合一”施工法。应根据管道种类、管径大小、管座形式、管道基础及接口方式等合理选择排水管道铺设的方法。

1. 平基法

图 2-113 所示为平基法施工，首先浇筑平基混凝土，待基础达到一定强度再下管、安管(稳管)、浇筑管座及抹带接口的施工方法。这种方法常用于雨水管道，尤其适用于地基不良或雨期施工的场合。

平基法施工程序：支平基模板→浇筑平基混凝土→下管→安管(稳管)→支管座模板→浇筑管座混凝土→抹带接口→养护。

图 2-113 平基法施工

平基法施工操作要点如下：

(1)浇筑混凝土平基顶面高程，不能高于设计高程，低于设计高程不超过 10 mm。

(2)平基混凝土强度达到 5 MPa 以上时，方可直接下管。

(3)下管前可直接在平基面上弹线，以控制安管中心线。

(4)安管的对口间隙，管径>700 mm 时，按 10 mm 控制，管径<700 mm 时可不留间隙，安装较大的管道，宜进入管内检查对口，减少错口现象，稳管以达到管内底高程偏差在±10 mm 之内，中心线偏差不超过 10 mm，相邻管内底错口不大于 3 mm 为合格。

(5)管道安好后，应及时用干净石子或碎石卡牢，并立即浇筑混凝土管座。

管座浇筑要点如下：

1)浇筑管座前，平基应凿毛或刷毛，并冲洗干净。

2)对平基与管道接触的三角部分，要选用同强度等级混凝土中的软灰，先进行振捣密实。

3)浇筑混凝土时，应两侧同时进行，防止挤偏管道。

4)对于直径较大的管道，浇筑时宜同时进入管内配合勾捻内缝；直径<700 mm 的管道，可用麻袋球或其他工具在管内来回拖动，将流入管内的灰浆拉平。

2. 垫块法

垫块法施工是指在预制混凝土垫块上安管(稳管)，然后再浇筑混凝土基础和接口的施工方法。采用这种方法可避免平基、管座分开浇筑，是污水管道常用的施工方法。

垫块法施工程序：预制垫块→安垫块→下管→在垫块上安管→支模→浇筑混凝土基础→接口→养护。

预制混凝土垫块强度等级同混凝土基础。垫块的几何尺寸：长为管径的 0.7，高等于平基厚度，允许偏差±10 mm，宽≥高。每节管垫块一般为 2 个，一般放在管两端，如图 2-114 和图 2-115 所示。

图 2-114　预制混凝土垫块

图 2-115　垫块法施工

垫块法施工操作要点如下：

(1)垫块应放置平稳，高程符合设计要求。

(2)安管时，管道两侧应立保险杠，防止管道从垫块上滚下来伤到人。

(3)安管的对口间隙：管径≥700 mm 的管道按 10 mm 左右控制；安较大的管道时入管内检查对门，减少错口现象。

(4)管道安好后一定要用干净石子或碎石将其卡牢，并及时浇筑混凝土管座。

3.“四合一”施工法

排水管道施工中将混凝土平基、稳管、管座、抹带四道工艺合在一起施工的做法，称为“四合一”施工法。这种方法速度快、质量好，是 DN≤600 mm 管道通常采用的施工方法，此法具有减少混凝土养护时间和避免混凝土浇筑施工缝的优点。

施工程序为验槽、支模、下管、排管、四合一施工、养护。

“四合一”施工操作要点如下：

(1)平基。浇筑平基混凝土时，一般应使平基面高出设计平基面 20～40 mm(视管径大小而定)，并进行捣固，管径 400 mm 以下者，可将管座混凝土与平基一次灌齐，并将平基面做成弧形以利于稳管。

(2)稳管。将管道从模板上滚至平基弧形内，前后揉动，将管道揉至设计高程(一般高于设计高程 1～2 mm，以备下一节时又稍有下沉)，同时控制管道中心线位置的准确。如图 2-116 所示。

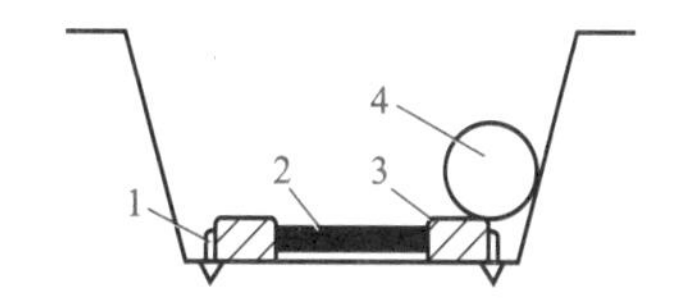

图 2-116　“四合一”支模排管示意

1—铁钎；2—临时支撑；3—方木；4—管道

(3)管座。完成稳管后，立即支设管座模板，浇筑两侧管座混凝土，捣固管座两侧三角区，补填对口砂浆，抹平管陕两肩。当管道接口采用钢丝网水泥砂浆抹带接口时，混凝土的捣固应注意钢丝网位置的正确。为了配合管内缝勾捻，管径在 600 mm 以下时，可用麻袋球或其他工具在管内来回拖动，将管口内溢出的砂浆抹平。

(4)抹带。管座混凝土浇筑后，马上进行抹带，随后勾捻内缝，抹带与稳管至少相隔 2～3 节管，以免稳管时不小心碰撞管道，影响接口质量。

(三)排水管道接口施工

1. 刚性接口

(1)水泥砂浆抹带接口施工。水泥砂浆抹带接口的工具有浆桶、刷子、铁抹子、弧形抹子等。材料的质量配合比为水泥∶砂＝1∶(2.5～3)，水胶比一般不大于0.5。水泥采用强度等级为42.5级的普通硅酸盐水泥，砂子应用2 mm孔径的筛子过筛，含泥量不得大于2％。

抹带前将接口处的管外皮洗刷干净，并将抹带范围的管外壁凿毛，然后刷水泥浆一遍；抹带时，管径小于400 mm的管道可一次完成；管径大于400 mm的管道应分两次完成，抹第一层水泥砂浆时，应注意调整管口缝隙使其均匀，厚度约为带厚的1/3，压实表面后划成线槽，以利于与第二层结合；待第一层水泥砂浆初凝后再用弧形抹子抹第二层，由下往上推抹形成一个弧形接口，初凝后赶光压实，并将管带与基础相接的三角区用混凝土填捣密实。

抹带完成后，用湿纸覆盖管带，3～4 h后洒水养护。

管径大于或等于700 mm时，应在管带水泥砂浆终凝后进入管内勾缝。勾缝时人在管内用水泥砂浆将内缝填实抹平，灰浆不得高出管内壁；管径小于700 mm时，用装有黏土球的麻袋或其他工具在管内来回拖动，将流入管内的砂浆拉平。

(2)钢丝网水泥砂浆抹带接口施工。施工时先将管口凿毛，抹一层1∶2.5的水泥砂浆，厚度为15 mm左右，待其与管壁粘牢并压实后，将两片钢丝网包拢挤入砂浆中，搭接长度不小于100 m，并用绑丝扎牢，两端插入管座混凝土中。第一层砂浆初凝后再抹第二层砂浆，并按抹带宽度和厚度的要求抹光压实。

抹带完成后，立即用湿纸养护，炎热季节用湿草袋覆盖洒水养护。

2. 柔性接口

(1)沥青麻布接口施工。接口施工时，先用1∶3的水泥砂浆捻缝，并将管口清刷干净，在管口上刷一层冷底子油，然后以热沥青为胶粘剂，作四油三布防水层，并用钢丝将沥青麻布或沥青玻璃布绑扎牢固即可。

(2)沥青砂浆接口施工。接口施工时沥青砂浆的质量配合比为石油沥青∶石棉粉∶砂＝1∶0.67∶0.67。制备时，将10号建筑沥青在锅中加热至完全熔化(超过220 ℃)后，加入石棉和细砂，不断搅拌使之混合均匀，浇灌时，沥青砂浆温度控制在200 ℃左右，具有良好的流动性。

(3)承插管沥青油膏接口施工。接口施工时，将管口刷洗干净并保持干燥，在第一根管道的承口内侧和第二根管道的插口外侧各涂刷一道冷底子油；然后将油膏捏成膏条，接口下部用膏条的粗度为接口间隙的2倍，上部用膏条的粗度与接口间隙相同；将第一根管道按设计要求稳管，并用喷灯把承口内侧的冷底子油烤热，使之发黏，同时，将粗膏条也烤热发黏，垫在接口下部135°范围内，厚度高出接口间隙约5 mm；将第二根管道插入第一根管道承口内并稳管；最后将细膏条填入接口上部，用錾子填捣密实，使其表面平整。

(4)橡胶圈接口施工。施工时，先将承口内侧和插口外侧清洗干净，把胶圈套在插口的凹槽内，外抹中性润滑剂，起吊管子就位即可。如为企口管，应在承口断面预先用氯丁橡胶胶水黏结4块多层胶合板组成的衬垫，其厚度约为12 mm，按间隔90°均匀分布。

F形钢套环接口适用于曲线顶管或管径为2 700 mm、3 000 mm的大管道的开槽施工。

六、管道安装质量检查

市政管道接口施工完毕后，应进行管道的安装质量检查。检查的内容包括外观检查、断面检查和严密性检查。

外观检查即对基础、管道、接口、阀门、配件、伸缩器及附属构筑物的外观质量进行检查，看其完好性和正确性，并检查混凝土的浇筑质量和附属构筑物的砌筑质量。

断面检查即对管道的高程、中心线和坡度进行检查，看其是否符合设计要求。

严密性检查即对管道进行强度试验和严密性试验，看管材强度和严密性是否符合要求。

1. 一般规定

(1)应符合《给水排水管道工程施工及验收规范》(GB 50268—2008)的规定。

(2)压力管道应用水进行强度试验。地下钢管或铸铁管，在冬季或缺水情况下，可用空气进行压力试验，但均须有防护措施。

(3)架空管道、明装管道及非掩蔽的管道应在外观检查合格后进行强度试验；地下管道必须在管基检查合格，管身两侧及其上部回填土厚度不小于0.5 m，接口部分尚敞露时，进行初次试压，全部回填土，完成该管段各项工作后进行末次试压。在回填前应认真对接口做外观检查，对于组装的有焊接接口的钢管，必要时可在沟边做预先试验，在下沟连接以后仍需进行强度试验。

(4)管线敷设较长时，分段试压。试压管段的长度不宜大于1 km，非金属管段不宜超过500 m。管段多转弯：300～500 m。湿陷性黄土地区：200 m。管道通过河流、铁路等障碍物时应单独试压。管材不同情况下应分别试验。

(5)管端敞口处，应事先用管堵或管帽堵严，并加临时支撑，不得用闸阀代替；管道中的固定支墩(或支架)，试验时应达到设计强度；试验前应将该管段内的闸阀打开，如图2-117、图2-118所示。

图2-117　固定支墩

图2-118　管堵

(6)当管道内有压力时，严禁修整管道缺陷和紧动螺栓，检查管道时不得用手锤敲打管壁和接口。

2. 给水管道强度试验方法

(1)试压前管段两端要封以试压堵板，堵板应有足够的强度。

（2）试压前应设后背，可用天然土壁作试压后背，也可用已安装好的管道作试压后背。当试验压力较大时，应对后背墙进行加固。后背方法如图 2-119 和图 2-120 所示。

图 2-119　压力流管道强度试验后背（一）

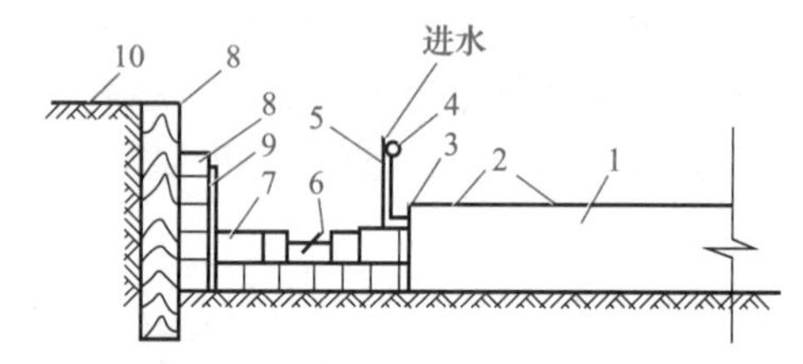

图 2-120　压力流管道强度试验后背（二）

1—试验管段；2—短管乙；3—法兰座墙；
4—压力表；5—进水管；6—千斤顶；
7—顶铁；8—方木；9—铁板；10—后座墙

（3）试压前应排除管内空气，灌水进行浸润，试验管段满水后，应在不大于工作压力的条件下满水，充分浸泡。浸泡时间应符合以下规定：铸铁管、球墨铸铁管、钢管无水泥砂浆衬里不小于 24 h；有水泥砂浆衬里时，不小于 48 h。预应力、自应力混凝土管及现浇钢筋混凝土管渠，管径小于 1 000 mm 时，不小于 48 h；管径不小于 1 000 mm 时，不小于 72 h。UPVC 管在无压情况下至少保持 12 h。

（4）确定试验压力。水压试验压力按表 2-10 确定。

表 2-10　压力流管道强度试验压力值

管材种类	工作压力 P/MPa	试验压力/MPa
钢管	P	$P+0.5$ 且不小于 0.9
普通铸铁管及球墨铸铁管	<0.5	$2P$
	$\geqslant 0.5$	$P+0.5$
预（自）应力钢筋混凝土管	<0.6	$1.5P$
	$\geqslant 0.6$	$P+0.3$
给水硬聚氯乙烯管	P	强度试验 $1.5P$；严密试验 $0.5P$
现浇或预制钢筋混凝土管渠	$\geqslant 0.1$	$1.5P$
水下管道	P	$2P$

（5）强度试验。泡管后，在已充满水的管道上用手动泵向管内充水，待升至试验压力后，停止加压，观察表压下降情况。如 10 min 压力降不大于 0.05 MPa，且管道及附件无损坏，将试验压力降至工作压力，恒压 2 h，进行外观检查，无漏水现象表明试验合格。试验装置如图 2-121 所示。

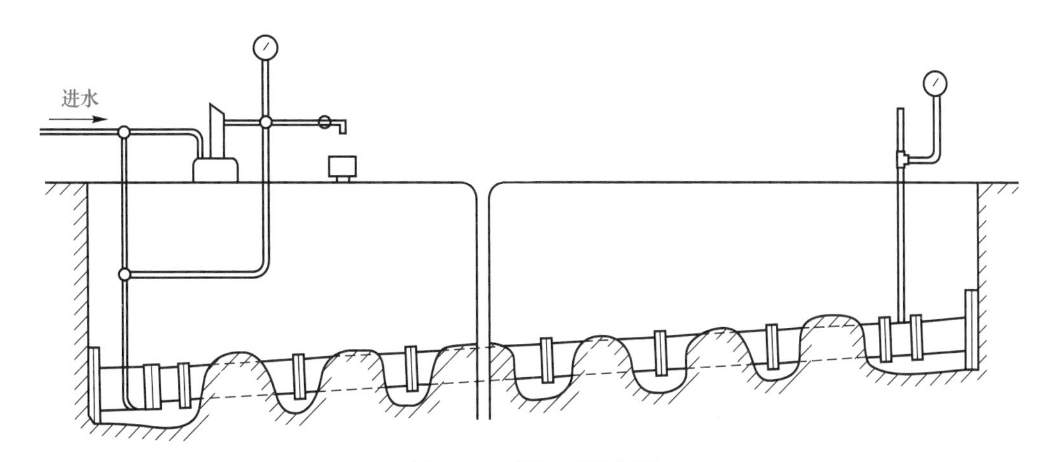

图 2-121　强度试验装置

3. 给水管道的严密性试验

检查压力流管道的严密性通常采用漏水量试验。方法与强度试验基本相同，按照表 2-10 确定试验压力，将试验管段压力升至试验压力后停止加压，记录表压降低 0.1 MPa 所需的时间 T_1(min)，然后再重新加压至试验压力后，从放水阀放水，并记录表压下降 0.1 MPa 所需的时间 T_2(min)和放出的水量 W(L)，按下式计算渗水率：

$$q=\frac{W}{(T_1-T_2)\times L}$$

式中　q——实测渗水率[L/(m・min)]；

L——试验管段长度(km)。

若 q 值小于表 2-11 和表 2-12 规定的允许漏水率，即认为合格。

钢管、铸铁管、钢筋混凝土管漏水量试验允许漏水率，见表 2-11，硬聚氯乙烯管漏水量试验允许漏水率，见表 2-12。

表 2-11　管道漏水量试验允许漏水率　　L/(min・km)

管径/mm	钢管	铸铁管、墨铸铁管	预(自)应力钢筋混凝土管	管径/mm	钢管	铸铁管、墨铸铁管	预(自)应力钢筋混凝土管
100	0.28	0.70	1.40	600	1.20	2.40	3.44
125	0.35	0.90	1.56	700	1.30	2.55	3.70
150	0.42	1.05	1.72	800	1.35	2.70	3.96
200	0.56	1.40	1.98	900	1.45	2.90	4.20
250	0.70	1.55	2.22	1 000	1.50	3.00	4.42
300	0.85	1.70	2.42	1 100	1.55	3.10	4.60
350	0.90	1.80	2.62	1 200	1.65	3.30	4.70
400	1.00	1.95	2.80	1 300	1.70	—	4.90
450	1.05	2.10	2.96	1 400	1.75	—	5.00
500	1.10	2.20	3.14				

表 2-12　硬聚氯乙烯管漏水量试验允许漏水率　　L/(min·km)

管外径/mm	黏结连接	胶圈连接
63～75	0.20～0.40	0.30～0.50
90～110	0.26～0.28	0.60～0.70
125～140	0.35～0.38	0.90～0.95
160～180	0.42～0.50	1.05～1.20
200	0.56	1.40
225～250	0.70	1.55
280	0.80	1.60
315	0.85	1.70

4. 给水管道的冲洗与消毒

给水管道试验合格后，竣工验收前应进行冲洗和消毒，使管道出水符合《生活饮用水水质标准》(GB 5749—2022)的要求，经验收才能交付使用。

(1)管道冲洗。管道冲洗的目的是将管内杂物全部冲洗干净，使排出水的水质与自来水状态一致。冲洗后的水要排至附近水体或排水管道。排水时应取得有关单位协助，确保安全、畅通排放。

冲洗时应注意以下内容：

1)会同自来水管理部门，商定冲洗方案(如冲洗水量、冲洗时间、排水路线和安全措施等)。

2)冲洗时应避开用水高峰，以流速不小于 1.0 m/s 的冲洗水连续冲洗。

3)冲洗时应保证排水管路畅通安全。

4)开闸冲洗放水时，先开出水闸阀再开来水闸阀，并注意排气，派专人监护放水路线，发现情况及时处理。

5)观察放水口水的外观，至水质外观澄清，化验合格为止。

6)放水后尽量同时关闭来水闸阀和出水闸阀，如做不到，可先关闭出水闸阀，但留几扣暂不关死，等来水闸阀关闭后，再将出水闸阀关闭。

7)放水完毕，管内存水 24 h 以后再化验，合格后进行消毒。

(2)管道消毒。管道消毒的目的是消灭新安装管道内的细菌，使水质不致污染。

消毒采用漂白粉溶液，其氯离子浓度一般为 26～30 mg/L。将漂白粉溶液注入被消毒的管段内，并将来水闸阀和出水闸阀打开少许，使清水带着漂白粉溶液流经全部管段，当从出水口中检验出高浓度的氯水时，关闭所有闸阀，浸泡管道 24 h 为宜。

5. 排水管道的闭水试验

(1)试验规定。

1)污水管道、雨污合流管道、倒虹吸管及设计要求闭水的其他排水管道，回填前应采用闭水法进行严密性试验；试验管段应按井距分隔，长度不大于 500 m，带井试验。雨水和与其性质相似的管道，除大孔性土壤及水源地区外，可不做闭水试验。

2)闭水试验管段应符合的规定：管道及检查井外观质量已验收合格；管道未回填，且沟槽内无积水；全部预留孔(除预留进出水管外)应封堵坚固，不得渗水；管道两端堵板承载力经核算应大于水压力的合力。

3)闭水试验应符合的规定：试验段上游设计水头不超过管顶内壁时，试验水头应以试验段上游管顶内壁加 2 m 计；当上游设计水头超过管顶内壁时，试验水头应以上游设计水头加 2 m 计；当计算出的试验水头小于 10 m，但已超过上游检查井井口时，试验水头应以上游检查井井口高度为准。

(2)试验方法。管道闭水试验装置如图 2-122 所示。在试验管段内充满水，并在试验水头作用下进行泡管，泡管时间不小于 24 h，然后再加水达到试验水头，观察 30 min 的漏水量，观察期间应不断向试验管段补水，以保持试验水头恒定，该补水量即漏水量。并将该渗水量转化为每千米管道每昼夜的渗水量，如果该渗水量小于表 2-13 中规定的允许渗水量，则表明该管道严密性符合要求。实测渗水量的计算公式为

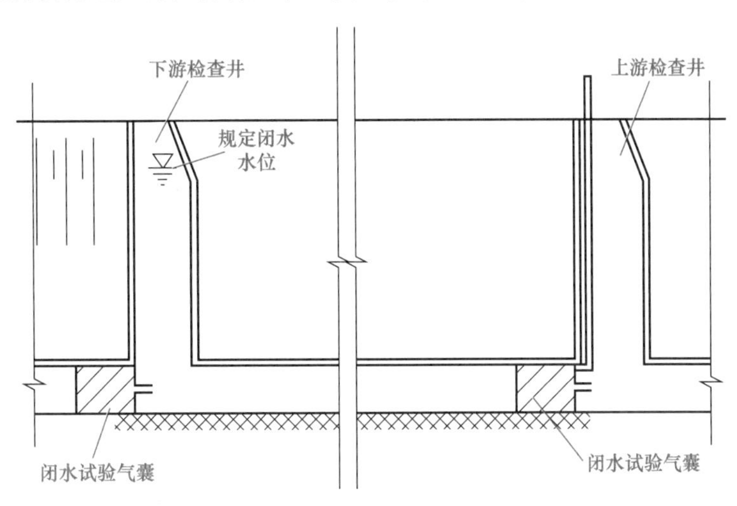

图 2-122　闭水试验装置

$$Q=48q\times\frac{1\ 000}{L}$$

$$q=\frac{W}{T\times L}$$

式中　Q——每公里管道每昼夜的渗水量[$m^3/(km\cdot d)$]；

q——试验管段 30 min 的渗水量(m^3)；

L——试验管段长度(m)。

表 2-13　无压管道严密性试验允许渗水量

管道内径/mm	允许渗水量/[$m^3\cdot(24\ h\cdot km)^{-1}$]	管道内径/mm	允许渗水量/[$m^3\cdot(24\ h\cdot km)^{-1}$]	管道内径/mm	允许渗水量/[$m^3\cdot(24\ h\cdot km)^{-1}$]
200	17.60	600	30.60	1 000	39.52
300	21.62	700	33.00	1 100	41.45
400	25.00	800	35.35	1 200	43.30
500	27.95	900	37.50	1 300	45.00

续表

管道内径 /mm	允许渗水量 /[m^3·(24 h·km)$^{-1}$]	管道内径 /mm	允许渗水量 /[m^3·(24 h·km)$^{-1}$]	管道内径 /mm	允许渗水量 /[m^3·(24 h·km)$^{-1}$]
1 400	46.70	1 700	51.50	2 000	55.9
1 500	48.40	1 800	53.00		
1 600	50.00	1 900	54.48		

知识点考核

一、判断题

1. 钢管的接口方法有焊接、法兰连接和各种柔性接口等。法兰连接以其密封性、维修简便等优点在埋地钢管中被广泛采用。 ( )

2. 给水铸铁管橡胶圈放置于承口槽内，需沿圆周轻轻按压一遍，确保胶圈各个部分不翘、不扭，均匀地卡在槽内。 ( )

3. 钢管因其强度较高，故在运输及安装过程中可以放心使用起重机械，不用担心其受到破坏。 ( )

4. 球墨铸铁管安装时，胶圈要放正在承口槽内，并用手压实。 ( )

5. 球墨铸铁管安装时，橡胶圈安装位置应准确，不得扭曲、外露；沿圆周各点应与承口端面等距。 ( )

6. 在排承插式混凝土管时，应该承口向下游，插口向上游。 ( )

7. 无压力流管道的铺设高程和平面位置应严格符合设计要求，一般顺流方向铺设。 ( )

8. 管道和管件的质量直接影响到工程的质量，必须在管道施工前做好对管道和管件的质量检查工作。 ( )

9. 钢筋混凝土管承插管管道安装时，应注意管子吊起时不宜过高，稍离沟底即可，有利于使插口胶圈准确地对入承口内；推顶管子时的着力点应在1/2管子高度处。( )

10. 因钢管防腐层已经在厂家完成，因此管道施工前无须对其进行检验。 ( )

11. 橡胶圈外观应颜色均匀，材质致密，在拉伸状态下，无肉眼可见的游离物、渣粒、气泡、裂缝等缺陷，接头平整牢固。 ( )

12. 机械下管时，应有专人指挥，严禁起重机吊着管子在斜坡地来回转动，严禁在被吊管节上站人。 ( )

13. 管子安好后，应及时用砖头或木块卡牢，不得发生滚动，并立即浇筑混凝土管座。 ( )

14. 浇筑管座时应两侧同时进行，防止挤偏管子。 ( )

二、单项选择题

1. 给水管道开槽施工的具体程序主要为( )。
   A. 测量放线→沟槽开挖→基底处理→管道安装→沟槽部分回填→水压试验→冲洗与消毒→最后回填
   B. 测量放线→沟槽开挖→基底处理→管道安装→水压试验→冲洗与消毒→最后回填

C. 沟槽开挖→测量放线→基底处理→管道安装→沟槽部分回填→水压试验→冲洗与消毒→最后回填

D. 沟槽开挖→测量放线→基底处理→管道安装→水压试验→冲洗与消毒→最后回填

2. 采用机械挖土时，为了防止对基底土的扰动，应使槽底留(　　)mm 厚度土层，由人工清槽底。

A. 20～30　　B. 200～300　　C. 700～800　　D. 70～80

3. 球墨铸铁管的铺设宜由低向高，承口朝向(　　)，水平方向承口朝向来水方向。

A. 起点　　B. 终点　　C. 上坡　　D. 下坡

4. 排水方沟在下，另一排水管道或热力方沟在上，高程冲突，上下管道同时施工时管道交叉处理的方法是(　　)。

A. 排水管道改变方向，从排水管道或热力方沟下面绕过

B. 压扁热力方沟断面，其他不变

C. 压扁排水方沟断面，同时减小过水断面

D. 压扁排水方沟断面，但不应减小过水断面

5. 在混凝土基础上下管时，除检查基础面高程必须符合质量标准外，同时混凝土的强度应达到(　　)后方可在基础上下管。

A. 初凝　　B. 5.0 MPa　　C. 70%　　D. 100%

6. 稳管是按(　　)把管道稳定在地基或管道基础上。

A. 图　　B. 监理要求

C. 规范要求　　D. 设计高程和平面位置

7. 关于管道交叉的内容，下列表述正确的是(　　)。

A. 小口径管道让大口径管道　　B. 无压力管道让压力管道

C. 不宜弯曲管道让可弯曲管道　　D. 高压管道让低压管道

8. 为了便于稳管质量的控制，浇筑混凝土平基顶面高程，不能(　　)设计高程。

A. 低于　　B. 高于　　C. 等于　　D. 随意

三、多项选择题

1. 给水管道放线，一边每隔 20 m 设中心桩，但在(　　)均应设中心桩。

A. 检查井　　B. 阀门井　　C. 管道节点处　　D. 雨水口

E. 以上均正确

2. 管道施工时，应做好(　　)文明施工措施。

A. 施工现场在管材运输、码放、下管过程中做好管材保护

B. 起重机作业专人指挥，作业半径内严禁站人

C. 作业工人上下沟槽走安全梯

D. 机械设备由执政人员操作

E. 夜间施工照明不能太亮。

3. 埋地排水用硬聚氯乙烯双壁波纹管管道敷设时应按(　　)等要求进行。

A. 管道采用人工安装

B. 管道连接一般采用插入式黏结接口

C. 调整管长时使用手锯切割，断面应垂直平整

D. 管道与检查井连接可采用中介层法或柔性连接

E. 承插口管安装由高点向低点依次安装

4. 管道交叉处理中应当尽量保证满足其最小净距，且(　　)。

A. 支管避让干管　　B. 大口径管避让小口径管

C. 无压管避让有压管　　D. 小口径管避让大口径管

E. 有压管避让无压管

5. 管道施工前应做好(　　)准备工作。

A. 对承插口管道，应逐节测量承口内径、插口外径及其椭圆度。其承插口工作面应有一定的粗糙度

B. 钢筋混凝土管如有裂缝、保护层脱落、空鼓、接口掉角等缺陷应进行修补，并经鉴定合格后方可使用

C. 使用的管材必须有质量检查部门的试验合格证

D. 橡胶圈因为是配套，无须检验

E. 检查地基、基础，如有被扰动，应进行加固处理，冬季管道不得铺设在冻土上

6. 平基法施工管子安装好后，应及时用干净的(　　)卡牢，不得发生滚动，并立即浇筑混凝土管座。

A. 砖头　　B. 木块　　C. 石子　　D. 土块

E. 碎石

7. 机械下管一般适用于(　　)的地段。

A. 管径较大　　B. 管节较重　　C. 劳动力较少　　D. 沟槽较深

E. 工程量较大

任务七　给水排水沟槽回填

学习目标

1. 能准确说出沟槽土方回填的一般规定。
2. 了解沟槽填土施工的工序并能根据具体施工要求制订施工方案。
3. 熟悉冬期沟槽施工的注意事项，并能编制冬期沟槽回填施工方案。
4. 熟悉雨期沟槽施工的注意事项，并能编制雨期沟槽回填施工方案。

任务描述

市政管道施工完毕并经检验合格后应及时进行土方回填，以保证管道的位置正确，避免沟槽坍塌和管道生锈，尽早恢复地面交通，减少对地面道路交通的影响。

本任务要求学生掌握沟槽土方回填的施工方法及施工注意事项。

相关知识

市政管道沟槽回填施工一般包括还土、摊平、夯实、检查四道工序。

回填前，为了保证回填质量，应建立回填制度，即回填操作规程，如根据管道特点和回填密实度要求，确定回填土的土质、含水量；还土虚铺厚度；压实后厚度；夯实工具、夯实次数及夯实形式等。

一、沟槽回填管道规定

(1)压力管道水压试验前，除接口外，管道两侧及管顶以上回填高度不应小于 0.5 m；水压试验合格后，应及时回填沟槽的其余部分。

(2)无压管道在闭水或闭气试验合格后应及时回填。

二、沟槽回填一般规定

(1)沟槽回填时，应将沟槽内的砖、石、木块等杂物清除干净。

(2)采用集水井明沟排水时，应保持排水沟畅通，沟槽内不得有积水，严禁带水作业。

(3)保持降排水系统正常运行，不得带水回填。

三、回填材料规定

(1)槽底至管顶以上 500 mm 范围内，土中不得含有机物、冻土及大于 50 mm 的砖、石等硬块；在抹带接口处、防腐绝缘层或电缆周围，应采用细粒土回填。

(2)冬期回填时管顶以上 500 mm 范围以外可均匀掺入冻土，其数量不得超过填土总体积的 15%，且冻块尺寸不得超过 100 mm。

(3)回填土的含水量，宜按土类和采用的压实工具控制在最佳含水率±2%范围内。

(4)采用石灰土、砂、砂砾等材料回填时，其质量应符合设计要求或有关标准规定。

任务实施

一、施工工序

沟槽回填施工包括还土、摊平、夯实、检查等工序。

1. 还土

沟槽回填的土料大多是开挖出的原状土，但当有特殊要求时，可按设计回填砂、石灰土、砂砾等材料。

回填土的含水量应按土类和采用的压实工具控制在最佳含水量附近。最佳含水量应通过轻型击实试验确定。

沟槽回填原土或其他材料时，还应符合下列规定：

(1)用素土回填时，不得含有有机物；冬季回填时，可均匀掺入部分冻土，其数量不得超过填土总体积的 15%，且冻块尺寸不得大于 10 cm。

(2)管道两侧及管顶以上 0.5 m 范围内，回填土不得含有坚硬的物体、冻土块；对有防腐绝缘层的直埋管道周围，应采用细颗粒土回填。

(3)采用砂、石灰土或其他非素土回填时，其质量要求按设计规定执行。

(4)不得采用淤泥、腐殖土及液化状的粉砂、细砂等回填。

(5)管道两侧和管顶以上 50 cm 范围内的回填材料，应由沟槽两侧同时对称、均匀地分层回填。两侧高差不得超过 30 cm，以防止管道位移。填土时不得将土直接扔在管道上，更不得直接砸在管道抹带、接口上。回填其他部位时，应均匀运土入槽，不得集中推入。需拌和的回填材料，应在运入沟槽前拌和均匀，不得在槽内拌和。采用明沟排水时，还土应从两相邻集水井的分水岭处开始向集水井延伸。

2. 摊平

每还一层土，都要采用人工将土摊平，以使每层土都接近水平。每次还土的厚度应尽量均匀。每层土的虚铺厚度应根据压实机具和要求的密实度确定，可参考表 2-14。

表 2-14　每层土的虚铺厚度

压实机具	虚铺厚度/mm	压实机具	虚铺厚度/mm
木夯、铁夯	≤200	压路机	200～300
轻型压实设备	200～250	振动压力机	≤400

3. 夯实

沟槽回填土夯实通常采用人工夯实和机械夯实两种方法。人工夯实可分为木夯和铁夯。机械夯实的机具类型较多，常用的有蛙式打夯机、内燃打夯机、履带式打夯机、轻型压路机和振动压路机等。

人工夯实每次虚铺土厚度不宜超过 20 cm。人工夯实劳动强度高、效率低。

(1)蛙式打夯机(图 2-123)。该机械轻便、结构简单，是目前工程中广泛使用的夯实机具。例如，功率 2.8 kW 的蛙式打夯机，在填土最佳含水量情况下，每层虚铺土厚度 20～25 cm，夯夯相连，夯打 3～4 遍即可达到填土压实度 95%左右。

图 2-123　蛙式夯

(2)内燃打夯机，也称火力夯(图 2-124)。它是以内燃机作动力的打夯机，启动时须将机身抬起，使缸内吸入空气，雾化的燃油和空气在缸内混合，然后关闭气阀，靠夯身下落而将混合气体压缩，并经磁电机打火将其点燃，爆发后把夯抬高，落下后起到夯土的作用。火力夯夯实沟槽、基坑及墙边墙角还土比较方便，每次虚铺土厚度为 20～25 cm。

图 2-124　内燃打夯机

(3)压路机和振动压路机(图 2-125)。在沟槽较宽，而且填土厚度超过管顶以上 30 cm 时，可使用 3～4.5 t 轻型压路机碾压，效率较高。压路机每次虚铺土厚度为 20～30 cm。振动压路机每次虚铺土厚度不应大于 40 cm，碾压的重叠宽度不得小于 20 cm。压路机及振动压路机压实时，其行驶速度不得超过 2 km/h。

图 2-125　振动压路机

当同一沟槽中有双排或多排管道的基础底面位于同一高程时，管道之间的回填压实应与管道与槽壁之间的回填压实对称进行。当基础底面的高程不同时，应先回填压实较低管道的沟槽，当与较高管道基础底面齐平后，再按上述方法进行。分段回填压实时，相邻段的接茬应呈阶梯形，且不得漏夯。回填土每层的压实遍数，应按回填土的要求压实度、采用的压实工具、回填土的虚铺厚度和含水量经现场试验确定。

4. 检查

每层土夯实后，应测定其压实度。刚性管道沟槽回填土压实度见表 2-15；柔性管道沟槽回填土压实度见表 2-16。

表 2-15　刚性管道沟槽回填土压实度

<table>
<tr><th rowspan="2">序号</th><th rowspan="2" colspan="3">项目</th><th colspan="2">最低压实度/%</th><th colspan="2">检查数量</th><th rowspan="2">检查方法</th></tr>
<tr><th>重型击实标准</th><th>轻型击实标准</th><th>范围</th><th>点数</th></tr>
<tr><td>1</td><td colspan="3">石灰土类垫层</td><td>93</td><td>95</td><td>100 m</td><td rowspan="5">每层每侧一组(每组3点)</td><td rowspan="5">用环刀法检查或采用现行国家标准《土工试验方法标准》(GB/T 50123—2019)中其他方法</td></tr>
<tr><td rowspan="4">2</td><td rowspan="4">沟槽在路基范围外</td><td rowspan="2">胸腔部分</td><td>管侧</td><td>87</td><td>90</td><td rowspan="4">两井之间或1 000 m²</td></tr>
<tr><td>管顶以上 500 mm</td><td colspan="2">87±2(轻型)</td></tr>
<tr><td colspan="2">其余部分</td><td colspan="2">≥90(轻型)或按设计要求</td></tr>
<tr><td colspan="2">农田或绿地范围表层 500 mm 范围内</td><td colspan="2">不宜压实，预留沉降量，表面平整</td></tr>
</table>

续表

<table>
<tr><th rowspan="2">序号</th><th colspan="4" rowspan="2">项目</th><th colspan="2">最低压实度/%</th><th colspan="2">检查数量</th><th rowspan="2">检查方法</th></tr>
<tr><th>重型击实标准</th><th>轻型击实标准</th><th>范围</th><th>点数</th></tr>
<tr><td rowspan="11">3</td><td rowspan="11">沟槽在路基范围内</td><td colspan="2" rowspan="2">胸腔部分</td><td>管侧</td><td>87</td><td>90</td><td rowspan="11">两井之间或1 000 m^2</td><td rowspan="11">每层每侧一组(每组3点)</td><td rowspan="11">用环刀法检查或采用现行国家标准《土工试验方法标准》(GB/T 50123—2019)中其他方法</td></tr>
<tr><td>管顶以上 250 mm</td><td colspan="2">87±2(轻型)</td></tr>
<tr><td rowspan="9">由路槽底算起的深度范围/mm</td><td rowspan="3">≤800</td><td>快速路及主干路</td><td>95</td><td>98</td></tr>
<tr><td>次干路</td><td>93</td><td>95</td></tr>
<tr><td>支路</td><td>90</td><td>92</td></tr>
<tr><td rowspan="3">>800~1 500</td><td>快速路及主干路</td><td>93</td><td>95</td></tr>
<tr><td>次干路</td><td>90</td><td>92</td></tr>
<tr><td>支路</td><td>87</td><td>90</td></tr>
<tr><td rowspan="3">>1 500</td><td>快速路及主干路</td><td>87</td><td>90</td></tr>
<tr><td>次干路</td><td>87</td><td>90</td></tr>
<tr><td>支路</td><td>87</td><td>90</td></tr>
</table>

表 2-16　柔性管道沟槽回填土压实度

<table>
<tr><th colspan="2" rowspan="2">槽内部位</th><th rowspan="2">压实度/%</th><th rowspan="2">回填材料</th><th colspan="2">检查数量</th><th rowspan="2">检查方法</th></tr>
<tr><th>范围</th><th>点数</th></tr>
<tr><td rowspan="2">管道基础</td><td>管底基础</td><td>≥90</td><td rowspan="2">中、粗砂</td><td>—</td><td>—</td><td rowspan="6">用环刀法检查或采用现行国家标准《土工试验方法标准》(GB/T 50123—2019)中其他方法</td></tr>
<tr><td>管道有效支撑角范围</td><td>≥95</td><td>每 100 m</td><td rowspan="5">每层每侧一组(每组3点)</td></tr>
<tr><td colspan="2">管道两侧</td><td>≥95</td><td rowspan="3">中、粗砂、碎石屑，最大粒径小于 40 mm 的砂砾或符合要求的原土</td><td rowspan="4">两井之间或1 000 m^2</td></tr>
<tr><td rowspan="2">管道以上 500 mm</td><td>管道两侧</td><td>≥90</td></tr>
<tr><td>管道上部</td><td>85±2</td></tr>
<tr><td colspan="2">管顶 500~1 000 mm</td><td>≥90</td><td>原土回填</td></tr>
</table>

二、土石方工程的冬雨期施工

凡进入冬期施工的工程，在施工组织设计或施工方案中必须编制冬期施工措施。在寒冷的冬季，由于土石方冻结给沟槽土方开挖及土方回填带来困难。为保证工程质量和施工顺利进行，需要采取相应的措施，如土壤保温法、冻土破碎法等。

1. 土壤保温法

在土壤冻结前，采取保温措施，使土壤不冻结或冻结深度小。工程中常用的保温措施有表土耙松法和覆盖法。

(1)表土耙松法：用机械将待开挖沟槽的表层土翻松，作为防冻层，减少土壤的冻结深度。翻松的深度应不小于 30 cm。

(2)覆盖法：用隔热材料覆盖在待开挖的沟槽上面，一般常用干砂、锯末、草帘、树叶等作为保温材料，其厚度一般在 15~20 cm。

2. 冻土破碎法

冻土破碎应根据土壤性质、冻结深度、施工机具性能及施工条件等来选择施工机具和方法。为加快施工进度常用重锤击碎、冻土爆破等方法。

(1)重锤击碎法：重锤由起重机吊起后下落锤击冻结土层。这种方法适用于土壤冻结深度小于 0.5 m 时采用。由于其击土振动较大，在市区或靠近精密仪表、变压器等处不宜采用。

(2)冻土爆破法：常采用垂直炮孔爆破，炮孔深度一般为冻土深度的 0.7～0.8 倍，炮孔间距和排距应根据炸药性能、炮孔直径、起爆方法及沟槽开挖宽度等确定。

施工时必须具有良好安保设备和完备的施工安全措施，避免安全事故的发生。

(3)人工破除冻土：按冻土不同厚度采用钢钎、镐等人工冲击、刨除等方法。

3. 土方回填

土方回填分为以下两种情况。

(1)冬期施工时，由于冻土空隙率较大，冻土块坚硬，压实困难，冻土解冻后往往又会造成较大沉降，因此冬季回填土时应注意冻土块体积不超过填土总体积的 15%；管沟底至管顶 0.5 m 范围内不得用含有冻土块的土回填；位于铁路、公路及人行道两侧范围内的平整填方，可用含冻土块的土连续分层回填，每层填土厚度一般为 20 cm，其冻土块尺寸不得大于 15 cm，而且冻土块的体积不得超过总体积的 30%；冬季土方回填前，应清除基底上的冰雪、保温材料及其他杂物。

除上述技术要求外，冬期施工中还应注意下列事项：

1)工作地段条件允许时应设置防风设备，各种动力机械设备应置于暖棚内。

2)冬期施工应对井管、水泵进出水管保温，并且将水泵置于取暖棚内，不得停机。

3)不允许在冻结土壤上砌筑基础，一般挖至设计标高以上 30～40 cm，应即行中止。在浇灌基础混凝土前，把最后一层冻土挖去。如已挖至设计标高，不能及时砌筑基础时，应采取保温措施。若基底土已经受冻，而又必须进行基础施工时，应将冻土层完全刨除，换铺砂砾石。使用机械施工可分三班连续作业，尽量争取时间以减小土层冻结。

4)冬季废弃的冻土，在自然坡度较大的傍坡路线上有人行道、房屋、河道等时，应注意堆置稳定，以免化冻时发生事故。

5)冬季开挖排水井时，施工工人应有防寒保护用品和搭设防寒棚。

(2)雨期施工时，由于雨水降落到地面后，增加了土的含水量，造成施工现场泥泞，使施工难度加大，降低施工效率，增加施工费用。因此，为保证雨期施工顺利进行，应采取以下措施：

1)进入汛期前，应全面勘测施工现场的地形、天然排水系统及原有排水管渠的泄洪能力，结合施工排水要求，制订汛期排水方案。

2)对施工现场较近的原有雨水沟渠进行检查或采取必要的加固防护措施，以防止雨水流入施工沟槽、基坑内。

3)雨期施工时，作业面不宜过大，应分段完成，尽可能减少降水对施工的影响。

4)为保证边坡稳定，边坡应放缓一些或加设支撑，并加强对边坡和支撑的检查工作。

5)雨期施工时，对横跨沟槽的便桥应进行加固，采取防滑措施。

6)雨期施工应适当缩小排水井的井距，必要时可增设临时排水井，增加排水机械。

7)雨期填土应经常检验土的含水量，含水量大时应晾晒。随填、随压实，防止松土淋雨。雨天应停止土方回填。

知识点考核

一、判断题

1. 土方回填时，管径大于 900 mm 的钢管道，必要时可采取措施控制管顶的竖向变形。（　）

2. 回填土时要将土直接扔在管道、管道抹带和接口上，以防止管道偏移。（　）

3. 雨季填土应经常检验土的含水量，含水量大时应晾晒。随填、随压实，防止松土淋雨。雨天应停止土方回填。（　）

二、单项选择题

1. 沟槽土方回填，被广泛使用的夯、压机具为（　）。

A. 铁、木夯　B. 蛙式夯　C. 火力夯　D. 压路机

2. 管顶 50 cm 范围内的压实度为（　）。

A. 85%　B. 90%　C. 93%　D. 95%

3. 管顶 50 cm 范围内的夯实应（　）。

A. 重锤低击　B. 厚摊轻击　C. 薄摊轻击　D. 薄摊快打

4. 除设计要求外，回填材料采用土回填时，槽底至管顶以上（　）mm 范围内，土中不得含有机物、冻土及大于 50 mm 的砖、石等硬块。

A. 500　B. 600　C. 800　D. 1000

三、多项选择题

1. 回填土施工包括（　）等几个工序。

A. 还土　B. 摊平　C. 夯实　D. 检查

E. 堵漏

2. 沟槽回填土应做到（　）。

A. 不回填大于 100 mm 的石块、砖块等杂物

B. 回填时槽内无积水

C. 不得回填淤泥、腐殖土

D. 不得回填冻土

E. 需拌和的回填材料，应在运入沟槽前拌和均匀，不得在槽内拌和

3. 为保证雨季管道施工的顺利进行，应采取（　）等有效措施。

A. 进入汛期前，应全面勘测施工现场的地形、天然排水系统及原有排水管渠的泄洪能力，结合施工排水要求，制订汛期排水方案

B. 对施工现场较近的原有雨水沟渠进行检查或采取必要的加固防护措施，以防止雨水流入施工沟槽、基坑内

C. 雨期施工时，作业面不宜过大，应分段完成，尽可能减少降水对施工的影响

D. 为保证边坡稳定，边坡应放缓一些或加设支撑，并加强对边坡和支撑的检查工作

E. 雨天应继续土方回填，加快施工进度

项目三　热力管道施工

任务一　热力管道施工图识读

课件：热力管道施工

学习目标

1. 熟悉供热系统的组成和分类。
2. 了解供热管道的常用管材、管件、附件和供热管道的结构。
3. 了解并能根据图纸说出供热系统的布置形式。
4. 能够正确识读供热管道的立面图、平面图和横断面图。

任务描述

热力管网又称热力管道、供热管道，从锅炉房、直燃机房、供热中心等出发，从热源通往建筑物热力入口的供热管道。多个供热管道形成管网。市政热力管网系统是将热媒从热源输送分配到各热用户的管道所组成的系统，它包括输送热媒的管道、沿线管道附近和附属建筑物，在大型热力管网中，有时还包括中继泵站或控制分配站。本任务要求学生从识读供热管道施工图纸开始，学习供热管道系统的组成、管道布置要求、供热管材种类、管网附件及附属构筑物布置及构造等知识。

相关知识

一、供热系统的组成及分类

供热管线的构造包括供热管道及其附件、保温结构、补偿器、管道支座及地上敷设的管道支架、操作平台和地下敷设的地沟、检查室等构筑物。

供热系统的分类见表 3-1。

表 3-1　热力管网分类

分类方法	种类	说明
按热媒分类	蒸汽热网	高压；中压；低压蒸汽热网
	热水热网	高温热水热网：$T \geqslant 100$ ℃；低温热水热网：$T \leqslant 95$ ℃

续表

分类方法	种类	说明
按所处地位	一级管网	从热源至热力站的供回水管网
	二级管网	从热力站到用户的供回水管网
按敷设方式	地沟敷设	通行地沟；半通行地沟；不通行地沟
	架空敷设	高支架；中支架；低支架
	直埋敷设	管道直接埋在地下，无管沟
按系统形式	闭式系统	一次热力管网与二次热力管网采用热换器连接。一次热网热媒损失很小，但中间设备多，实际使用较为广泛
	开式系统	直接消耗一次热媒，中间设备极少，但一次补充量大
按供回分类	供水管	从热源到热用户的管道
	回水管	从热用户到热源的管道

二、供热管道系统的布置

热力管网应在城市规划的指导下进行布置，其布置形式取决于热媒、热源和热用户的相互位置与供热地区用户种类、热负荷大小及性质等。

1. 基本布置形式

热力管网的基本布置形式主要有枝状管网、环状管网、放射状管网。

(1)枝状管网。枝状管网是热力管网最普遍采用的方式，其优点是布置简单，供热管道距热源越远其管径就越小，金属消耗量小，基建投资小，运行管理简便；缺点是枝状管网不具备后备供热的性能。

(2)环状管网。环状管网最大的优点是具有较高的供热后备能力，当输配干线某处出现事故时，可以切除故障段后，通过环状管网由另一方向保证供热。与枝状管网相比，环状管网投资大，运行管理更为复杂，要有较高的自动控制措施。目前，我国刚开始使用这种形式。

(3)放射状管网。放射状管网实际上与枝状管网相似，当主热源在供热区域中心地带时，可采用这种方式，该方式虽然减小了主干管直径，但是同时增加了主干线长度。放射状管网的优点是投资增加不多，但给运行管理带来很大方便。

2. 热力管网的布置和铺设

布置热力管网时，主干管要尽量布置在热负荷集中区，力求短直，尽可能减少阀门和附件的数量。通常情况下应沿道路一侧平行于道路中心线敷设，地上敷设时不应影响城市美观和交通。热力网管沟的外表面、直埋敷设热力管道或地上敷设管道的保温结构表面与建筑物、构筑物、道路、铁路、电缆、架空电线和其他管线的最小水平净距、垂直净距应符合《城镇供热管网设计标准》(CJJ/T 34—2022)、《城镇供热直埋蒸汽管道技术规程》(CJJ/T 104—2014)、《城镇供热直埋热水管道技术规程》(CJJ/T 81—2013)等规范的要求。

三、供热管材、管件及附件

目前常用供热管材是钢管，供热管件主要有三通、四通、管接头等，其附件包括阀门、放气装置、放水装置、补偿器、除污器、疏水器等。

1. 供热管材

供热管道通常都采用钢管。其特点是能承受较大的内压力和动荷载，管道连接简便，但是钢管内部及外部都易受腐蚀。室外供热管道一般采用无缝钢管和钢板卷焊管。

从耐腐蚀的角度考虑，也有使用石棉水泥管、玻璃纤维增强塑料(玻璃钢)管等，但是这些管材耐温性较低，使用较少。

2. 阀门

阀门是用来启闭管道、调节输送介质流量的设备。在供热管道上常见的阀门类型有截止阀、闸阀、蝶阀、止回阀和调节阀等。阀门的传动方式可用手动传动(用于小口径)、齿轮、电动、液动和气动(用于大口径)等传动方式。截止阀、闸阀及蝶阀的连接方式有法兰连接、螺纹连接和焊接连接。直埋蒸汽管道使用的阀门宜选用焊接连接，阀门必须进行保温，其外表面温度不得大于 60 ℃，并应做好防水和防腐处理；井室内阀门与管道连接处的管道保温端部应采取防水密封措施。直埋热水管道阀门应采用能承受管道轴向荷载的钢制焊接阀门。

(1)热力网管道干线、支干线、支线的起点应安装关断阀门。

(2)热水热力网干线应装设分段阀门。分段阀门的间距宜为：输送干线，2 000～3 000 m；输配干线，1 000～1 500 m。蒸汽热力网可不安装分段阀门。多热源供热系统热源间的连通干线、环状管网环线的分段阀应采用双向密封阀门。

(3)工作压力大于或等于 1.6 MPa 且公称直径大于或等于 500 mm 的管道上的闸阀应安装旁通阀。旁通阀的直径可按阀门直径的 1/10 选用。

(4)当供热系统补水能力有限需控制管道充水流量或蒸汽管道启动暖管需控制汽量时，管道阀门应装设口径较小的旁通阀作为控制阀门。

(5)当动态水力分析需延长输送干线分段阀门关闭时间以降低压力瞬变值时，宜采用主阀并联旁通阀的方法解决。旁通阀直径可取主阀直径的 1/4。主阀和旁通阀应连锁控制，旁通阀必须在开启状态主阀方可进行关闭操作，主阀关闭后旁通阀才可关闭。

(6)公称直径大于或等于 500 mm 的阀门，宜采用电动驱动装置。由监控系统远程操作的阀门，其旁通阀也应采用电动驱动装置。

3. 放气装置

放气装置要设置在热水、凝结水管道的高点处，包括分段阀门划分的每个管段的高点处，放气阀门的管径通常采用 15～32 mm。

4. 放水装置

在热水、凝结水管道的低点处，包括分段阀门划分的每个管段的低点处应安装放水装置。热水管道的放水装置要确保一个放水段的排水时间不超过规定，规定放水时间主要是考虑在冬期出现事故时能迅速放水，缩短抢修时间，以避免供热系统和网路冻结。

5. 补偿器

供热管道随着所输送热媒温度的升高，将出现热伸长现象。若这个热伸长不能得到补偿，将会使管道承受巨大的应力，甚至使其破裂。为防止因温度变化引起的应力破坏管道，需要在管道上设置各种补偿器，以补偿管道的热伸长及减弱或消除因热膨胀而产生的应力。

(1)供热管道应利用管道的转角管段进行自然补偿。

(2)补偿器的设计压力应与管道设计压力一致。管道系统设计时应考虑补偿器安装时的冷紧。

(3)选用套筒补偿器时，应计算补偿器安装长度，补偿器应留有不小于 50 mm 的补偿裕量。

(4)管沟或地上敷设的管道采用轴向型补偿器时，管道上应设置防止管道偏心、扭转的导向支架。采用其他形式的补偿器，补偿管段过长时应设置导向支架。

(5)采用球形补偿器、铰链型波纹管补偿器和旋转补偿器，且补偿管段较长时，应采取减小管道摩擦力的措施。

(6)当两条管道上下平行布置，且上面管道的托架固定在下面管道上时，应考虑两管道在最不利运行状态下的不同热位移，上面的管道支座不得自托架上滑落。

(7)直埋敷设热水管道宜采用无补偿敷设，并应按现行行业标准《城镇供热直埋热水管道技术规程》(CJJ/T 81—2013)的有关规定执行。

6. 除污器

管径大于 500 mm 的热水热力网干管在低点、垂直升高管段前、分段阀门前应设阻力小的永久性除污器。

除污器通常安装在供热系统的锅炉、循环泵、板式(或其他)换热器等设备的入口前，通过除污器的作用，过滤和清除掉供热管网中的杂质、污物，以保证系统对水质的要求，是热力管网运行中必不可少的基础设备之一。

7. 疏水器

疏水器的作用是自动而且迅速地排出用热设备及管道中的凝水，并能阻止蒸汽逸漏，在排出凝水的同时排除系统中积留的空气和其他非凝性气体。

8. 供热管道的散热器

供热管道的散热器的种类较多，按照材质不同可分为铸铁制和钢制两类。铸铁散热器分为圆翼型、长翼型、柱型等几种；钢制散热器可分光排管散热器、扁管散热器、钢串片及板式散热器等。由于散热器的种类不同，故其选用、连接和安装方法也不同。

供热管道散热器的安装要求如下：

(1)安装在同一房间内的各组散热器，其顶端高度应在同一水平线上。

(2)散热器一般应安装在外墙窗台下，并使散热器中心线与窗台中心线重合，其偏差不大于 20 mm。

(3)散热器应平行于墙面，离墙表面距离为 25～40 mm。

(4)散热器底部到地面一般不小于 150 mm 的距离；长翼型散热器底部距离地面一般不小于 100 mm，当散热器底部有管道通过时，其底部到地面距离一般不小于 150 mm。

(5)圆翼型散热器之间连接 180°弧形弯管宜采用 DN25 mm 钢管煨制，其弯曲半径应为成排安装散热器中心距的 1/2。

9. 地板辐射采暖

地板辐射采暖是以温度不高于 60 ℃的热水，在埋置于地板下的盘管系统内循环流动，加热整个地板，通过地面均匀地向室内辐射散热的一种供暖方式。

10. 支吊架

管道活动支座一般采用滑动支座或刚性吊架。当管道敷设于高支架、悬臂支架或通行管沟内时，宜采用滚动支座或使用减摩材料的滑动支座。当管道运行有垂直位移且对邻近支座的荷载影响较大时，应采用弹簧支座或弹簧吊架。

四、供热管道的结构

热力管道内为压力流，在施工时只要保证管材及其接口强度满足要求，并根据实际情况采取保温、防腐、防冻措施；在使用过程中保证不致因地面荷载引起损坏，不会产生过多的热量损失即可。因此，热力管道的结构一般包括以下几部分。

1. 基础

通常情况下，热力管道的基础有天然基础、砂基础、混凝土基础三种，使用情况同给水管道。热力管道的基础可防止管道不均匀沉陷造成管道破裂或接口损坏而使热媒损失。

2. 保温结构

将管道进行保温可减少热媒的热损失，防止管道外表面的腐蚀，避免运行和维修时烫伤人员。

(1)常用的保温材料如下：

1)岩棉制品。岩棉是以精选的玄武岩、安山岩或辉绿岩为主要原料，再配以少量白云石、平炉钢渣等助熔剂，经过高温熔融、离心抽丝而制成的人造无机纤维。

岩棉制品是在岩棉中加入特制的胶粘剂，经加压成型，并在制品表面喷上防尘油膜，然后经过烘干、贴面、缝合和固化等工序而制成的各种形式的成品。

岩棉制品具有密度小、导热系数低、化学稳定性好、使用温度高和不能燃烧等特点。常见的岩棉制品有岩棉板、岩棉保温管壳、岩棉保温带等。

2)石棉制品。石棉是一种含水硅酸镁的天然保温材料，主要制品有泡沫石棉、石棉绳和石棉绒等，其中泡沫石棉是网状结构的毡形保温材料。

石棉绳是用石棉纤维捻制成的绳状保温材料，主要用于小直径热力管道保温，以及热力管道和设备伸缩缝的密封等。

石棉绒主要用于热力管道和设备的隔热衬垫与填充料。

石棉制品具有体积密度小、导热系数低、施工方便、不老化、无粉尘、比较经济等特点。

3)硬质泡沫塑料制品。泡沫塑料是高分子有机化合物，应用较广的有聚氨基甲酸酯硬质泡沫塑料(聚氨酯)和改性聚异氰酸酯硬质泡沫塑料(脲酸酯)。

(2)热力管道的保温结构一般包括防锈层、保温层、保护层。

1)防锈层：将防锈涂料直接涂刷于管道及设备的表面即构成防锈层。

2)保温层：常用材料包括岩棉、玻璃棉、矿渣棉、珍珠岩、硅藻土、石棉、聚苯乙烯泡沫塑料、聚氨酯泡沫塑料等，其施工方法要依保温材料的性质而定。对石棉粉、硅藻土等散状材料宜用涂抹法施工；对预制保温瓦、板、块材料宜用绑扎法、粘贴法施工；对预制装配材料宜用装配式施工。另外，还有缠包法、套筒法施工等。

3)保护层：设在保温层外面，主要目的是保护保温层或防潮层不受机械损伤。用作保护层的材料很多，材料不同，其施工方法也不同。

3. 覆土

热力管道埋设在地面以下，其管顶以上要有一定厚度的覆土，以确保在正常使用时管道不会因各种地面荷载作用而损坏。热力管道应埋设在土壤冰冻线以下，直埋时在车行道下的最小覆土厚度为 0.7 m；在非车行道下的最小覆土厚度为 0.5 m；地沟敷设时，在车行道和非车行道下的最小覆土厚度均为 0.2 m。

4. 管道涂色

为了保护保护层不受腐蚀，可在保护层外设防腐层，通常情况下涂刷油漆做防腐层，所用油漆的颜色不同，还可起到识别标志的作用。

5. 供热管道附属构筑物的构造

供热管道附属构筑物包括地沟、沟槽、检查井。其中，地沟又可分为通行地沟、半通行地沟及不通行地沟。

(1)地沟。供热管网的敷设方式，可分为地上敷设和地下敷设两大类。地上敷设是将供热管道敷设在地面上独立的或桁架式的支架上，又称架空敷设；地下敷设可分为地沟敷设和直埋敷设，地沟敷设是将管道敷设在地下管沟内，直埋敷设是将管道直接埋设在土壤里。

将管道敷设在地沟内，使管道不受外力的作用和水的侵袭，保护管道的保温结构，并使管道能自由伸缩。管道的地沟底板采用素混凝土或钢筋混凝土结构，沟壁采用砖砌结构或毛石砌筑，地沟盖板为钢筋混凝土结构。供热管道的地沟按其功用和结构尺寸可分为通行地沟、半通行地沟和不通行地沟。

1)通行地沟。通行地沟是工作人员可自由通过，并能保证检修、更换管道等操作的地沟。其土方工程量大，建设投资高，仅在特殊或必要场合采用。

通行地沟的净高不低于 1.8 m，人行通道净宽不小于 0.6 m，如图 3-1 所示。

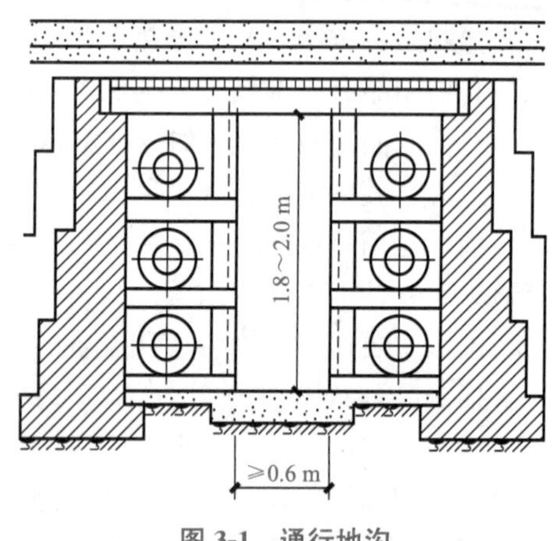

图 3-1　通行地沟

通行地沟内要设置永久性照明设备，电压不应大于 36 V。沟内空气温度不应超过 45 ℃，通常利用自然通风，当不能满足要求时，可以采用机械通风。地沟内可单侧布管，也可双侧布管。

适用对象：热力管道的管径较大，管道较多，或与其他管道同沟敷设，以及在不允许开挖检修的地段。通行地沟的主要优点是人员可在地沟内进行管道的日常维修，但造价较高。

2)半通行地沟。半通行地沟是工作人员能弯腰行走，进行一般管道维修工作的地沟。地沟净高不小于 1.2 m，人行通道净宽不小于 0.5 m，如图 3-2 所示。半通行地沟，每隔 60 m 应设置一个检修出入口。半通行地沟敷设的有关尺寸见相关规范规定。

半通行地沟适于操作人员在沟内进行检查和小型维修工作，当不便采用通行地沟时，可采用半通行地沟，以利于管道维修和判断故障地点，缩小大修时的开挖范围。

3)不通行地沟。人员不能在不通行地沟内通行，其断面尺寸以满足管道施工的安装要求来决定，如图 3-3 所示。当管道根数较少，且维修量不大时可以采用不通行地沟。管道的中心距离，应根据管道上阀门或附件的法兰盘外缘之间的最小操作净距离的要求确定。当沟宽超过 1.5 m 时，可考虑采用双槽地沟。

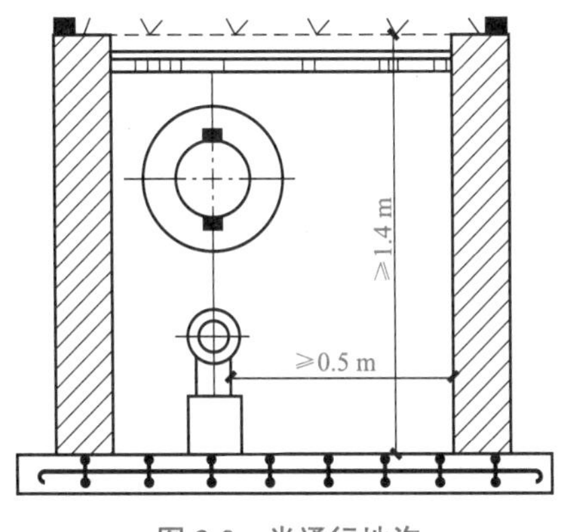

图 3-2 半通行地沟

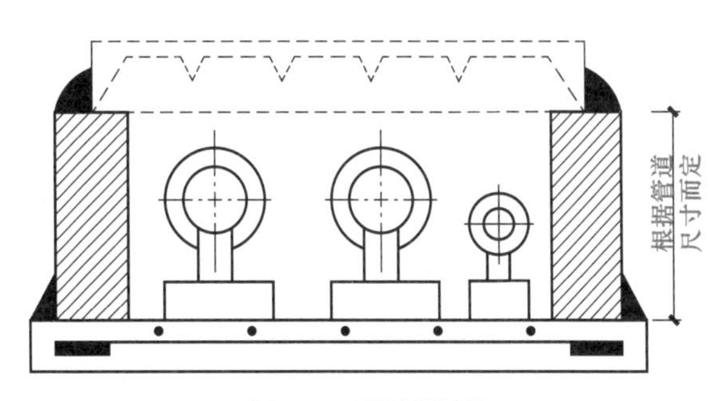

图 3-3 不通行地沟

地沟的构造：不通行地沟的沟底多为现浇混凝土或预制钢筋混凝土板，沟壁为水泥砂浆砌砖，沟盖板为预制钢筋混凝土板。沟底要位于当地近 30 年来的最高地下水水位以上，否则应采取防水、排水措施。为防止地面水流入地沟，沟盖板要有 0.01～0.02 的横向坡度，盖板间、盖板与沟壁间应用水泥砂浆封缝，沟顶覆土厚度应不小于 0.3～0.5 m。

(2)沟槽。通行地沟适用于管道直埋敷设，其沟槽如图 3-4 所示，具体尺寸见表 3-2。图 3-4 中保温管底为砂垫层，砂的粒径不大于 2.0 mm。保温管套顶至地面的深度 h 通常干管取 800～1 200 mm，接向用户的支管不小于 400 mm。

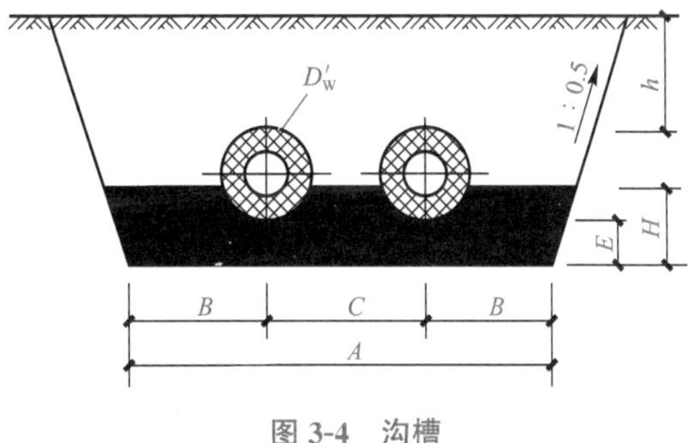

图 3-4 沟槽

表 3-2 埋地管道沟槽尺寸

mm

公称直径 DN		25、32、40、50、65、80	100、125、150	200、250	300	350、400	450、500	600
保温管外径 D'_W		96、110、110、140、140、160	200、225、250	315、365	420	500、550	630、655	760
沟槽尺寸	A	800	1 000	1 240	1 320	1 500	1 870	2 000
	B	250	300	360	360	400	520	550
	C	300	400	520	600	700	830	900
	E	100	100	100	150	150	150	150
	H	200	200	200	300	300	300	300

(3)检查井。地下敷设的供热管网，在管道分支处和装有套筒补偿器、阀门、排水装

置等处，都应设置检查井，以便进行检查和维修。与市政排水管道一样，热力管道的检查井可分为圆形和矩形两种形式。

热力管道检查井的尺寸要按照管道的数量、管径和阀门尺寸确定，通常净高不小于1.8 m，人行通道宽度不小于0.6 m，干管保温结构表面与检查井地面之间的净距不小于0.6 m。检查井顶部应设人孔，孔径不小于0.7 m。为便于通风换气，人孔数量不得少于两个，并应对角布置。当热水管网检查井只有放气门或其净空面积小于0.4 m^2 时，可只设一个人孔。

检查井井底要低于沟底0.3 m，以便收集和排出渗入到地沟内的地下水和由管道放出的网路水。井底应设置集水坑，并布置在人孔下方，以便将积水抽出。

任务实施

一、供热管道平面图识读

如图3-5所示，管道平面图是供热管道的主要图纸，用来表示管道的具体平面位置和走向，识读时应掌握的主要内容和注意事项如下。

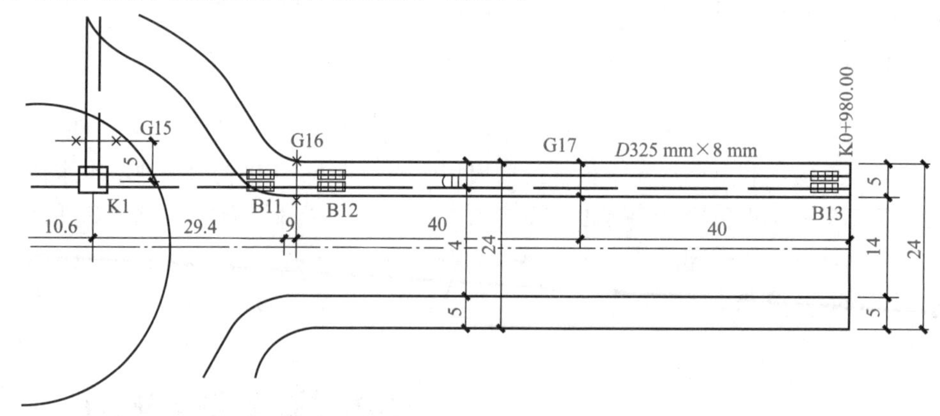

图3-5　供热管道平面图

(1)查明管道的名称、用途、平面位置、管道直径和连接形式。

(2)了解管道支架和辅助设备的布置情况。

(3)看清楚平面图上注明管道节点及纵断面图的编号，以便按照这些编号查找有关图纸。

二、供热管道纵断面图识读

如图3-6所示，供热管道纵断面图主要反映管道及构筑物(地沟、管架)纵立面上布置情况，并将平面图上无法表示的立面情况予以表示清楚。所以，其是平面图的辅助性图纸。纵断面图并不对整个系统都作绘制，只是绘制某些局部地段。

管道纵断面图识读时要掌握的主要内容如下：

(1)要注明管道底或管道中心标高，管道坡度、坡向及地面标高。

(2)地沟敷设时，要注明地沟底标高、地沟深度及地沟坡度等。

(3)架空敷设时要注明管架间距和标高，同时要注明管道辅助设备的位置。当有配件室、阀门平台等构筑物时，也要注明其具体位置、标高及编号。

(4)识读时与平面图对照，进一步理解管道及辅助设备的具体位置、标高及相互关系。

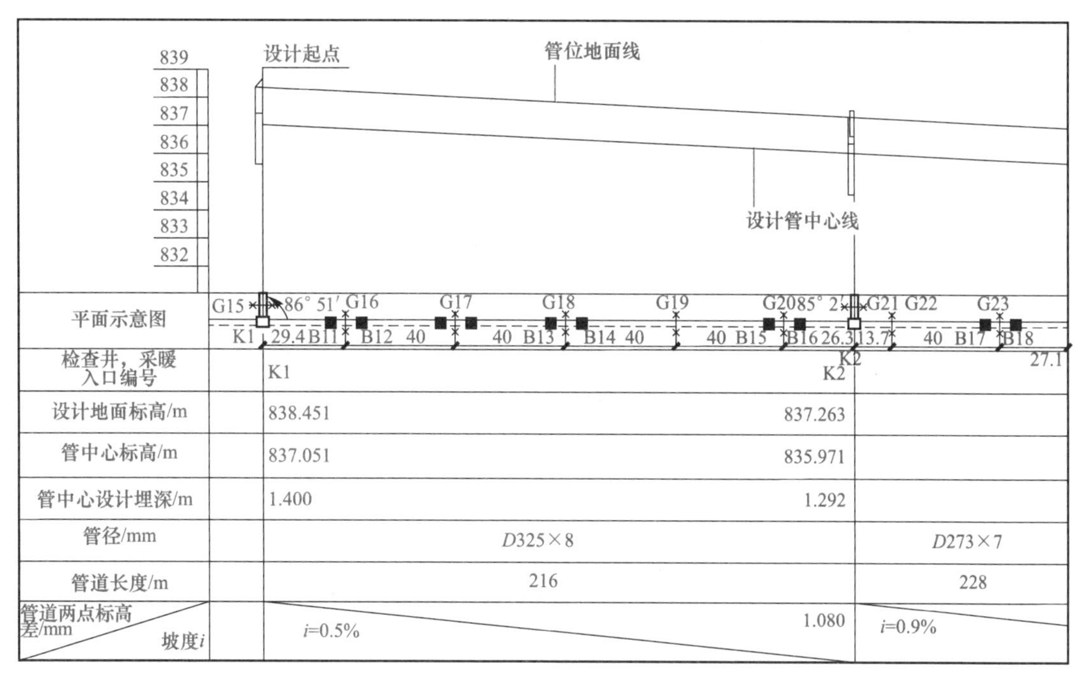

图 3-6　供热管道纵断面图

三、供热管道横断面图识读

如图 3-7 所示，供热管道横断面图主要反应管道及构筑物(地沟、管架)横立面上布置情况，并将平面图上无法表示的立面情况予以表示清楚，所以是平面图的辅助性图纸。横断面图并不对整个系统都作绘制，只是绘制某些局部地段。

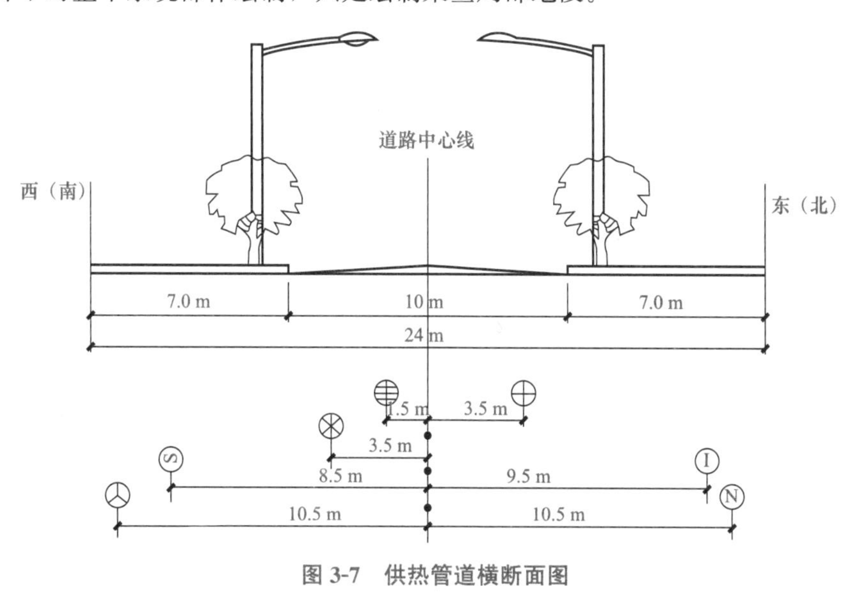

图 3-7　供热管道横断面图

管道横断面图表示管道横向布置，识读时要注意以下几个方面：

(1)要注明管道断面标高、管道与管道支架间的联系情况。

(2)地沟敷设时，要注明地沟的断面构造及尺寸。

(3)架空敷设时，要注明管道支架的构造、标高及结构尺寸。

(4)识读时要与平面图对照进行。

■ 四、常用供热管道附件图例

常用供热管道附件图例见表 3-3。

表 3-3　常用供热管道附件图例

类型	图例	类型	图例
供热供水管道	————————	直埋管道支墩	×——×
供热回水管道	-------------------	固定支架	×
外补偿器/内补偿器		阀门井	
波纹管补偿器		直线井室	

知识点考核

一、判断题

1. 一般来说，热力一级管网是指从热力站至用户的供、回水管网。（　　）

2. 按热力管道系统形式来分，直接消耗一次热媒，中间设备少，但一次补充量大的是闭式系统。（　　）

3. 直埋敷设是将管道直接埋在地下的土壤内，直埋敷设既可缩短施工周期，又可节省投资，已成为我国热水供热管网常用的敷设方式。（　　）

4. 钢管能承受较大的内压力和动荷载，管道连接简便，因此供热管道通常多采用钢管。（　　）

5. 为防止因温度变化引起的应力破坏管道，需要在管道上设置各种补偿器，以补偿管道的热伸长及减弱或消除因热膨胀而产生的应力。（　　）

二、单项选择题

1. 一般来说热力一级管网是指(　　)。

A. 从热力站至用户的供水管网　　B. 从热力站至用户的供回水管网

C. 从热源至热力站的供水管网　　D. 从热源至热力站的供回水管网

2. 热力管道的二级管网是指(　　)。

A. 从热源至热力站的供回水管网　　B. 从热力站到用户的供回水管网

C. 从热源至热用户的供水管网　　D. 从热用户至热源的回水管网

3. 按热力管道系统形式来分，直接消耗一次热媒，中间设备少，但一次补充量大的是(　　)系统。

A. 闭式　　B. 开式

C. 蒸汽　　D. 凝结水

4. 一次热网与二次热网采用换热器连接，一次热网热媒损失很小，但中间设备多，实际使用较广泛。这是(　　)。

A. 开式系统　　B. 闭式系统

C. 供水系统　　D. 回水系统

5. 热力网按敷设方式最常见的为地沟敷设、(　　)敷设及直埋敷设。

A. 高支架　　B. 浅埋暗挖

C. 盾构　　D. 架空

6. 按敷设方式分类，热力管道直接埋设在地下，无管沟的敷设叫作(　　)。

A. 直埋敷设　　B. 地沟敷设

C. 不通行地沟敷设　　D. 顶管敷设

7. 下面的敷设方式不属于地沟敷设的是(　　)。

A. 通行地沟敷设　　B. 半通行地沟敷设

C. 不通行地沟敷设　　D. 管道直接埋设在地下的敷设

8. 热网蒸汽系统返回管内的介质为(　　)。

A. 热水　　B. 蒸汽

C. 凝结水　　D. 汽水

9. 按供回水系统来说，从热源至热用户(或热力站)的热力管道为(　　)。

A. 供水(汽)管　　B. 回水管　　C. 热水管　　D. 干管

10. 将管道进行(　　)的目的是减少热媒的热损失，防止管道外表面的腐蚀，避免运行和维修时烫伤人员。

A. 保温　　B. 防腐　　C. 冷凝　　D. 涂色

三、多项选择题

1. 按所处地位分，从热源至热力站的供回水管网和从热力站到用户的供回水管网分别有(　　)。

A. 一级管网　　B. 二级管网　　C. 供水管网　　D. 回水管网

E. 蒸汽管网

2. (　　)敷设肯定是属于管沟敷设的。

A. 高支架　　B. 通行地沟　　C. 不通行地沟　　D. 低支架

E. 半通行地沟

3. 疏水器的作用有(　　)。

A. 根据需要降低蒸汽压力，并保持压力在一定范围不变

B. 自动排放蒸汽管道中的凝结水

C. 阻止蒸汽漏失

D. 排除空气等非凝性气体

E. 防止汽水混合物对系统的水击

任务二　供热管道施工

学习目标

1. 理解管道的热补偿原理，掌握常用的补偿器及特点。
2. 能够根据施工图纸和施工实际条件选择与制订供热管道工程施工方案。
3. 能够按照施工规范对常规供热管道工程关键工序进行施工操作。
4. 能够根据施工图纸和施工实际条件编写一般供热管道工程施工技术交底。

任务描述

市政供热管网系统是将热媒从热源输送分配到各热用户的管道所组成的系统，它包括输送热媒的管道、沿线管道附近和附属建筑物，在大型供热管网中，有时还包括中继泵站或控制分配站。根据输送热媒的不同，市政热力管网一般有蒸汽管网和热水管网两种形式。在蒸汽管网中，凝结水一般不回收，所以为单根管道。在热水管网中，一般为两根管道，一根为供水管，另一根为回水管。无论是蒸汽管网还是热水管网，根据管道在管网中的作用，均可分为供热主干管、支干管和用户支管三种。

本任务要求学生按照供热管道直埋施工工艺流程进行供热管道施工技术交底，学会热力管道的安装要求。

相关知识

一、供热管道的特点

(1)热媒具有较高的温度，对管道材质强度要求较高，管道应采用无缝钢管、电弧焊或高频焊焊接钢管。凝结水管道宜采用具有防腐内衬、内防腐涂层的钢管或非金属管道。

(2)工作状态与非工作状态管内温度变化很大。按照金属热胀冷缩的特点，热力管道易产生应力变形，对管道支架有较特殊的要求，需要在管路中设置伸缩器，满足其补偿要求。

(3)由于金属是热的良导体，热力管道需要解决表面热损失的问题，需要进行保温。

(4)由于热水中所含的气体要不断地离析出来，积聚在管道的最高处，妨碍热水的循环，增加管道的腐蚀，须加设排气装置。

(5)停止使用热水时，膨胀水量会增加管道的压力，有胀裂管道的危险，需设置膨胀管、释压阀或闭式膨胀水箱。

(6)蒸汽管道内易产生凝结水，增加蒸汽输送阻力，管道要内置一定的坡度并在最低点设泄水装置。

(7)为了避免热量浪费，常采用循环管路，回收余热。

■ 二、管道热膨胀补偿器

1. 补偿原理

任何材料随温度变化，其几何尺寸将发生变化，变化量的大小取决于某一方向的线膨胀系数和该物体的总长度。线膨胀系数是指物体单位长度温度每升高 1 ℃后物体的相对伸长。当该物体两端被相对固定时，会因尺寸变化产生内应力。

供热管网的介质温度较高，供热管道本身长度又长，故管道产生的温度变形量就大，其热膨胀的应力也会很大。为了释放温度变形，消除温度应力，以确保管网运行安全，必须根据供热管道的热伸长量及应力计算式(3-1)设置适应管道温度变形的补偿器。

$$\Delta L=\alpha \cdot L \cdot \Delta t$$

$$\sigma=E \cdot \alpha \cdot \Delta t \tag{3-1}$$

式中 ΔL——热伸长量(m)；

α——管材线膨胀系数，碳素钢 $\alpha=12\times10^{-6}$ m/(m · ℃)；

L——管段长度(m)；

Δt——管道在运行时的温度与安装时的环境温度差(℃)；

σ——热应力(MPa)；

E——管材弹性模量(MPa)；碳素钢 $E=20.14\times10^{4}$ MPa，其余同上。

【例 3-1】 已知一条供热管道的某段长 200 m，材料为碳素钢，安装时环境温度为 0 ℃，运行时介质温度为 125 ℃，设定此段管道两端刚性固定，中间不设补偿器，求运行时的最大热伸长量 ΔL 及最大热膨胀应力 σ。

解： $\Delta L=\alpha \cdot L \cdot \Delta t=12\times10^{-6}\times200\times(125-0)=0.3(\text{m})$

$$\sigma=E \cdot \alpha \cdot \Delta t=20.14\times10^{4}\times12\times10^{-6}\times(125-0)=302.1(\text{MPa})$$

由上式可知，供热管道运行中产生热胀应力极大，远远超过钢材的许用应力($\sigma\approx$ 140 MPa)，故在工程中只有选用合适的补偿器，才能消除热胀应力，从而确保供热管道的安全运行。

2. 类型

补偿器可分为自然补偿器和人工补偿器两种。

(1)自然补偿。自然补偿是利用热力管道系统的自然转弯所具有的弹性来吸收热变形的方法。最常见的管道自然补偿法是将管道两端以任意角度相接，多为两管道垂直相交。自然补偿的缺点是管道变形时会产生横向的位移，而且补偿的管段不能很大。

自然补偿器可分为 L 形(管段中 90°～150°弯管)和 Z 形(管段中两个相反方向 90°弯管)两种，如图 3-8 所示。安装时，应正确确定弯管两端固定支架的位置。

(2)人工补偿。人工补偿是利用管道补偿器来吸收热变形的补偿方法，其常用的有方形补偿器、填料式补偿器、球形补偿器、波形补偿器和旋转补偿器等。

1)方形补偿器。如图 3-9 所示，方形补偿器由管子弯制或由弯头组焊而成，利用刚性较小的回折管挠性变形来消除热应力及补偿两端直管部分的热伸长量。其需用优质无缝钢管弯制，最好用一整根钢管弯制，尺寸较大时也可用两根或三根钢管焊接而成，焊缝放在伸缩臂上，严禁放在水平臂上。其优点是制造方便、补偿量大、轴向推力小、维修方便、运行可靠；缺点是占地面积较大。

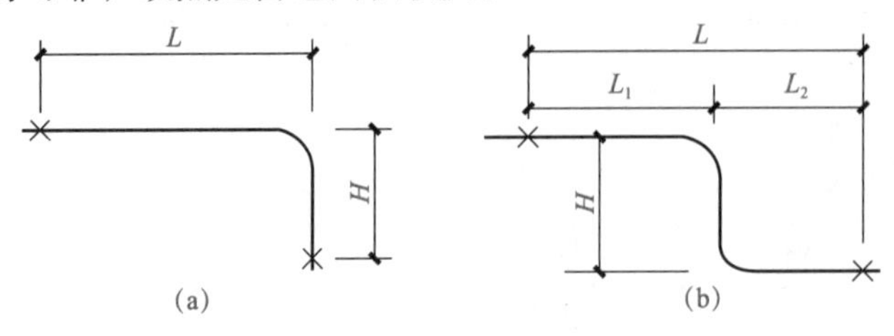

图 3-8　自然补偿器

(a)L形补偿器；(b)Z形补偿器

图 3-9　方形补偿器

在固定支架和管道安装完成后，才能安装方形补偿器。安装方形补偿器时应进行预拉(也称为冷紧)，预拉量为 $\Delta L/2$，ΔL 为管道的热伸长值。预拉有采用冷拉器和采用千斤顶两种方法，如图 3-10 所示。

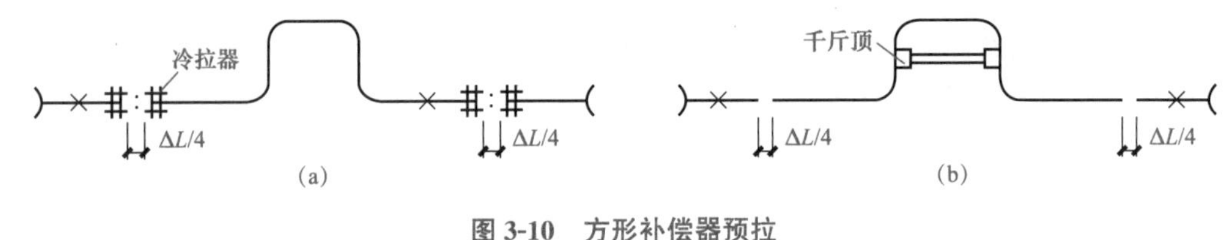

图 3-10　方形补偿器预拉

(a)用冷拉器预拉；(b)用千斤顶预拉

用冷拉器进行预拉时，将一块厚度等于 $\Delta L/4$ 的木块或木垫圈夹在冷拉接口间隙中，再在接口两侧的管壁上焊接挡环，把冷拉器安装在管道上。拿掉木块或木垫环，然后对称、均匀地拧紧螺母，当管道两端的间隙达到对口要求时，停止拧紧螺母，进行点焊、检查，正式施焊。预拉值允许误差不大于 10 mm。预拉时，应在两端靠近固定支架处同时、均匀、对称地进行，预拉完成后要填写方形补偿器或弯管冷拉记录表。

当方形补偿器水平安装时，垂直臂要水平，平行臂与管道坡度相同。当方形补偿器垂直安装时，不得在弯管上开孔安装放风管和排水管。当介质为热水时，要有泄水排气装置。

2)填料式补偿器。如图 3-11 所示，填料式补偿器又称套筒式补偿器，其主要由带底脚的套筒、插管和填料三部分组成。内外管间隙之间用填料密封，内插管可以随温度变化自由活动，从而起到补偿作用。其材质有铸铁和钢质两种，铸铁的适用于压力在 1.3 MPa 以下的管道，钢质的适用于压力不超过 1.6 MPa 的热力管道。

填料式补偿器的优点是安装方便，占地面积小，流体阻力较小，抗失稳性好，补偿能力较大，可以在不停热的情况下进行检修；缺点是轴向推力较大，易漏水、漏气，需经常检修和更换填料，如管道变形有横向位移时，易造成填料圈卡住，对管道横向变形要求严格。这种补偿器一般只用于安装方形补偿器有困难的地方。

填料式补偿器补偿能力大，通常可达 250～400 mm，占地小，介质流动阻力小，造价低，但是其压紧、补充和更换填料的维修工作量大，只能用在直线管段上，在弯管或阀门处需要设置加强的固定支座。

安装前要将填料式补偿器清洗干净，检查填料情况。若使用石棉绳，则石棉绳在煤焦油中浸过，接头处要有斜度并加润滑油；防脱环与支承环之间应保留 10～20 mm 的间隙；压盖压入的深度不能高于压盖长度的 20%～30%。

单向的补偿器外套筒要固定在固定支架附近，双向的补偿器要安装在固定支架中间，且外套管要固定。

膨胀管道一侧要设置导向支架，确保管道运行时不偏离中心线，且能自由伸缩。芯管外露长度不能小于设计规定的伸缩长度，芯管端部与套管内外壳支撑环之间的距离不能小于管道冷收缩量。套管补偿器与管道保持同轴，不得歪斜。在靠近套管补偿器两侧，应至少各设一个导向支架。单向套管补偿器芯管应安装在介质流入端。

套管补偿器的填料品种、规格应符合设计要求，填料应逐圈装入并压紧，每圈之间的填料接口应成 45°斜面，各圈接口要相互错开。芯管外露部分涂凡士林油。储运套管补偿器时要直立放置。

3)球形补偿器。如图 3-12 所示，球形补偿器由外壳、球体、密封圈压紧法兰组成，它是利用球体管接头随机转弯运动来补偿管道的热伸长而消除热应力的，适用于三向位置的热力管道。其优点是占用空间小、节省材料、不产生推力；缺点是易漏水、漏汽，要加强维修。

图 3-11　填料式补偿器

图 3-12　球形补偿器

球形补偿器能做空间变形，补偿能力大，适用于架空敷设。

球形补偿器安装前要在工作温度下进行试验，应转动灵活，密封良好。当球形补偿器安装在垂直管道上时，必须把球体露出部分向下安装，以防积存污物。采用球形补偿器，且补偿管段较长时，宜采取减小管道摩擦力的措施。

4)波形补偿器。波形补偿器如图 3-13 所示，其是靠波形管壁的弹性变形来吸收热胀或冷缩量。按波数的不同，可分为一波、二波、三波和四波；按内部结构的不同，可分为带套筒和不带套筒两种。它的优点是结构紧凑，只发生轴向变形，与方形补偿器相比占据空间位置小；缺点是制造比较困难，耐压低，补偿能力小，轴向推力大。它的补偿能力与波形管的外形尺寸、壁厚、管径大小有关。

5)旋转补偿器。旋转补偿器如图 3-14 所示。它主要由旋转管、密封压盖、密封座、锥体连接管等组成，主要用于蒸汽和热水管道，设计介质温度为－60～485 ℃，设计压力为 0～5 MPa。其补偿原理是通过成双旋转筒和 L 形力臂形成力偶，使大小相等、方向相反的一对力，由力臂回绕着 Z 轴中心旋转，就像杠杆转动一样，支点分别在两侧的旋转补偿器上，以达到力偶两边管道产生的热伸长量的吸收。这种补偿器安装在热力管道上需要2个或3个成组布置，形成相对旋转结构吸收管道热位移，从而减少管道应力。突出特点是其在管道运行过程中处于无应力状态。其他特点：补偿距离长，一般200～500 m设计安装一组即可(但也要考虑具体地形)；无内压推力；密封性能好，由于密封形式为径向密封，不产生轴向位移，尤其耐高压。采用该型补偿器后，固定支架间距增大，为避免管段挠曲要适当增加导向支架，为减少管段运行的摩擦阻力，在滑动支架上应安装滚动支座。

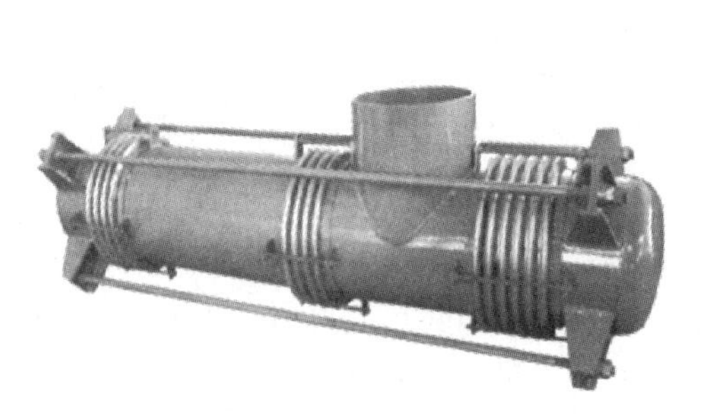

图3-13　波形补偿器

图3-14　旋转补偿器

在上述补偿器中，自然补偿器、方形补偿器和波形补偿器是利用补偿材料的变形来吸收热伸长的；而填料式补偿器和球形补偿器则是利用管道的位移来吸收热伸长的。

三、阀门

阀门是用来启闭管路，调节被输送介质流向、压力、流量，以达到控制介质流动、满足使用要求的重要管道部件。供热管道工程中常用的阀门有闸阀、截止阀、柱塞阀、止回阀、蝶阀、球阀、安全阀等，如图3-15所示。

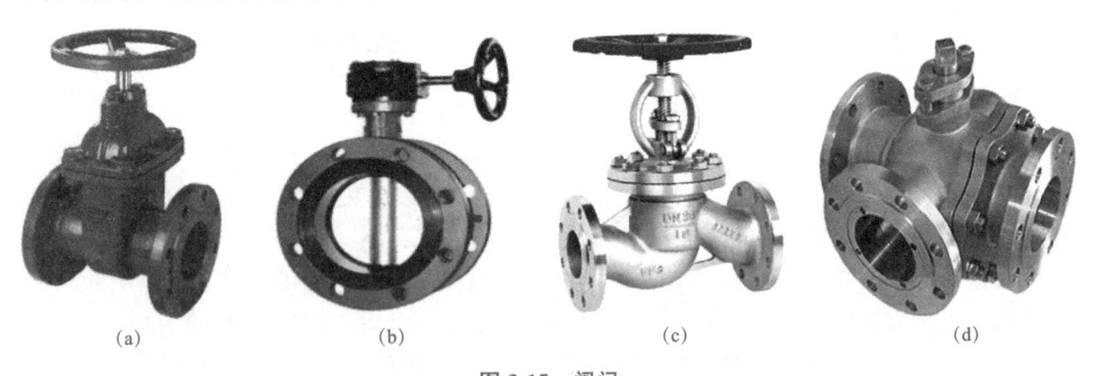

(a)　(b)　(c)　(d)

图3-15　阀门

(a)闸阀；(b)蝶阀；(c)截止阀；(d)三通球阀

1. 闸阀

闸阀是用于一般汽、水管路做全启或全团操作的阀门。按阀杆所处的状况，可分为明杆式和暗杆式；按闸板结构特点，可分为平行式和楔式。

闸阀的特点是安装长度小、无方向性，全开启时介质流动阻力小，密封性能好，加工较为复杂，密封面磨损后不易修理。当管径 $DN>50$ mm时，宜选用闸阀。

2. 截止阀

截止阀主要用来切断介质通路，也可调节流量和压力。截止阀可分为直通式、直角式和直流式。直通式适用于直线管路，便于操作，但阀门流阻较大；直角式用于管路转弯处；直流式流阻很小，与闸阀接近，但因阀杆倾斜，故不便操作。

截止阀的特点是制造简单、价格较低、调节性能好，安装长度大，流阻较大；密封性较闸阀差，密封面易磨损，但维修容易，安装时应注意方向性，即低进高出，不得装反。

3. 柱塞阀

柱塞阀主要用于密封要求较高的地方，使用在水、蒸汽等介质上。

柱塞阀的特点是密封性好、结构紧凑、启闭灵活、寿命长、维修方便，但价格相对较高。

4. 止回阀

止回阀是利用本身结构和阀前阀后介质的压力差来自动启闭的阀门，它的作用是使介质只做一个方向的流动，而阻止其逆向流动。止回阀按结构，可分为升降式和旋启式。前者适用于小口径水平管道，后者适用于大口径水平或垂直管道。止回阀常设在水泵的出口、疏水器的出口管道，以及其他不允许流体反向流动的地方。

5. 蝶阀

蝶阀主要用于低压介质管路或设备上进行全开全闭操作，按传动方式可分为手动、涡轮传动、气动和电动。手动蝶阀可以安装在管道任何位置，带传动机构的蝶阀，必须垂直安装，保证传动机构处于铅垂位置。蝶阀的特点是体积小，结构简单，启闭方便、迅速且较省力，密封可靠，调节性能好。

6. 球阀

球阀主要用于管路的快速切断。其主要特点是流体阻力小，启闭迅速，结构简单，密封性能好。球阀适用于低温(不大于 150 ℃)、高压及黏度较大的介质及要求开关迅速的管道部位。

7. 安全阀

安全阀是一种安全保护性的阀门，主要用于管道和各种承压设备上，当介质工作压力超过允许压力数值时，安全阀自动打开向外排放介质，随着介质压力的降低，安全阀将重新关闭，从而防止管道和设备的超压危险。安全阀可分为杠杆式、弹簧式和脉冲式。安全阀适用于锅炉房管道及不同压力级别管道系统中的低压侧。

四、供热站

供热站是供热管网的重要附属设施，是供热网路与热用户的连接场所。它的作用是根据热网工况和不同的条件，采用不同的连接方式，将热网输送的热媒加以调节、转换，向热用户系统分配热量以满足用户需要，并根据需要进行集中计量、检测供热热媒的参数和数量。

(1)供热站房设备间的门应向外开。当热水热力站站房长度大于 12 m 时应设两个出口，热力网设计水温小于 100 ℃时可只设一个出口。蒸汽热力站无论站房尺寸如何，都应设置两个出口。安装孔或门的大小应保证站内需要检修更换的最大设备出入。多层站房应考虑用于设备垂直搬运的安装孔。

(2)设备基础施工应符合设计和规范要求，并按设计采取相应的隔震、防沉降的措施。设备进场应对设备数量、包装、型号、规格、外观质量和技术文件进行开箱检查，填写相关记录，合格后方可安装。

管道及设备安装前，土建施工单位、工艺安装单位及监理单位应对预埋吊点的数量与位置，设备基础位置、表面质量、几何尺寸、标高及混凝土质量，预留孔洞的位置、尺寸及标高等共同复核检查，并办理书面交验手续。

各种设备应根据系统总体平面布置按照适宜的顺序进行安装，并与土建施工结合起来。设备的平面位置应按设计要求测设；精度应符合设计和规范要求；地脚螺栓安装位置正确，埋设牢固；垫铁高程符合要求，与设备密贴；设备底座与基础之间进行必要的灌浆处理。机械设备与基础装配紧密，连接牢固。

设备基础地脚螺栓底部锚固环钩的外缘与预留孔壁及孔底的距离不得小于 15 mm；拧紧螺母后，螺栓外露长度应为 2～5 倍螺距，灌注地脚螺栓用的细石混凝土(或水泥砂浆)应比基础混凝土的强度等级提高一级；拧紧地脚螺栓时，灌注混凝土的强度应不小于设计强度的 75％。

(3)管道安装在主要设备安装完成、支吊架及土建结构完成后进行。管道支吊架位置及数量应满足设计与安装要求。管道安装前，应按施工图和相关建(构)筑物的轴线、边缘线、标高线划定安装的基准线。仔细核对一次水系统供回水管道方向与外网的对应关系，切忌接反。

(4)管道的材质、规格、型号、接口形式及附件设备选型均应符合设计图纸要求。钢管焊接应严格执行焊接工艺评定和作业指导书技术参数，焊接人员应持证上岗，并经现场考试合格方可作业。

(5)管道安装过程中的敞口应进行临时封闭。管道穿越基础、建筑楼板和墙体等结构应在土建施工中预埋套管。管道焊缝等接口不得留置于套管中。

管道应排列整齐、美观，并排安装的管道，其直线部分应相互平行，曲线部分应保持与直线部分相等的间距。管道的支、吊、托架安装应符合设计要求，位置准确，埋设牢固。管道阀门、安全阀等附件设备安装应方便操作和维修，管道上同类型的温度表和压力表规格应一致，且排列整齐、美观，并经计量检定合格。

(6)管道与设备连接时，设备不得承受附加外力，应将进入管内的杂物及时清理干净。泵的吸入管道和输出管道应有各自独立、牢固的支架，泵不得直接承受系统管道、阀门等的质量和附加力矩。管道与泵连接后，不应在其上进行焊接和气割；当需要焊接和气割时，应拆下管道或采取必要的措施，并应防止焊渣进入泵内。

(7)蒸汽管道和设备上的安全阀应有通向室外的排气管，热水管道和设备上的安全阀应有连接到安全地点的排水管，并应有足够的截面面积和防冻措施确保排放通畅。在排气管和排水管上不得装设阀门。排放管应固定牢固。

(8)管道焊接完成，应进行外观质量检查和无损检测，无损检测的标准、数量应符合设计和相关规范要求。合格后按照系统分别进行强度和严密性试验。强度和严密性试验合格后进行除锈、防腐、保温。

(9)泵的试运转应在其各附属系统单独试运转正常后进行，且应在有介质情况下进行试运转，试运转的介质或代用介质均应符合设计的要求。泵在额定工况下连续试运转时间不应少于 2 h。

任务实施

一、供热管道施工基本要求

1. 供热管网与建筑物的最小距离

供热网管沟的外表面、直埋敷设热水管道与建筑物、构筑物、道路、铁路、电缆、架空电线和其他管线的最小水平净距、垂直净距见表 3-4。供热管道对于植物生长也有一定的影响，因此，不同的管道对其距离也有相应的要求。

表 3-4 直埋热水管道与设施的净距 m

<table>
<tr><th colspan="3">设施名称</th><th>最小水平净距</th><th>最小垂直净距</th></tr>
<tr><td colspan="3">给水、排水管道</td><td>1.5</td><td>0.15</td></tr>
<tr><td colspan="3">排水盲沟</td><td>1.5</td><td>0.50</td></tr>
<tr><td rowspan="3">燃气管道(钢管)</td><td colspan="2">$P\leqslant 0.4$ MPa</td><td>1.0</td><td rowspan="3">0.15</td></tr>
<tr><td colspan="2">$P\leqslant 0.8$ MPa</td><td>1.5</td></tr>
<tr><td colspan="2">$P>0.8$ MPa</td><td>2.0</td></tr>
<tr><td rowspan="3">燃气管道(聚乙烯管)</td><td colspan="2">$P\leqslant 0.4$ MPa</td><td>1.0</td><td rowspan="3">气管在上 0.50
燃气管在下 1.00</td></tr>
<tr><td colspan="2">$P\leqslant 0.8$ MPa</td><td>1.5</td></tr>
<tr><td colspan="2">$P>0.8$ MPa</td><td>2.0</td></tr>
<tr><td colspan="3">压缩空气、二氧化碳管道</td><td>1.0</td><td>0.15</td></tr>
<tr><td colspan="3">乙炔、氧气管道</td><td>1.5</td><td>0.25</td></tr>
<tr><td colspan="3">铁路钢轨</td><td>钢轨外侧 3.0</td><td>轨底 1.20</td></tr>
<tr><td colspan="3">电车钢轨</td><td>钢轨外侧 2.0</td><td>轨底 1.00</td></tr>
<tr><td colspan="3">铁路、公路路基边坡底脚或边沟的边缘</td><td>1.0</td><td>—</td></tr>
<tr><td colspan="3">通信、照面或 10 kV 以下电力线路的电杆</td><td>1.0</td><td>—</td></tr>
<tr><td colspan="3">高压输电线铁塔基础边缘(35～220 kV)</td><td>3.0</td><td>—</td></tr>
<tr><td colspan="3">桥墩(高架桥、栈桥)</td><td>2.0</td><td>—</td></tr>
<tr><td colspan="3">架空管道支架基础</td><td>1.5</td><td>—</td></tr>
<tr><td colspan="3">地铁隧道结构</td><td>5.0</td><td>0.80</td></tr>
<tr><td colspan="3">电气铁路接触网电杆基础</td><td>3.0</td><td>—</td></tr>
<tr><td colspan="3">乔木、灌木</td><td>1.5</td><td>—</td></tr>
<tr><td colspan="3" rowspan="2">建筑物基础</td><td>2.5($DN\leqslant 250$ mm)</td><td>—</td></tr>
<tr><td>3.0($DN\geqslant 300$ mm)</td><td>—</td></tr>
<tr><td rowspan="3">电缆</td><td colspan="2">通信电缆及管块</td><td>1.0</td><td>0.15</td></tr>
<tr><td rowspan="2">电力及
控制电缆</td><td>≤35 kV</td><td>2.0</td><td>0.50</td></tr>
<tr><td>≤110 kV</td><td>2.0</td><td>1.00</td></tr>
</table>

直埋供热蒸汽管道与其他设施的最小净距见表3-5，钢外护管真空复合保温管的布置要求同此表。

表3-5　直埋蒸汽管道与其他设施的最小距离　　m

设施名称		最小水平净距	最小垂直净距
给水、排水管道		1.5	0.15
直埋热水管道/凝结水管道		0.5	0.15
排水盲沟		1.5	0.50
燃气管道(钢管)	$P\leq 0.4$ MPa	1.0	0.15
	0.4 MPa $<P\leq 0.8$ MPa	1.5	
	$P>0.8$ MPa	2.0	
燃气管道(聚乙烯管)	$P\leq 0.4$ MPa	1.0	气管在上 0.50 燃气管在下 1.00
	0.4 MPa $<P\leq 0.8$ MPa	1.5	
	$P>0.8$ MPa	2.0	
压缩空气、二氧化碳管道		1.0	0.15
乙炔、氧气管道		1.5	0.25
铁路钢轨		钢轨外侧 3.0	轨底 1.20
电车钢轨		钢轨外侧 2.0	轨底 1.00
铁路、公路路基边坡底脚或边沟的边缘		1.0	—
通信、照面或10 kV以下电力线路的电杆		1.0	—
高压输电线铁塔基础边缘(35～220 kV)		3.0	—

不同的标准对净距的要求有所差异，在实际施工过程中，还应符合相关专业设施、管道的标准要求，同时应尊重其产权单位的意见，当保证净距确有困难时，可以采取必要的措施，经设计单位同意后，按设计文件的要求执行。

供热管网内不得穿过燃气管道，当热力管沟与燃气管道交叉的垂直净距小于300 mm时，必须采取可靠措施，防止燃气泄漏进入管沟。

管沟敷设的热力网管道进入建筑物或穿过构筑物时，管道穿墙处应封堵严密。

地上敷设的供热管道同架空输电线路或电气化铁路交叉时，管道的金属部分，包括交叉点5 m范围内钢筋混凝土结构的钢筋应接地，接地电阻不大于10 Ω。

2. 管道材料与连接要求

城镇供热管网管道应采用无缝钢管、电弧焊或高频焊焊接钢管。管道的规格和钢材的质量应符合设计和规范要求。管道的连接应采用焊接，管道与设备、阀门等连接宜采用焊接，当设备、阀门需要拆卸时，应采用法兰连接。

保证供热安全是管道的基本要求，需要从材料质量、焊接检验和设备检测等方面进行严格控制，保证施工质量。

为保证管道安装工程质量，焊接施工单位应符合下列规定：

(1)有负责焊接工艺的焊接技术人员、检查人员和检验人员。

(2)有符合焊接工艺要求的焊接设备，且性能稳定、可靠。

(3)有精度等级符合要求、灵敏度可靠的焊接检测设备。

(4)有保证焊接工程质量达到标准的措施。

施工单位首次使用的钢材、焊接材料、焊接方法，应在焊接前进行焊接工艺试验，编制焊接工艺方案。

公称直径大于或等于 400 mm 的钢管和现场制作的管件，焊缝根部应进行封底焊接，封底焊接宜采用氩气保护焊，必要时也可采用双面焊接方法。

3. 管道焊接质量检验

在施工过程中，焊接质量检验依次为对口质量检验、表面质量检验、无损探伤检验、强度和严密性试验。管道的无损检验标准应符合设计要求和规范规定。焊缝无损探伤检验必须由具备资质的检验单位完成，应对每位焊工至少检验一个转动焊口和一个固定焊口。转动焊口经无损检验不合格时，应取消该焊工对本工程的焊接资格；固定焊口经无损检验合格时，应对该焊工焊接的焊口按规定的检验比例加倍抽检，仍有不合格时，取消该焊工焊接资格。对取消焊接资格的焊工所焊的全部焊缝应进行无损探伤检验。

钢管与设备、管件连接处的焊缝应进行 100%无损探伤检验；管线折点处现场焊接的焊缝应进行 100%的无损探伤检验；焊缝返修后应进行表面质量及 100%的无损探伤检验，其检验数量不计在规定检验数中；现场制作的各种管件，数量按 100%进行，其合格标准不得低于管道无损检验标准。

二、供热管道安装要求

通常供热管道的安装要求包括对供热管道安装的一般要求，以及对供热管道的排水和排气，支管的引接、热力管道的支架等的安装要求。

1. 供热管道安装的一般要求

(1)管材通常选用钢管，要尽量采用焊接连接。采用螺纹连接时，填料采用聚四氟乙烯生料带、白厚漆，不准加用麻丝。当管径大于 32 mm 时，应采用焊接或法兰连接；当管径不大于 32 mm 时，应采用螺钉连接。

(2)供热管道存在着热胀冷缩现象，要选用适当形式的补偿器。

(3)地沟内的管道位置与沟壁净距为 100～150 mm，与沟底净距为 100～200 mm；不通行地沟与沟顶的净距为 50～100 mm；半通行及通行地沟与沟顶净距为 200～300 mm。架空供热管道的高度：人行地区要高于 2.5 m；通行车辆地区，要高于 4.5 m；跨越铁路地区，距离轨顶要高于 6 m。

(4)蒸汽管道最低点要设疏水器，热水管道最高点设置排气阀。

(5)水平管道的变径采用偏心大小头，特别热水管道应采用顶平偏心大小头，有利于空气排除。

(6)蒸汽管道、冷凝水管道采用底平偏心大小头，利于排放凝结水。

(7)对于用汽质量要求较高的场所，蒸汽管道的支管应从主管的上部或侧部接出，避免凝结水流入支管。

(8)减压阀安装在水平进户管上，前后安装压力表，低压侧安装安全阀，阀上的排气管应接出室外。减压阀的公称直径与进气端管径相同，阀后管径比阀前管径大 1～2 号。

(9)供热管道在安装时按照设计位置设固定支架、活动支架。固定支架受力较大，安装时要牢固，确保管道不能移动。

(10)供热管网的供水管或蒸汽管要敷设在载热介质前进方向的右侧。

(11)热水管道在最低点应装设排水管和排水阀。热水管道在最高点和相对高点应设置放气管和放气阀。

(12)在靠近管道两侧的活动支架要向膨胀的反方向偏心安装。

(13)在 $DN \geqslant 125$ mm 水平管道上的阀门两侧，设专用支架，不得用管道承重。

(14)需热处理的预拉伸管道焊缝，在热处理完毕后，方可拆除预拉伸时所装的临时卡具。

2. 供热管道的排水和排气

供热管道安装时，水平管道要具有一定的坡度 i：通常为 0.003，不能低于 0.002，气水逆向时坡度不小于 0.005。蒸汽管道的坡向最好与介质流向相同，这样管内蒸汽同凝结水流动方向相同，避免噪声。热水管道的坡向最好与介质流向相反，这样管内热水及空气流动方向相同，减少了热力流动的阻力，也有利于排气，防止噪声。供热管道的每段管道最高点或最低点分别安装排气和泄水装置。方形补偿器水平安装时，与管道坡度和坡向一致；垂直安装时，最高点应安装排气阀，在最低点应安装排水阀，便于排水与放水。

水平供热管道的变径采用偏心变径。蒸汽管的以管底相平安装在水平管路上，有利于排除管内凝结水；热水管的变径以管顶相平安装在水平管路上，有利于排除管内空气。

通常排气阀门公称直径要选用 $DN15 \sim DN20$。排水阀门的直径选用热水供热管道直径的 1/10 左右，要不小于 20 mm。

3. 支管的引接

蒸汽管道的支管要从主管上方或两侧接出，防止凝结水流入支管；热水管道的支管要从主管下方或两侧接出，以防止空气流入支管。不同压力或不同介质的疏水管、排水管不能接入同一排水干管。

4. 供热管道的支架

供热管道的支架较多，常用的有固定支架、活动支架及导向支架等，如图 3-16 所示。固定支架主要用于两个补偿器中间，同管道两个补偿器中间只能安装一个固定支架，在每个补偿器的另一侧，与中间固定支架等距离的点上，也各安装一个固定支架。固定支架受力很大，安装必须牢固，要保证管子在这点上不能移动。热力管道两个固定支架之间要设置导向支架，导向支架能确保管子沿着规定的方向做自由收缩。补偿器两侧的第一个支架，应设置在距补偿器弯头起弯点 0.5～1 m 处，而且是活动支架，不得设置导向支架或固定支架。补偿器平行臂上的中点应设置活动支架。

三、供热管道地沟敷设

供热管道的敷设形式可分为地下敷设和架空敷设两种。地下敷设又可分为地沟敷设和地下直埋敷设两种形式。其中，地沟敷设适用于地上交通繁忙，维修量不大的干管和支管，或者成排管道数量多的情况。

地沟的断面尺寸应根据管道的数量、长度、管径及安装和检查所需要的活动空间来确

(a)

(b)

图 3-16　管道支架

(a)固定支架；(b)滑动支架

定。按其断面尺寸的大小，地沟敷设又可分为通行地沟、半通行地沟和不通行地沟敷设。

供热管道的地沟敷设是将供热管道敷设在由砖砌或钢筋混凝土构筑物的地沟内。这种敷设方法可以保护管道不受土压力的作用，而且管道不与土壤直接接触，可以防止地下水的侵蚀，应用较广泛。地沟敷设供热管网施工程序如图 3-17 所示。

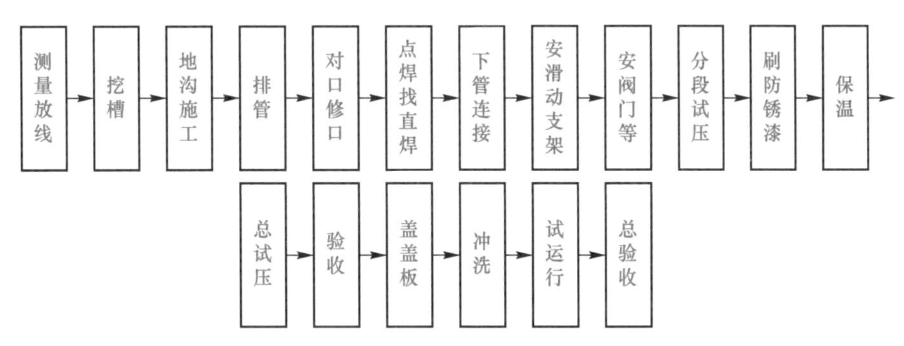

图 3-17　地沟敷设热力管网施工程序

地沟要求尽量做到严密、不漏水。当地面水、地下水或管道不严密处的漏水侵入地沟后，会使管道保温结构破坏，管道遭受腐蚀。通常要求将沟底设于当地近 30 年来的最高地下水水位以上。此时，对于常用地沟结构，地沟壁内表面要有抹灰，最好是防水砂浆抹灰。地沟盖板要做出 0.01～0.02 的横向坡度，其上面的覆土层要不小于 300 mm。盖板之间及盖板与沟壁之间要用水泥砂浆或热沥青封缝，以防止地面水渗入。沟底做不小于 0.002 的坡度，以使偶尔渗入地沟中的水可以集中在检查井的集水坑内，用泵或自流排入附近下水道。

若地下水水位高于沟底，则必须采取排水、防水或局部降低地下水水位的措施。地沟外壁敷用沥青粘贴数层油毛毡并外涂沥青，或利用防水布构成的防水层。局部降低地沟敷设处地下水水位的方法，是在地沟底部铺上一层粗糙的沙砾，在距离沟底 200～250 mm 的下边敷设一根或两根直径为 100～150 mm 的排水管，管上有为数众多的小孔。为了清洗及检查排水管，每隔 50～70 m 需要设置一个检查井。

地沟内敷设的供热管道安装要在地沟土建结构施工结束后进行。在土建施工中，要配合管道施工预留支架孔及预埋金属件。在供热管道施工前，对地沟结构验收，按照设计要求检查地沟的坐标、沟底标高、沟底坡度、地沟截面尺寸和地沟防水等内容，做好验收记录。

地沟内管道安装应首先安装支座。在滑动支座两侧的管道保温，不能影响支座自由滑动。在安装支座时，应按施工图要求画出各支座的位置，正确安装。

管道的大量接口尽可能在沟外地面上焊接，操作方便，易确保焊口的质量。按照施工条件，将管道在地面上连接成一定长度的管段，然后再放入地沟，以减少在地沟内的焊接口。管接口做完后，按照规范要求检查、调整管道的安装位置，最后将管道固定在支座上。

在对地沟内供热管道进行安装时要注意以下几点：

(1)供热管道的热水、蒸汽管，若设计无要求，要敷设在载热介质前进方向的右侧。

(2)管道安装位置，其净距宜符合表 3-6 的规定。

表 3-6　地沟敷设有关尺寸　　m

地沟类型	通行地沟	半通行地沟	不通行地沟
管沟净高	≥1.8	≥1.2	—
人行通道宽	≥0.6	≥0.5	—
管道保温表面与沟壁净距	≥0.2	≥0.2	≥0.1
管道保温表面与沟底净距	≥0.2	≥0.2	≥0.15
管道保温表面间净距	≥0.2	≥0.2	≥0.2
注：考虑沟内更换钢管的方便，人行横道宽度还应不小于管道外径加 0.1 m。			

(3)管道对焊时，若接口处缝隙过大，不允许使用强力推拉使管头密合，以免管道中受应力作用，应另加一段短管，短管长度应不小于管径，最短不小于 100 mm。

(4)供热管道坡度要求同室内采暖管道坡度要求。

(5)供热管道中心线水平方向允许偏差为 20 mm，标高允许偏差为±10 mm。

每米水平管道纵、横弯曲允许偏差：管径不大于 100 mm 时为 0.5 mm，管径大于 100 mm 时为 1 mm。

水平管道全长纵、横向弯曲允许偏差：管径不大于 100 mm 时不大于 13 mm，管径大于 100 mm 时为 25 mm。

(6)每段蒸汽管道的最低位置要安装疏水器。

(7)每段热水管道在最高点安装排气装置，在最低点安装放水装置。

■ 四、供热管道地下直埋敷设

供热管道在土壤腐蚀性小、地下水水位低、土壤具有良好的渗水性、不受腐蚀性液体侵入的地区，可以采用直接埋地敷设。该方式具有造价低、施工方便等优点。但保温层的防腐防水是关键的技术问题。近年来采用聚氨酯泡沫塑料保温层，大大拓宽了直埋敷设的应用空间。

1. 直接埋地敷设的要求

直接埋地敷设是将管道保温后做好防水层直接埋到土里，适用于地下水水位较低、土质不下沉且无腐蚀的地区，最好是砂壤土地区。

直接埋地敷设的要求如下：

(1)埋地管道接头不得采用螺纹或法兰连接。

(2)直接埋设在车行道下的管道覆土深度不小于 1.0 m，埋设在便道或居住区内的地下供热管道覆土深度不小于 0.6 m。当满足上述覆土深度有困难时，须采取防护措施。

(3)直埋供热管道和建筑物、构筑物、道路、铁路、电缆、架空电线和其他的最小水平净距、垂直净距的最小净距应符合表 3-1、表 3-2 的规定。与压缩空气或 CO_2 管道，乙炔、氧气管道的要求同直埋蒸汽供热管道。

(4)管网中设置的阀门、除污器、三通等刚性附件，通常都要设补偿器与直埋管段隔开，主要为方便安装和检修。只有在附件确定不会因为承受热应力而损坏时，才允许不设补偿器而与直埋管道直接连接。

(5)管道纵向敷设时，最大坡度不小于 0.02，通常不得做竖向爬坡。

(6)通常管道不设基础，经过保温、防水处理后，在原土层上直接埋设。当在杂质土等腐蚀性较强的土层内敷设管道时，管道周围 300 mm 范围内应换以腐蚀性小的好土。管底部分换土后要夯实。

2. 直埋敷设管道的安装

直埋敷设可以克服地沟敷设管网工程的投资高、施工周期长的缺点。但施工时，要注意其固定支座、补偿器和管道安装的其他要求，以确保供热管网的安装质量。

直埋敷设管道安装，首先要测量放线、开挖沟槽，还要注意直埋敷设管道安装的特点，即埋地管道的保温结构与土壤接触，所以，直接承受土压力和向下传递的地面载荷的作用，同时又受地下潮湿气的影响。对直埋管道的保温结构，除要求其具有较好的保温性能外，还要具有一定的机械强度、防水和防腐蚀的性能。目前，直埋敷设管道的保温材料以聚氨酯硬质泡沫塑料应用最多。直埋敷设管道外壳顶部埋设深度见表 3-7 和表 3-8。

表 3-7　直埋蒸汽管道最小覆土深度

类别 最小覆土深度/mm 工作管径公称直径/mm		50～100	125～200	250～450	500～700
钢制外护管	车行道	0.6	0.8	1.0	1.2
	非车行道	0.5	0.6	0.8	1.0
玻璃钢外护管	车行道	0.8	1.0	1.2	1.4
	非车行道	0.6	0.8	1.0	1.2

表 3-8　直埋热水管道的最小覆土深度

管径公称直径/mm	最小覆土深度/m	
	机动车道	非机动车道
≤125	0.8	0.7
150～300	1.0	0.7
350～500	1.2	0.9

续表

管径公称直径/mm	最小覆土深度/m	
	机动车道	非机动车道
600～700	1.3	1.0
800～1 000	1.3	1.1
1 100～1 200	1.3	1.2

使用简单的起重设备将已经做好保温壳的管道下到沟槽内，相连接的两个管口对正，按照设计要求焊接，最后将管道接口处的保温层做好。如果设计上有要求，则也可在做完水压试验后做此项工作。在直埋管道验收合格后，进行沟槽回填的工作，按照设计要求分层回填、分层夯实，回填后应使沟槽上土面成拱形，避免日久因覆土沉降而造成地面下凹。

作为外保温层的聚氨酯硬质泡沫塑料必须满足表 3-9 规定的技术条件。

表 3-9 聚氨酯硬质泡沫塑料技术条件

属性	数值	属性	数值
密度	60～80 kg/m^3	抗拉强度	200 kPa
热导率	≤0.126 kW/(m·℃)	黏结强度	200 kPa

直埋管道的管材、壁厚、弹性模量和屈服强度等指标必须符合设计规定；须在环境温度超过 5 ℃的条件下施工，若环境温度不能满足要求，则要对液体加热，使其温度达到 20～30 ℃；调配聚醚混合物时，要随用随调，以防材料失效；管道位置允许偏差及标高允许偏差为 25 mm；在保护套管中伸缩的管道，套管不得妨碍管道伸缩且不得损坏保温外部的保护壳，在保温层内部伸缩的管道，套管不得妨碍管道伸缩，且不得损坏管道防腐层。

五、供热管道架空敷设

供热管道架空敷设是将供热管道敷设在地面上的独立支架或建筑物外墙的支架上，架空敷设所用的独立支架多用钢筋混凝土或钢材制成。架空敷设主要适用于地下水水位高、地形高低起伏较大、地形复杂或地下管线复杂、地下建筑物较多或有特殊障碍、有架空管道可供架空敷设或有可利用的建筑物作支架等情况。

1. 供热管道架空敷设的适用范围

供热管道架空敷设在工厂区和城市郊区应用广泛，通常沿建筑物、构筑物或与其他管道共用支架敷设，跨越公路、铁路时应采用“Π”形高支架敷设。

若发生下述情况可采用架空敷设：

(1)地下水水位高或年降雨量较大。

(2)土壤具有较强的腐蚀性。

(3)地下管线密集。

(4)地形高低起伏变化大或有河沟、岩层、溶洞等特殊障碍。

在寒冷地区，如果管道散热量过大，热媒参数无法满足用户要求，或者因管道间歇运行而采取保温防冻措施，造成经济上不合理时，则不适用于架空敷设。

2. 供热管道架空敷设的形式

管道架空敷设所用的支架按照其制成材料可分为砖砌、毛石砌、钢筋混凝土预制或现场浇灌、钢结构、木结构等类型。我国使用较多的是钢筋混凝土支架，坚固耐久，能承受较大的轴向推力，且节省钢材，造价较低。

管道架空敷设的优点是比地下敷设节省土方工程量，不受地下水的影响，维护、检查方便；缺点是管道受风吹、雨淋和日晒，管道的保温层易损坏。室外架空敷设管道安装多属于空中作业，施工时要制订周密的施工计划及安全措施。室外架空敷设管道尽量在地面上做接口，将其预制成一定长度的管段，用吊装的方法安放在管道的支架上，以减少在空中做管道的接口。这样既加快了施工进度，又减少了施工的不安全因素。

供热管道架空敷设有以下几种形式：

(1)低支架敷设(图 3-18)。当管道保温层至地面净空为 0.5～1.0 m 时为低支架敷设，低支架敷设应用在不阻碍交通及不妨碍厂区、街区扩建的地段，最好是沿工厂的围墙或平行于公路、铁路来布线。

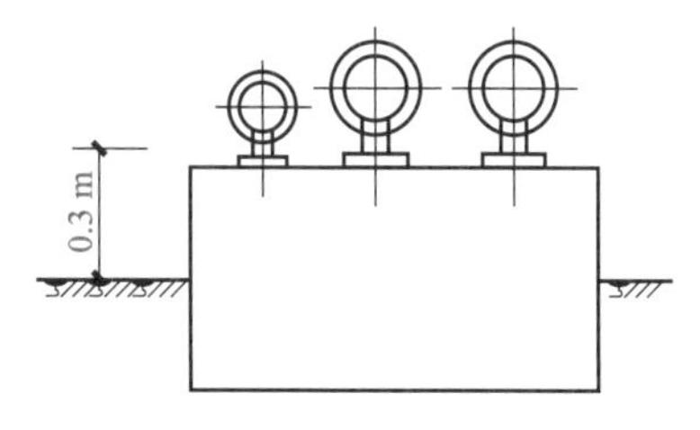

图 3-18　低支架

低支架的结构一般采用毛石砌筑或混凝土浇筑，如图 3-18 所示。这种敷设方式建设投资比较少。

低支架可以节约大量土建材料而且管道维修方便，是一种较为经济的敷设方式。当遇到障碍时，可将管道局部升高并敷设在桁架上跨越，同时还可起到补偿器的作用。低支架因轴向推力矩不大，考虑使用毛石或砖砌结构，以节约投资，方便施工。

(2)中支架敷设(图 3-19)。当管道保温层至地面净空为 2.5～3 m 时为中支架敷设。中支架敷设在人行频繁、需要通行车辆的地方。中支架的结构通常采用钢筋混凝土浇(或预)制或钢结构。

(3)高支架敷设(图 3-20)。当管道保温结构的底部距离地面净高为 4.5～6.0 m 时为高支架敷设，在管道跨越公路或铁路时采用。高支架通常采用钢结构或钢筋混凝土结构，如图 3-20 所示。因其支架高，截面尺寸大，故材料消耗也多。

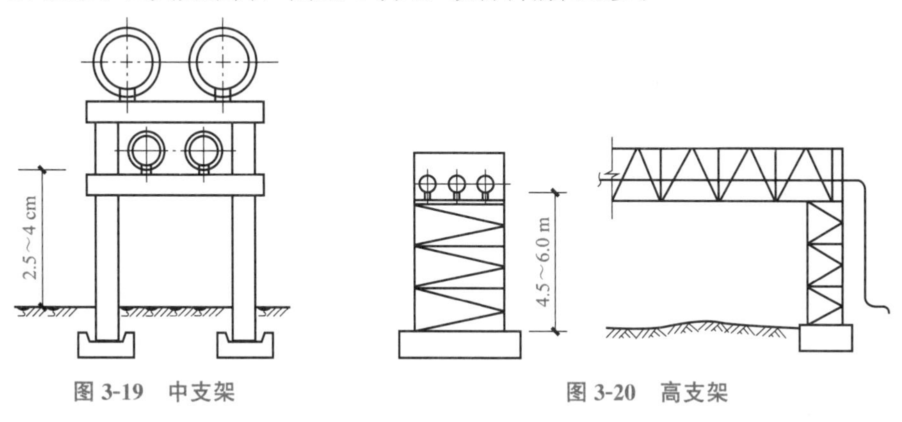

图 3-19　中支架　　图 3-20　高支架

3. 供热管道架空敷设的安装要求

供热管道架空敷设的安装高度若设计无要求，要符合下述规定：

(1)人行地区，要不小于 2.5 m；通行车辆地区，要不小于 4.5 m；跨越铁路，距离顶轨要不小于 6 m。

(2)架空管道支架允许偏斜值要不小于 20 mm，每个支架的标高偏差不应低于 2 mm。

(3)管道焊缝不要设在支架上，要离开支架一段距离，最好设在距支架为两支架距离 1/5 的位置上，此处弯矩接近于零。

(4)管道空中对口焊接时，要采取措随保证管道不塌腰。当管径大于 300 mm 时，用弧形承托板在下面托住接口处，将接口点焊定位，然后去掉承托板施焊。管径大于 300 mm 时，使用搭接板辅助对口。

(5)架空敷设管道位置允许偏差为 20 mm，标高允许偏差为±10 mm。

(6)管道受热膨胀后，滑动支架的管座中心线落在支撑板的中心线上，安装时应将管座中心偏向管道受热膨胀的反方向 50 mm 左右。

4. 架空管道安装的注意事项

(1)架空管道在不妨得交通的地段，适合低支架敷设，其保温层与地面的净空距离应不低于 0.3 m。在人行交通频繁地段，适合中支架敷设，支架高通常高于 2.5 m。在交通要道及跨越公路时，适合高支架敷设，支架高于 4.5 m。跨越铁路时，支架高距铁轨要高于 6 m。

(2)架空管道沿建筑物或构筑物敷设时，要考虑建筑物或构筑物对管道荷载的支承能力。

(3)架空管道沿建筑物或构筑物敷设时，管道的布置及排列要使支架负荷分布均匀，使所有管道便于安装和维修，并不得靠近易受腐蚀的构筑物附近。

(4)供热管道架设在大型煤气管道背上时，两管的补偿器宜布置在同一位置，以消除管道不同热胀冷缩造成的相互影响。

(5)管子下料时，短管的长度不得低于该管子的外径，同时也不得小于 200 mm。对管径大于 500 mm 的管子，短管长度可小于管子外径，但要不小于 500 mm。管子焊接时，必须严格遵守焊接检验规范，达到合格标准，还要注意焊缝与支架之间的距离应大于 150～200 mm。

(6)架空管道的吊装，可使用汽车起重机或桅杆配卷扬机等方法。钢丝绳绑扎管子的位置，要尽量使管子不受弯曲或少受弯曲。对吊上去刚就位还未焊接的管段要及时用绳索加以固定，避免管子从支架上滚落下来发生安全事故。架空管道敷设要严格按照安全操作规程施工。

5. 架空管道安装程序和方法

架空管道安装程序如图 3-21 所示。

室外架空管道敷设管道安装时，首先就是对管道支架的位置及标高进行检查，看其是否符合设计要求，检查支架安装是否牢固，支架顶面预埋钢板是否符合要求。然后再用经纬仪测出支架上管座的位置，并做出标记。在安装活动支架管座的同时，要根据支架处管道的伸缩量将管座焊在管道上。

管道就位要采用吊装的方法，按照管道的规格和长度，以及现场实际情况，借助起重设备吊装管道，将其安装在支架上调整好位置后做管道的最后接口。

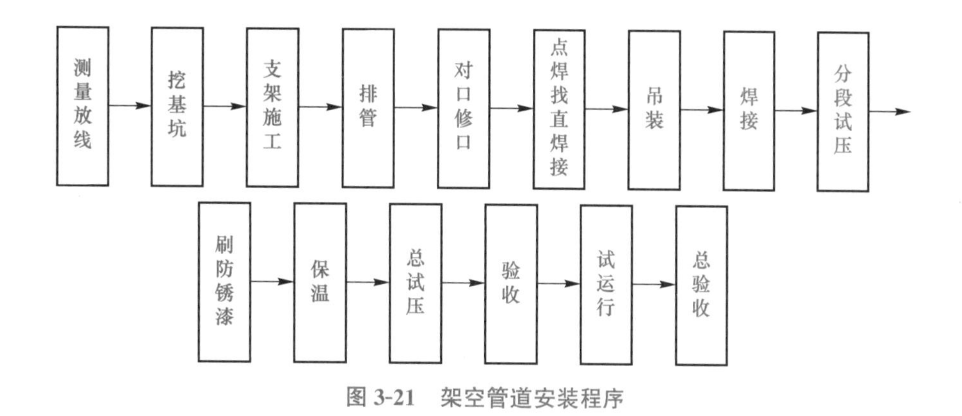

图 3-21　架空管道安装程序

六、其他附属器具的安装

其他附属器具主要有减压阀、疏水器、检查井及检查平台等。

1. 减压阀的安装

减压阀是对蒸汽进行节流，以达到减压的目的，来满足不同用户对蒸汽参数的要求。其种类有很多，但它们都不是单独设置的，而是为了不同需要与其他一些部件组装在一起。通常，这些组件包括高压表、低压表、高压安全阀、低压安全阀、过滤器、旁通阀及减压阀检修时的控制阀门等。减压阀与管道之间采用法兰连接或螺纹连接。

减压阀在安装时，阀体要垂直地安装在水平管道上，介质流动方向应与阀体上的箭头方向一致。其两端要设置切断阀，最好采用法兰截止阀。通常减压阀前的管径应与减压阀的公称直径相同；减压阀后的管径要比减压阀的公称直径大 1～2 号。阀组前后都要安装压力表，以便调节压力。减压阀后的低压管道上要安装安全阀，当超压时，可以泄压与报警，确保压力稳定，安全阀的排气管要接至室外。另外，减压阀要设置旁通管路。

2. 疏水器的安装

疏水器是蒸汽供热系统中的附属器具，其用来迅速排出凝结水，阻止蒸汽的漏失，不但能够防止管道中水击现象的产生，还可以提高系统的热效率。疏水器按压力的不同，可分为高压和低压两种。常用的疏水器按其作用原理可分为机械型、热动力型、恒温型三种类型。疏水器组装时要设置冲洗管、检查管、止回阀、过滤器等，并装置必要的法兰或活接头，以便检修时拆卸。疏水器安装可分为带旁通管和不带旁通管、水平安装或垂直安装。

疏水器要安装在便于操作和检修的位置，安装应平整，支架应牢固；连接管路时要有坡度，排水管与凝结水干管(回水)相接时，连接口应在凝结水干管的上方；管道和设备需设疏水器时，必须做排污短管(座)，排污短管(座)应有不小于 150 mm 的存水高度，在存水高度线上部开口接疏水器，排污短管(座)下端要设法兰盖；要设置必要的法兰和活接头等，以便于拆卸。

3. 检查井及检查平台

对于半通行地沟、不通行地沟及无沟敷设的管线，要在管道上设有阀门、排水与排气设备或套管式补偿器处设置检查井，对架空敷设的管道则设置检查平台。

检查井的净轮廓尺寸要按照通过其中的管道根数和直径，以及阀门附件的数量或大小来决定。既要考虑维修操作的方便，又不能造成浪费。通常，净高不小于 1.7～1.8 m，通道宽不小于 0.5 m。检查井顶部要设入口及入口扶梯，入口直径不小于 0.6 m，底部要设集水坑。

架空敷设的检查平台尺寸也要按照工人操作检修方便的要求去设计，四周要设栏杆及专门的扶梯。

检查井或检查平台的位置及数量要与管道平面定线一起考虑。在确保管道系统运行可靠、检修方便的情况下，尽可能减少检查井或检查平台数目，并要注意到避开交通要道和车辆行人较多的地方。

■ 七、供热管道功能性试验的规定

供热管道和设备安装完成后，应按设计要求进行强度和严密性试验。强度试验是超过设计参数的压力试验，该试验用来检查因设计或安装原因造成的结构承载能力的不足，严密性试验是略超设计参数的压力试验，该试验是在系统设备全部安装齐全且防腐保温完成检查可能存在的微渗漏。

一级管网及二级管网应进行强度试验和严密性试验。热力站(含中继泵站)内所有系统应进行严密性试验，站内设备按照设计要求进行试验。采用水作为试验介质。试验前应编制试验方案，并经监理(建设)、设计等单位审查同意后实施。在试验前应对有关操作人员进行技术、安全交底。

试验中所用压力表的精度等级不低于 1.5 级，量程应为试验压力的 1.5～2 倍，数量不得少于 2 块，表盘直径不应小于 100 mm，应在检定有效期内。压力表应安装在试验泵出口和试验系统末端。

1. 强度试验

管线施工完成后，经检查除现场组装的连接部位(如焊接连接、法兰连接等)外，其余均符合设计文件和相关标准的规定后，方可以进行强度试验。

强度试验应在试验段内的管道接口防腐、保温施工及设备安装前进行，试验介质为洁净水，环境温度在 5 ℃以上，试验压力为设计压力的 1.5 倍，充水时应排净系统内的气体，在试验压力下稳压 10 min，检查无渗漏、无压力降后降到设计压力，在设计压力下稳压 30 min，检查无渗漏、无异常声响、无压力降为合格。

当管道系统存在较大高差时，试验压力以最高点压力为准，同时最低点的压力不得超过管道及设备允许承受压力。

当试验过程中发现渗漏时，严禁带压处理。消除缺陷后，应重新进行试验。

试验结束后，应及时拆除试验用临时加固装置，排净管内积水。排水时应防止形成负压，严禁随地排放。

2. 严密性试验

严密性试验应在试验范围内的管道、支架全部安装完毕，且固定支架的混凝土已达到设计强度，管道自由端临时加固完成后进行。严密性试验压力为设计压力的 1.25 倍，且不小于 0.6 MPa。一级管网及站内稳压 1 h 内压力降不大于 0.05 MPa；二级管网稳压

30 min 内压力降不大于 0.05 MPa，且管道、焊缝、管路附件及设备无渗漏，固定支架无明显变形的为合格。

钢外护管焊缝的严密性试验应在工作管压力试验合格后进行。试验介质为空气，试验压力为 0.2 MPa。试验时，压力应逐级缓慢上升，至试验压力后，稳压 10 min，然后在焊缝上涂刷中性发泡剂并巡回检查所有焊缝，无渗漏为合格。

3. 试运行

工程已经过有关各方预验收合格且热源已具备供热条件后，对热力系统应按建设单位、设计单位认可的参数进行试运行，试运行的时间应为连续运行 72 h。

试运行过程中应缓慢提高工作介质的温度，升温速度应控制在不大于 10 ℃/h，在试运行过程中对紧固件的热拧紧，应在 0.3 MPa 压力以下进行。

试运行中应对管道及设备进行全面检查，特别要重点检查支架的工作状况。

对于已停运两年或两年以上的直埋蒸汽管道，运行前应按新建管道要求进行吹洗和严密性试验。新建或停运时间超过半年的直埋蒸汽管道，冷态启动时必须进暖管。

供热站内所有系统应进行严密性试验。试验前，管道各种支吊架已安装调整完毕，安全阀、爆破片及仪表组件等已拆除或加盲板隔离，加盲板处有明显的标记并做记录，安全阀全开，填料密实，试验管道与无关系统应采用盲板或采取其他措施隔开，不得影响其他系统的安全。试验压力为 1.25 倍设计压力，且不得低于 0.6 MPa，稳压在 1 h 内，详细检查管道、焊缝、管路附件及设备等无渗漏，压力降不大于 0.05 MPa 为合格；开式设备只做满水试验，以无渗漏为合格。

知识点考核

一、判断题

1. 热力管道存在着热胀冷缩现象，要选用适当形式的补偿器。 (　　)
2. 除直埋式外，地沟内热力管道安装，应首先安装支座。 (　　)
3. 蒸汽管道最低点要设疏水器，热水管道最高点设置排气阀。 (　　)
4. 埋地热力管道接头必须采用螺纹连接或法兰连接。 (　　)

二、单项选择题

1. 热力管网中需要添加补偿器的原因不包括(　　)。

A. 便于设备及管件的拆装维护　　B. 为了释放温度变形

C. 消除温度应力　　D. 确保管网运行安全

2. 在热力管道的热伸长计算中，热伸长计算公式 $\Delta L = aL\Delta t$ 中的 a，其物理意义是(　　)。

A. 管道膨胀系数　　B. 管道体膨胀系数

C. 管道面膨胀系数　　D. 管道线膨胀系数

3. 利用热力管道几何形状所具有的弹性吸收热变形，是最简单经济的补偿，在设计中首先采用。这种补偿叫作(　　)。

A. 直接补偿　　B. 弯头补偿

C. 自然补偿　　D. 管道补偿

4. 制造方便，补偿能力大，轴向推力小，但占地面积较大的补偿器是(　　)。

A. 方形补偿器　　B. Z形补偿器　　C. 波形补偿　　D. 填料式补偿器

5. 有补偿器装置的管道，在补偿器安装前，管道和固定支架(　　)进行固定连接。

A. 必须　　B. 应首先　　C. 可以　　D. 不得

6. 热力管道的施工过程中，下面仅仅适用于小管径、小压力和较低温度情况的连接是(　　)。

A. 螺纹连接　　B. 法兰连接　　C. 焊接　　D. 密封圈连接

7. 除埋地管道外，(　　)制作与安装是管道安装中的第一道工序。

A. 补偿器　　B. 管道支架　　C. 弯管　　D. 套管

8. 下列关于供热管道连接方式不正确的说法是(　　)。

A. 螺纹连接(丝接)　　B. 法兰连接　　C. 承插　　D. 焊接

三、多项选择题

1. 下列关于补偿器的叙述正确的有(　　)。

A. 最常见的管道自然补偿法是将管道两端以任意角度相接，多为两管道垂直相交，其补偿能力很大

B. 波形补偿器分为内部带套筒与不带套筒两种，带套筒的耐压能力突出

C. 方形补偿器由管子弯制或由弯头组焊而成

D. 填充式补偿器易漏水漏气，需经常检修和更换填料

E. 填充式补偿器内外管间隙之间用填料密封，内插管可以随温度变化自由活动，从而起到补偿作用

2. 下列关于直埋热力管道的叙述正确的有(　　)。

A. 直埋热力管道的折点处设置的混凝土固定墩，钢筋应双层布置

B. 直埋热力管道穿过固定墩处，孔边应设置加强筋

C. 直埋热力管道与燃气管道的垂直最小净距随燃气管道压力不同而有不同要求

D. 直埋蒸汽管道与直埋热水管道同给水、排水管道之间的最小水平净距要求不同

E. 直埋蒸汽管道与地铁之间的最小水平净距要求要高于其与普通铁路之间的最小水平净距要求

3. 热力管道施工前应该注意的问题有(　　)。

A. 熟悉设计图纸，对图纸中不明白的地方可以不用管

B. 钢管的材质和壁厚偏差应符合国家现行钢管制造技术标准，必须具有制造厂的产品证书，证书中所缺项目应作补充检验

C. 热力管网中所用的阀门，可以没有制造厂的产品合格证和工程所在地检验部门的检验合格证明

D. 管网工程的测量范围，应从热源外墙测至供热点或与用户连接的井室

E. 施工前，应对开槽范围内的地上地下障碍物进行现场核查及坑探

4. 热力管道施工中穿越工程的(　　)应取得穿越部位有关管道单位的同意和配合。

A. 管材及其附件　　B. 施工方法

C. 施工策划　　D. 工作坑的位置

E. 工程进行程序

5. 对已预制(　　)的热力管道及附件，在吊装和运输前须制订严格的防止损坏的措施，并认真实施。

A. 保护层　　B. 防腐层　　C. 保温层　　D. 弯头

E. 袖套

6. 在供热力管道的施工过程中，供热管道的连接主要有(　　)。

A. 螺纹连接　　B. 混凝土连接　　C. 法兰连接　　D. 焊接

E. 密封圈连接

7. 下列关于热力管道施工的说法，正确的有(　　)。

A. 在施工中热力管道的连接主要有螺纹连接、法兰连接以及焊接

B. 管道穿过墙壁、楼板处应按照套管

C. 穿越工程的施工方法、工作坑的位置以及工程进行程序不必取得穿越部位有关管理单位的同意和配合

D. 土方开挖到槽底后，应由设计人验收地基，对松软地基应由设计人提出处理意见

E. 沟槽、井室的主体结构经隐蔽工程验收合格以及竣工测量后，回填土可暂不回填

项目四 燃气管道施工

任务一 燃气管道施工图识读

课件：燃气管道施工

学习目标

1. 熟悉燃气输配系统的组成和分类、构造。
2. 了解燃气输配系统的布置原则、布置形式。
3. 了解燃气管道用的管材、管件及附属设备。
4. 能够正确识读燃气管道施工图，会对图中材料用量进行核算。

任务描述

燃气包括天然气、人工燃气和液化石油气。燃气经长距离输气系统输送到燃气分配站（也称为燃气门站），在燃气分配站将燃气压力降至城市燃气供应系统所需的压力后，由城市燃气输配系统输送分配到各用户使用。现代化的城市燃气输配系统一般由燃气管网、燃气分配站、调压站、储配站、监控与调度中心、维护管理中心组成。

燃气作为居民生活必不可少的一部分，经长距离输气系统送至城市燃气分配站，在燃气分配站经调压、计量、加臭后，由城市燃气管网系统输送分配到居民、公共建筑、工业等各类用户使用。通常，城市燃气管网系统是指自气源厂或城市燃气分配站到用户引入管的室外燃气管道。本任务将学习燃气管道的组成和结构、图纸识读的方法。

相关知识

一、城镇燃气输配系统的分类及构造

燃气管道系统包含各种压力级的管道、阀门及附属设施，现代化的城市燃气管道系统还包含有管理、监控等设施。

1. 燃气管道的分类

我国城镇燃气管道设计压力有多种，具体见表 4-1。

表 4-1　燃气管道的分类

名称		压力 P/MPa
高压燃气管道	高压燃气管道 A	$2.5<P\leqslant 4.0$
	高压燃气管道 B	$1.6<P\leqslant 2.5$
次高压燃气管道	次高压燃气管道 A	$0.8<P\leqslant 1.6$
	次高压燃气管道 B	$0.4<P\leqslant 0.8$
中压燃气管道	中压燃气管道 A	$0.2<P\leqslant 0.4$
	中压燃气管道 B	$0.01<P\leqslant 0.2$
低压燃气管道		$P\leqslant 0.01$

(1)高压燃气管道。高压燃气管道可分为高压燃气管道 A($2.5\ \text{MPa}<P\leqslant 4.0\ \text{MPa}$)及高压燃气管道 B($1.6\ \text{MPa}<P\leqslant 2.5\ \text{MPa}$)。前者通常是贯穿省、地区或连接城镇的长输管线，它有时也构成大型城镇输配管网系统的外环网。

(2)次高压燃气管道。次高压燃气管道可分为次高压燃气管道 A($0.8\ \text{MPa}<P\leqslant 1.6\ \text{MPa}$)及次高压燃气管道 B($0.4\ \text{MPa}<P\leqslant 0.8\ \text{MPa}$)。

(3)中压燃气管道。中压燃气管道可分为中压燃气管道 A($0.2\ \text{MPa}<P\leqslant 0.4\ \text{MPa}$)及中压燃气管道 B($0.01\ \text{MPa}<P\leqslant 0.2\ \text{MPa}$)。中压燃气管道必须通过区域调压站或用户专用调压站才能给城镇分配管网中的低压和中压管道供气，或给工厂企业、大型公共建筑用户及锅炉房供气。

(4)低压燃气管道。居民用户和小型公共建筑用户一般直接由低压管道($P<0.01\ \text{MPa}$)供气。低压管道输送人工燃气时，压力不大于 2 kPa；输送天然气时，压力不大于 3.5 kPa。

城镇燃气管网系统中各级压力的干管，特别是中压以上压力较高的管道，应连成环网，初建时也可以是半环状或枝状管网，但应逐步构成环网。

2. 燃气管道的构造

燃气管道的构造一般包括基础、管道和覆土三部分。燃气管道的基础用来防止管道不均匀沉陷造成管道破裂或接口损坏而漏气。与给水管道一样，燃气管道一般情况下也有天然基础、砂基础、混凝土基础三种，使用情况同给水管道。燃气管道埋设在地面以下，其管顶以上应有一定厚度的覆土，以保证在正常使用时管道不会因各种地面荷载作用而损坏。燃气管道宜埋设在土层冰冻线以下，在车行道下覆土厚度不得小于 0.8 m；在非车行道下覆土厚度不得小于 0.6 m。

二、燃气管道的布置

燃气管道敷设要在保证安全、可靠地供应各类用户正常压力和足够流量燃气的前提下，尽量缩短管线，以节省投资和费用。在城镇燃气管网供气规模、供气方式和管网压力级制选定以后，应根据气源规模、用气量及其分布、城市状况、地形地貌、地下管线与构筑物、管材设备供应条件、施工和运行条件等因素综合考虑，全面规划，远近结合，进行分期建设的安排，并按压力高低，先布置高、中压管网，后布置低压管网。图 4-1 所示为某区域燃气管网的系统布置图。

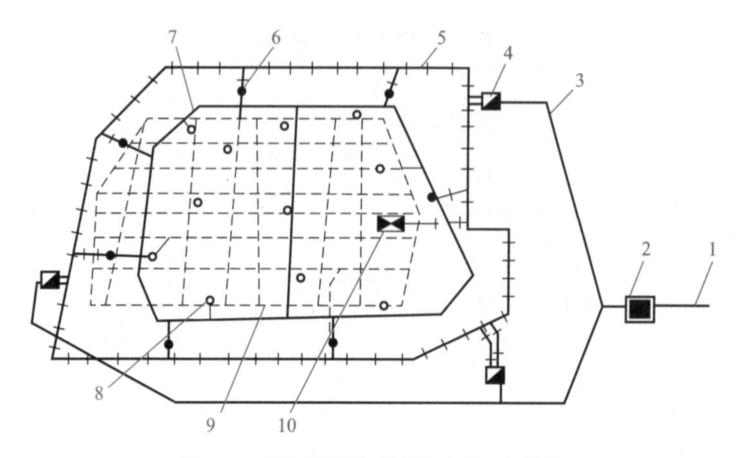

图 4-1　某区域燃气管网的系统布置图

1—长输管线；2—城镇燃气分配站；3—郊区高压管道；4—储气站；5—高压管网；6—高/中压调压站；7—中压管网；8—中/低压调压站；9—低压管网；10—煤制气厂

1. 燃气管网的布置形式

按照用气建筑物的分布情况和用气特点，室外燃气管网的布置形式可分为以下四种：

(1)树枝式。树枝式工程造价较低，便于集中控制和管理，但当干线上某处发生故障时，其他用户的供气会受影响。

(2)双干线式。采用双管布置干线，为确保居民或重要用户的基本用气，平时两根干管均投入使用，而当一根干管出现故障需要修理时，另一根干管仍能使用。

(3)辐射式。辐射式管网布置方式适合于区域面积不大且用户比较集中时采用。从干管上接出各支管，形成辐射状，由于支管较长而干管较短，所以，干管的可靠性增加，其他用户的用气不会因某个支管的故障或修理而受影响。

(4)环状式。环状式管网的供气可靠。要尽量将城市管网或用气点较分散的工矿企业设计成环状式，或逐步形成环状管网。

为便于在初次通入燃气之前排除干管中的空气，或在修理管道之前排除剩余的燃气，以上四种布置形式都须设有放散管。

2. 燃气管道布置原则

(1)燃气管道的布置首先要根据管道压力做出划分。通常，低压燃气干管敷设在城市庭院内，高压干管敷设在城市外围或靠近大型工业用户，中压干管敷设在城市道路下，以满足居民及工业用户的需要。

(2)低压燃气干管通常敷设在庭院道路下，可同时保证管道两侧供气，节省投资。

(3)高、中压燃气干管应靠近大型用户，尽量靠近调压站，以缩短支管长度。为保证燃气供应的可靠性，主要干线应逐步连成环状。

(4)城镇燃气管道应布置在道路下，尽量避开主要交通干道和繁华的街道，以减少施工难度和运行、维修的麻烦，并可节省投资。

(5)沿街道敷设燃气管道时，可以单侧布置，也可以双侧布置。一般在街道很宽，横穿道路的支管很多，道路上敷设有轨电车轨道，输送燃气量较大，单侧管道不能满足要求时采用双侧布置。

(6)燃气管道不准敷设在建筑物、构筑物下面，不准与其他管道上下重叠平行布置，并禁止在下列场所之下敷设：机械设备和货物堆放地；易燃、易爆材料和腐蚀性液体的堆放场所；高压电线走廊。

燃气管道要尽可能避免穿越铁路、河流、主要公路和其他较大障碍物，必须穿越时应有防护措施。

(7)结合土壤性质、腐蚀性能和冰冻线深度，调整管线布置。

三、燃气管材、管件及附属设备

用于输送燃气的管材种类很多，常用的燃气管材主要有钢管、铸铁管、塑料管。在管网的适当位置要添加必要的附属设备，以确保检修方便和安全运行。附属设备包括阀门、补偿器、排水器、放散管等。

1. 常用燃气管材

(1)钢管：常用的钢管有焊接钢管和普通无缝钢管。焊接钢管中用于输送燃气的常用管道是直焊缝钢管，常用管径范围为 6～150 mm。对于大口径管道，可以采用直缝卷焊管(管径为 200～1 800 mm)和螺旋焊接管(管径为 200～700 mm)，其管长为 3.8～18 m。

通常，无缝钢管适用于各种压力级别城市燃气管道。焊接钢管有低压流体输送用焊接钢管、螺旋缝电焊钢管和钢板卷制直缝电焊钢管，后两者多用于直径大于 159 mm 的燃气管道。

钢管的壁厚要根据埋设地点、土壤和路面荷载情况而定，一般不小于 3.5 mm，当管道穿越重要障碍物及土壤腐蚀性较强的地段时，壁厚不小于 8 mm。

(2)铸铁管：用于燃气输配管道的铸铁管现在均采用球墨铸铁管，通常为铸模浇铸或离心浇筑铸铁管。国内燃气管道常用普压连续铸铁直管、离心承插直管及管件，其直径为 75～1 500 mm，壁厚为 9～30 mm，长度为 3～6 m。为了提高铸铁管的抗震性能，降低接口操作难度与劳动强度，国内研制的柔性接口铸铁管已推广使用，直径为 100～500 mm，气密性试验压力可达 0.3 MPa。

铸铁管的抗拉强度、抗弯曲及抗冲击能力不如钢管，但其抗腐蚀性比钢管好，在中、低压燃气管道中被广泛采用。

(3)塑料管：又称 PE 管，是当前城镇燃气管道使用最多的一种管材。燃气管道采用的塑料管为聚乙烯管，通常可分为中密度聚乙烯管、高密度聚乙烯管和尼龙－11 塑料管等。管外径与壁厚的比值(SDR 值)是评价 PE 管材性能的一个重要指标。与钢管、铸铁管相比较，塑料管具有材质轻、耐腐蚀性好、施工方便等优点，但其机械强度较低，适用于环境温度在－5～60 ℃范围内的中低压燃气管道。由于塑料管的刚性较差，故施工时必须夯实槽底土。

2. 管道的连接方式

钢管的连接方式主要为焊接、法兰连接；铸铁管一般采用承插、螺旋压盖和法兰连接；塑料管连接方式可采用螺纹连接、热熔连接和电熔连接等。

(1)埋地燃气管道中，当管材采用铸铁管时，一般采用承插连接。

(2)采用焊接铜管螺纹连接时，填料为聚四氟乙烯生料带、黄粉甘油调和剂、厚白漆等，不得使用麻丝为填料。

(3)管材采用焊接时，$DN \geqslant 50$ mm 采用电焊连接，$DN \leqslant 50$ mm 采用氧-乙炔焊焊接。

(4)燃气管道与法兰阀门、设备连接时，应采用法兰连接，法兰垫片按下列要求选用：

1)$DN \leqslant 300$ mm，采用橡胶石棉板，厚度为 3～5 mm，不得使用橡胶板或石棉板作垫片。

2)300 mm$< DN \leqslant$450 mm，采用油浸石棉纸垫片。

3)$DN >$450 mm，采用焦油或红铅油浸过的石棉绳。

3. 附属设备

为了保证燃气管网的安全运行，并考虑到接线、检修的方便，在燃气管网的适当位置要设置必要的附属设备，包括阀门、法兰、补偿器、排水器和放散管等。

(1)阀门。阀门在项目二任务一中已有详细介绍，此处不再赘述。

(2)法兰。法兰是一种标准化的可拆卸连接形式。燃气管网常用法兰可分为平焊法兰、对焊法兰和螺纹连接法兰三种。

1)平焊法兰：将管端插入法兰内径一定深度后，法兰与管端采用焊接固定，一般用于 $P \leqslant 1.6$ MPa、$T \leqslant 250$ ℃的条件下。其是燃气工程中应用最广泛的一种法兰形式。

2)对焊法兰：法兰与管端采用对口焊接。

3)螺纹法兰：法兰内径表面加工成管螺纹，可用于 $DN \leqslant 50$ mm 的低压燃气管道。

法兰的选用通常遵循以下规则：

1)标准法兰应按照公称直径和公称压力来选用，当知道工作压力时，需依据法兰材质和工作温度换算成公称压力来选用。

2)法兰材质一般应与钢管材质一致。

3)法兰的结构尺寸按所选用的法兰标准号确定。

(3)补偿器。补偿器是调节管线因温度变化而伸长或缩短的配件，如图 4-2 所示，常用于架空管道和需要进行蒸汽吹扫的管道上。另外，补偿器安装在阀门的下侧(按气流方向)，利用其伸缩性能，方便阀门的拆卸和检修。

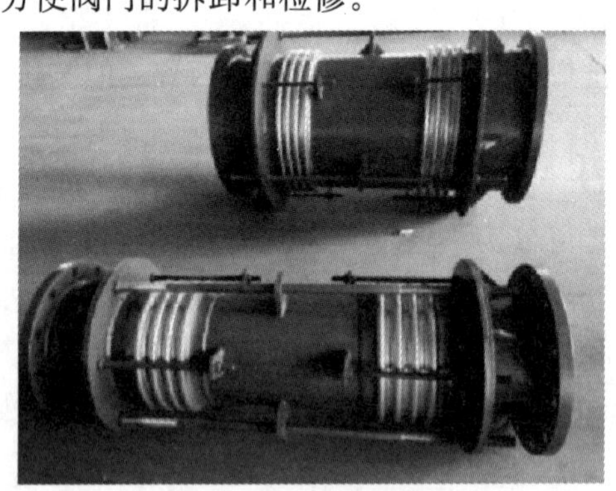

图 4-2　补偿器

(4)排水器。排水器是用于排除燃气管道中冷凝水和石油伴生气管道中轻质油的配件，由凝水罐、排水装置和井室三部分组成。管道敷设时应有一定坡度，以便在低处设排水器，将汇集的水或油排出。

(5)放散管。放散管是一种专门用来排放管道内部的空气或燃气的装置。放散管设在阀门井中时，在环网中阀门的前后都应安装，而在单向供气的管道上则安装在阀门之前，如图 4-3、图 4-4 所示。

图 4-3　放散管(一)

图 4-4　放散管(二)

任务实施

燃气管道施工图(图 4-5)的识读是保证工程施工质量的前提，一套完整的燃气管道施工图包括目录、施工说明、主要材料及设备表、管线平面图及其他大样图等。

(1)燃气管道施工图识读基本方法：查看目录→阅读施工说明→识读管线平面图→核对设备材料表。

(2)识读燃气管道施工图具体要求。燃气管道施工图主要体现的是管道在平面上的相对位置及管道敷设地带一定范围内的地形、地物和地貌情况，结合施工说明，识读时应注意以下几个方面的内容：

1)图纸比例、说明和图例。

2)管道施工地带道路的宽度、长度、中心线坐标、折点坐标及路面上的障碍物情况。

3)管道的管径、管材、埋设深度、转弯处及有分支管处坐标、中心线的方位角、管道与道路中心线或永久性地物间的相对距离，以及管道穿越障碍物的坐标等。

4)管道的敷设坡度、水平距离，与本管道相交、相近或平行的其他管道的位置及交叉处的标高。

5)阀门、管件、附属设施及基础构筑物等的位置。

6)核对主要设备、材料。

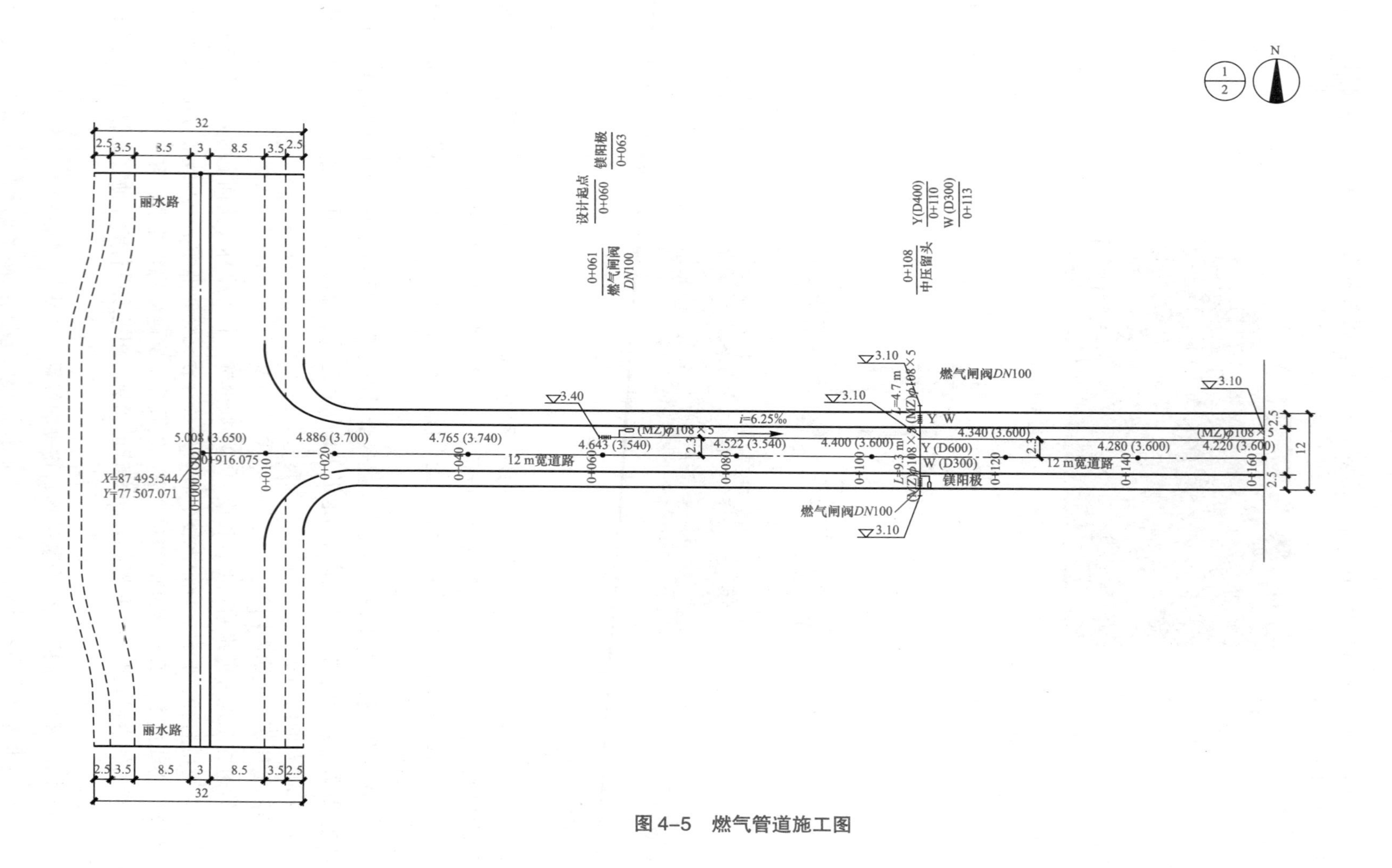

丽水路
丽水路
12 m宽道路
12 m宽道路
燃气闸阀DN100
燃气闸阀DN100
镁阳极
设计起点 0+060
镁阳极 0+063
0+061 燃气闸阀 DN100
0+108 中压留头
Y(D400) 0+110
W (D300) 0+113
Y (D600)
W (D300)
i=6.25‰
X=87 495.544
Y=77 507.071
5.008 (3.650)
4.886 (3.700)
4.765 (3.740)
4.643 (3.540)
4.522 (3.540)
4.400 (3.600)
4.340 (3.600)
4.280 (3.600)
4.220 (3.600)

图 4-5　燃气管道施工图

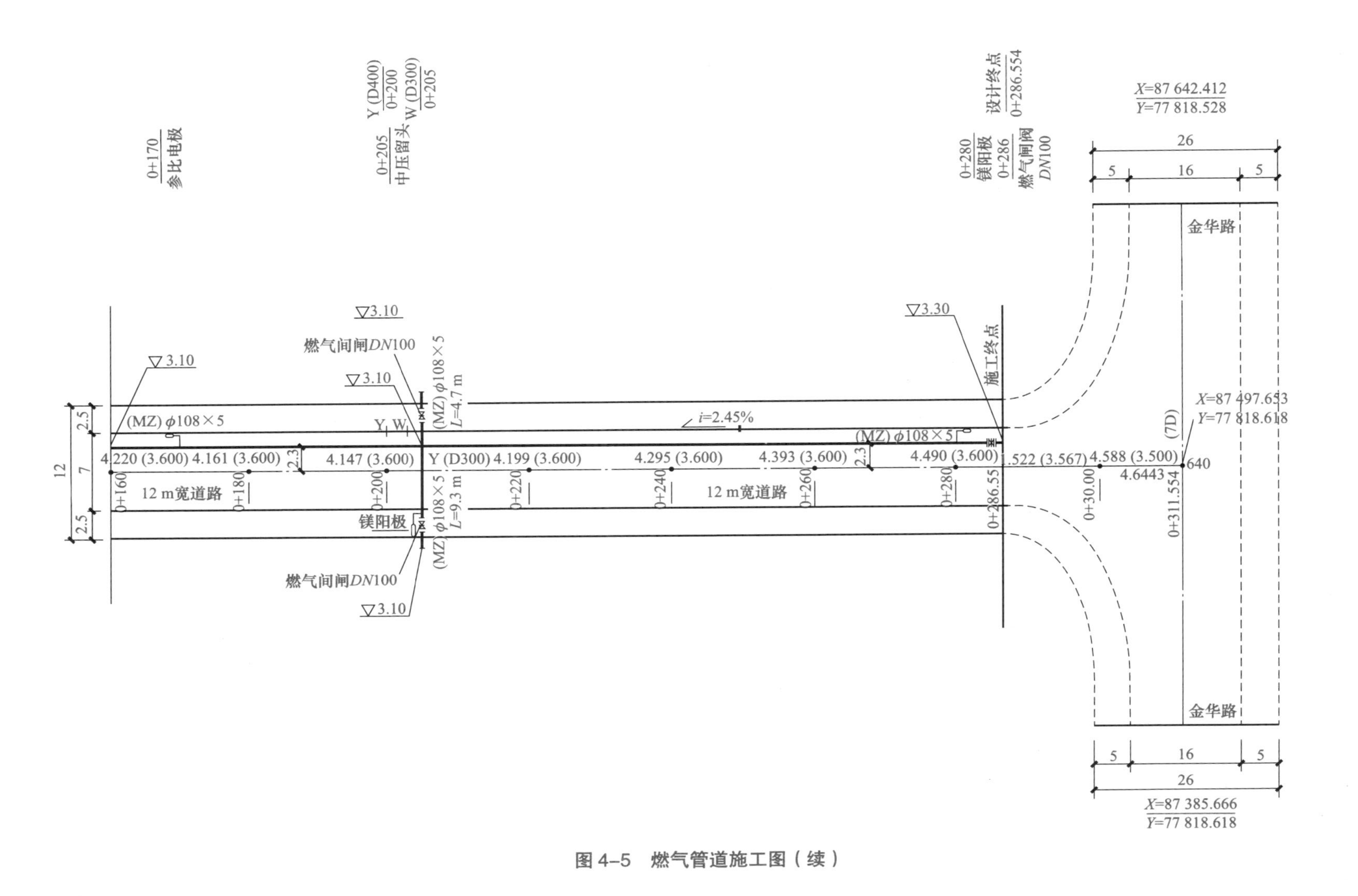

图 4-5　燃气管道施工图（续）

知识点考核

一、判断题

1. 作为城市用气的主供气源为天然气，它具有燃烧时发热量大、清洁环保、易调节、使用方便等特点，是城市中的一种理想能源。（　）

2. 通常，城市燃气管网系统是指自气源厂或城市燃气分配站起至各类用户引入管的所有室外燃气管道。（　）

3. 中压输气管通常是贯穿省、地区或连接城镇的长输管线。（　）

4. 燃气管道不准敷设在铁路、河流下面。（　）

5. 城镇燃气管道应布置在道路下，尽量避开主要交通干道和繁华的街道，以减少施工难度和运行、维修的麻烦，并可节省投资。（　）

6. 环状管网的供气可靠，因此要尽量将城市管网或用气点较分散的工矿企业设计成环状式，或逐步形成环状管网。（　）

二、单项选择题

1. 西气东输管道属于（　）燃气管道。

A. 高压 A　　B. 次高压 A　　C. 高压 B　　D. 次高压 B

2. 输气压力为 1.2 MPa 的燃气管道为（　）燃气管道。

A. 次高压 A　　B. 次高压 B　　C. 高压 A　　D. 高压 B

3. 高压和中压 A 燃气管道应采用的管材是（　）。

A. 钢管　　B. 机械接口铸铁管

C. 聚乙烯管材　　D. 聚氯乙烯管材

4. 高压燃气管道应采用（　）。

A. 钢管　　B. 机械接口铸铁管

C. PE 管　　D. 承插接口铸铁管

5. 燃气通过旁通管供给用户时，管网的压力和流量是由手动调节旁通管上的（　）来实现的。

A. 减压阀　　B. 阀门　　C. 安全阀　　D. 放气阀

6.（　）是作为消除管段胀缩应力的设备，常用于架空管道和需要进行蒸汽吹扫的管道上。

A. 过滤器　　B. 补偿器　　C. 调压器　　D. 引射器

7. 为了排除燃气管道中的冷凝水和石油伴生气管道中的轻质油，管道敷设时应有一定坡度，以便在低处设（　），将汇集的水或油排出。

A. 排水器　　B. 过滤器　　C. 调压器　　D. 引射器

8. 为了保证燃气管网的安全与操作方便，地下燃气管道的阀门一般都设置在（　）。

A. 地上　　B. 阀门盖　　C. 阀门井　　D. 保温层

9. 在燃气输配系统中，调压器是一个（　）。

A. 升压设备　　B. 降压设备　　C. 恒压设备　　D. 稳压设备

10. 当调压器、过滤器检修或发生事故时，用作切断燃气的附属设施是（　）。

A. 安全装置　　B. 旁通管　　C. 阀门　　D. 补偿器

三、多项选择题

1. 地下燃气管道不得从(　　)的下面穿越。

A. 建筑物　　B. 河流　　C. 铁路　　D. 大型构筑物

E. 公路

2. 聚乙烯管道可适用压力范围为(　　)。

A. 低压　　B. 中压　　C. 次高压　　D. 高压

E. 超高压

3. 为了确保管网运行安全，并考虑到检修、接线的需要，要在管道的适当地点设置的必要附属设施是(　　)。

A. 阀门　　B. 旁通管

C. 补偿器　　D. 排水器

E. 放散管

4. 下列关于城市燃气管网系统的叙述正确的有(　　)。

A. 城市燃气管网系统中各级压力的干管，特别是中压以上压力较高的管道，应连成环网

B. 城市燃气管网系统中各级压力的干管，特别是中压以上压力较高的管道，可以是半环形或枝状管道，不必构成环网

C. 城市、工厂区和居民点可由长距离输气管线供气

D. 个别距离城市燃气管道较远的大型用户，经论证确系经济合理和安全可靠时，可自设调压站与长输管线连接

E. 除一些允许设专用调压器的、与长输管线相连接的管道检查站用气外，单位居民用户不得与长输管线连接

5. 我国城市燃气管道根据输气压力一般分为(　　)等燃气管道。

A. 低压　　B. 超低压

C. 中压　　D. 次高压

E. 高压

6. 城市燃气管道包括(　　)。

A. 分配管道　　B. 工业企业燃气管道

C. 室内燃气管道　　D. 用户引入管

E. 工厂引入管

7. 燃气管道按敷设方式可分为(　　)。

A. 城市燃气管道　　B. 地下燃气管道

C. 长距离输气管道　　D. 架空燃气管道

E. 工业企业燃气管道

8. 供给居民生活、公共建筑和工业企业生产作燃料用的公用性质的燃气，主要有(　　)。

A. 人工煤气　　B. 天然气

C. 液化石油气　　D. 沼气

E. 氧气

任务二　燃气管道施工

学习目标

1. 了解燃气管道敷设方法和管道穿越的注意事项。
2. 能够说出管道安装的方法，并掌握对管道进行安全检查的方法。
3. 能够根据施工图纸与现场实际条件选择和制订燃气管道工程施工方案。
4. 能够根据施工图纸和施工实际条件编写一般燃气管道工程施工技术交底。
5. 能够按照施工规范指导工人对常规燃气管道工程关键工序进行施工操作。

任务描述

燃气是以可燃气体为主要组分的混合气体燃料。城镇燃气是指符合国家规范要求的，供给居民生活、公共建筑和工业企业生产作燃料用的公用性质的燃气，主要有人工煤气、天然气和液化石油气。

燃气管道是给用户提供燃气的专用管道，它安装的好坏直接影响到居民的日常生活用气。本任务将系统地介绍燃气输配管道的敷设方法及穿越河流、建筑物等障碍物的注意事项，以及管道的安装方法，要求学生在读懂图纸的基础上能根据实际情况制订施工方案，并指导工人进行关键工序施工操作。

相关知识

一、工程基本规定

(1)燃气管道对接安装引起的误差不得大于3°，否则应设置弯管，次高压燃气管道的弯管应考虑盲板力。

(2)燃气管道与建筑物、构筑物、基础或相邻管道之间的水平和垂直净距，不应小于《城镇燃气输配工程施工及验收标准》(GB/T 51455—2023)的规定。当要求不一致时，应满足要求严格的。

无法满足上述安全距离时，应将管道设于管道沟或刚性套管的保护设施中，套管两端应用柔性密封材料封堵。

保护设施两端应伸出障碍物且与被跨越的障碍物间的距离不应小于0.5 m。对有伸缩要求的管道，保护套管或地沟不得妨碍管道伸缩且不得损坏绝热层外部的保护壳。

(3)管道埋设的最小覆土厚度。地下燃气管道埋设的最小覆土厚度(路面至管顶)应符合下列要求：埋设在车行道下时，不得小于0.9 m；埋设在非车行道下时，不得小于0.6 m；埋设在机动车不能到达地方时，不得小于0.3 m；埋设在水田下时，不得小于0.8 m(不能满足上述规定时应采取有效的保护措施)。

(6)地下燃气管道不宜与其他管道或电缆同沟敷设。当需要同沟敷设时，必须采取防护措施。

二、燃气管道的敷设

目前，市政燃气管道一般都采用埋地敷设，当管道穿越障碍物时，可采用加套管非开挖敷设或架空敷设。埋地敷设时，高压燃气管道宜采用钢管；中、低压燃气管道可采用球墨铸铁管和聚乙烯管。

1. 输配管道敷设一般规定

(1)管材及管道附件在施工现场的堆放、吊装、搬运等应符合材料特性和产品说明书的要求，并应采取防止管材及管道附件受损的措施。

(2)在地面上布管及组对焊接时，管道边缘至沟槽边缘的净距不应小于 1.5 m。在坡地布管时，应采取措施防止滚管、滑管。

(3)管道、管道附件、设备等的吊装宜使用吊装机具，不应采用抛、滚、撬等方法就位。吊装时应采取防止管道及防腐层受损的措施。吊具宜使用尼龙吊带或橡胶辊轮吊篮，不得直接使用钢丝绳。

(4)管道应在槽底高程和管道基础质量检验合格，清除沟槽内杂物和积水，管道外防腐层检查合格后，方可下沟。下管时，作业段的沟槽内不应有人，并应防止管道滚落沟槽；下管时，应避免管道与沟槽壁刮碰，不得损伤管道及防腐层；下管吊装时，吊点距环向焊缝距离不应小于 2 m。

(5)吊装设备的占位不应影响管道沟槽边坡的稳定。

(6)管道连接不得强力组对，管道与法兰应在自由状态下连接。

(7)绝缘接头安装前应进行绝缘性能测试，其绝缘电阻值应大于 20 MΩ。

(8)管道敷设完成后应对管道及管道附件的高程和中线坐标进行竣工测量。

(9)管道沿线应设置路面标志，标志应埋设牢固、清晰完整，且应设置在燃气管道的正上方，同时能正确、明显地指出管道的走向和地下设施。

(10)路面标志的形状、尺寸、标注字样、警示用语等其他要求应符合现行行业标准《城镇燃气标志标准》(CJJ/T 153—2010)的规定。

2. 钢质管道焊接要求

(1)钢质管道的焊接施工应符合现行国家标准《现场设备、工业管道焊接工程施工规范》(GB 50236—2011)或《钢质管道焊接及验收》(GB/T 31032—2014)的规定，也可按不低于上述标准相应技术要求的其他焊接施工标准执行。

(2)管道焊接前应进行焊接工艺评定和焊接工艺规程文件编制。当管材、接头设计、壁厚、管径、焊接材料、预热、焊后热处理、电特性等焊接基本要素发生变更时，应重新进行焊接工艺评定和焊接工艺规程文件编制。

(3)焊接材料在保管和搬运时应符合产品说明书的要求，并应符合下列规定：

1)焊条应无破损、发霉、油污、锈蚀，焊丝应无锈蚀和折弯，焊剂应无变质现象，保护气体的纯度和干燥度应满足焊接工艺规程的要求。

2)低氢型焊条焊前应按产品说明书要求进行烘干、保存和使用；当天未用完的焊条应回收存放，重新烘干后首先使用，重新烘干的次数不得超过 2 次。

3)自保护药芯焊丝不应烘干，纤维素焊条不宜烘干。

4)焊丝应在焊接前打开包装；当日未用完的焊丝应妥善保管，防止污染。

3. 球墨铸铁燃气管道敷设

球墨铸铁燃气管道敷设应注意以下内容：

(1)管道安装就位时，要采用测量工具检查管段的坡度是否符合设计要求。当遇特殊情况，需变更设计坡度时，最小坡度不能小于0.3%，在管道上下坡度折转处或穿越其他管道之间时，个别地点允许连续3根管子坡度小于0.3%，管道安装在同一坡段内，不得有局部存水现象。管道安装不得大管坡向小管。

(2)管道或管件安装就位时，生产厂的标记应朝上。

(3)已安装的管道暂停施工时要临时封口。

(4)管道敷设时，弯头、三通和固定盲板处均要砌筑永久性支墩。

(5)临时盲板要采用足够的支撑，除设置端墙外，还要采用两倍于盲板承压的千斤顶支撑。

(6)球墨铸铁渐缩管不要直接接在管件上，其间必须先装一段短管，短管长度不小于1.0 m。

(7)地下燃气球墨铸铁管线穿越狭窄车道时，以接头少者为佳，非不得已不得采用短管。

(8)两个承插口接头之间必须确保0.4 m的净距。

(9)敷设在严寒地区的地下燃气球墨铸铁管道，埋设深度要在当地的冰冻线以下，当管道位于非冰冻地区时，通常埋设深度不小于0.8 m。

(10)管道分叉后需改小口径时，要采用异径丁字管，若有困难，可以采用渐缩管。

(11)在球墨铸铁管上钻孔时，孔径要小于该管内径的1/3。当孔径不小于1/3时，要加装马鞍法兰或双承丁字管等配件，不得利用小径孔延接较大口径的支管。

(12)球墨铸铁管上钻孔后，若需堵塞，要采用铸铁实心管堵，不得用白铁管堵。

4. 聚乙烯燃气管道敷设

聚乙烯燃气管道敷设应注意以下内容：

(1)干管、支管敷设注意事项。

1)聚乙烯燃气管道要在沟底标高和管基质量检查合格后，方准敷设。

2)聚乙烯燃气管道可蜿蜒状敷设，并可随地形弯曲敷设，但其允许弯曲半径要符合规定。

3)聚乙烯燃气管道埋设的最小管顶覆土厚度要符合规定。

4)聚乙烯燃气管道敷设时，要随管走向埋设金属示踪线；距离管顶不小于300 mm处要埋设警示带，警示带上要标出醒目的提示字样。

5)聚乙烯燃气管道下管时，要防止划伤、扭曲及过大的拉伸和弯曲。

6)盘管敷设采用拖管法施工时，拉力不大于管材屈服拉伸强度的50%。

7)盘管敷设采用煨管法施工时，管道允许弯曲半径要符合规定。

(2)插入管敷设注意事项。在改造更新燃气管道中，采用燃气PE管内插施工技术，即近几年出现的新的燃气管道敷设方法。PE管内插敷设法是在不开挖或少开挖路面的条件下探测、检查、修复、更换和敷设各种地下燃气管线的施工技术方法，即将PE管插入铸铁管或钢管后，形成一种新的管道结构，使PE管的防腐性能和原管线的机械性能合而为一，从而提高管道的整体性能。

该技术的关键是确保能一次成功穿越燃气旧管道，并保证 PE 管芯表面和管身在托管过程中不受损伤。要达到上述目标，就必须经过清管、探管、托管、焊接、固化等环节，涉及拉力控制、PE 管芯的防护及焊接等问题，还要考虑 PE 管芯所承受的抗拉极限。同时管道焊接工艺的控制，直接关系到工程的实施能否获得成功，故为稳固 PE 芯管还必须对其进行固化处理。

三、燃气管道穿越敷设注意事项

1. 燃气管道穿越建(构)筑物

(1)不得穿越的规定。

1)地下燃气管道不得从建筑物和大型构筑物的下面穿越。

2)地下燃气管道不得在堆积易燃、易爆材料和具有腐蚀性液体的场地下面穿越。

(2)地下燃气管道穿过排水管、热力管沟、联合地沟、隧道及其他各种用途沟槽时，应将燃气管道敷设于套管内。套管伸出构筑物外壁不应小于燃气管道与构筑物的水平距离要求。套管两端的密封材料应采用柔性的防腐、防水材料密封。

(3)燃气管道穿越铁路、高速公路、电车轨道和城镇主要干道时应符合下列要求：

1)穿越铁路和高速公路的燃气管道，其外应加套管，并提高绝缘、防腐等措施。

2)穿越铁路的燃气管道的套管，应符合下列要求：

①套管埋设的深度：铁路轨道至套管顶不应小于 1.20 m，并应符合铁路管理部门的要求。

②套管宜采用钢管或钢筋混凝土管。

③套管内径应比燃气管道外径大 100 mm 以上。

④套管两端与燃气管的间隙应采用柔性的防腐、防水材料密封，其一端应装设检漏管。

⑤套管端部距路堤坡脚外距离不应小于 2.0 m。

(4)燃气管道穿越电车轨道和城镇主要干道时宜敷设在套管或地沟内；穿越高速公路的燃气管道的套管、穿越电车轨道和城镇主要干道的燃气管道的套管或地沟，应符合下列要求：

1)套管内径应比燃气管道外径大 100 mm 以上，套管或地沟两端应密封，在重要地段的套管或地沟端部宜安装检漏管。

2)套管端部距电车边轨不应小于 2.0 m；距离道路边缘不应小于 1.0 m。

3)燃气管道宜垂直穿越铁路、高速公路、电车轨道和城镇主要干道。

2. 燃气管道通过河流

燃气管道通过河流时，可采用穿越河底或采用管桥跨越的形式。

(1)当条件允许时，可利用道路、桥梁跨越河流，并应符合下列要求：

1)利用道路、桥梁跨越河流的燃气管道，其管道的输送压力不应大于 0.4 MPa。

2)当燃气管道随桥梁敷设或采用管桥跨越河流时，必须采取安全防护措施。

3)燃气管道随桥梁敷设，宜采取如下安全防护措施：

①敷设于桥梁上的燃气管道应采用加厚的无缝钢管或焊接钢管，尽量减少焊缝，对焊缝进行 100%无损探伤。

②跨越通航河流的燃气管道管底标高，应符合通航净空的要求，管架外侧应设置护桩。

③在确定管道位置时，应与随桥敷设的其他可燃的管道保持一定间距。

④管道应设置必要的补偿和减震措施。

⑤过河架空的燃气管道向下弯曲时，向下弯曲部分与水平管夹角宜采用45°形式。

⑥对管道应做较高等级的防腐保护。对于采用阴极保护的埋地钢管与随桥管道之间应设置绝缘装置。

(2)燃气管道穿越河底时，应符合下列要求：

1)燃气管道宜采用钢管。

2)燃气管道至规划河底的覆土厚度，应根据水流冲刷条件确定，对不通航河流不应小于0.5 m；对通航的河流不应小于1.0 m，还应考虑疏浚和投锚深度。

3)稳管措施应根据计算确定。

4)在埋设燃气管道位置的河流两岸上、下游应设立标志。

四、室外架空燃气管道的敷设

室外架空的燃气管道，可沿建筑物外墙或支柱敷设，并应符合下列要求：

(1)中压和低压燃气管，可沿建筑耐火等级不低于二级的住宅或公共建筑的外墙敷设；次高压、中压和低压燃气管道，可沿建筑耐火等级不低于二级的丁、戊类生产厂房的外墙敷设。

(2)沿建筑物外墙敷设的燃气管道距住宅或公共建筑物门、窗洞口的净距：中压管道应不小于0.5 m，低压管道应不小于0.3 m。燃气管道距生产厂房建筑物门、窗洞口的净距不限。

(3)架空燃气管道与铁路、道路和其他管线交叉时的垂直净距应不小于表4-2的规定。

表4-2　架空燃气管道与铁路、道路和其他管线交叉时的垂直净距

<table>
<tr><th colspan="2">建筑物和管线名称</th><th>燃气管道下最小垂直净距/mm</th><th>燃气管道上最小垂直净距/mm</th></tr>
<tr><td colspan="2">铁轨轨面</td><td>6.0</td><td>—</td></tr>
<tr><td colspan="2">城市道路路面</td><td>5.5</td><td>—</td></tr>
<tr><td colspan="2">厂区道路路面</td><td>5.0</td><td>—</td></tr>
<tr><td colspan="2">人行道路路面</td><td>2.2</td><td>—</td></tr>
<tr><td rowspan="3">架空电力线</td><td>3 kV以下</td><td>—</td><td>1.5</td></tr>
<tr><td>3～10 kV</td><td>—</td><td>3.0</td></tr>
<tr><td>35～66 kV</td><td>—</td><td>4.0</td></tr>
<tr><td rowspan="2">其他管道</td><td>≤300 mm</td><td>同管道管径，但不小于0.1</td><td>同管道管径，但不小于0.1</td></tr>
<tr><td>>300 mm</td><td>0.3</td><td>0.3</td></tr>
<tr><td colspan="4">注：1. 厂区内部的燃气管道，在保证安全的情况下，管底至道路路面的垂直净距可取4.5 m；管底至铁路轨顶的垂直净距可取5.5 m。在车辆和人行道以外的地区，可在从地面到管底高度不小于0.35 m的低支柱上敷设燃气管道。
2. 电气机车铁路除外。
3. 架空电力线与燃气管道的交叉垂直净距还应考虑导线的最大垂度。</td></tr>
</table>

任务实施

一、燃气管道的安装

燃气具有易燃易爆性、有毒有害性、对管道的堵塞和腐蚀性，其管道敷设安装要求更加严格。燃气管道一般都很长，应采取分段流水作业，即根据施工力量，合理安排、分段施工。

1. 燃气管道的安装要求

(1)地下燃气管道埋设的最小覆土厚度(路面至管顶)要满足表 4-3 的要求。如果采取有效的防护措施后，表中的数值均可适当降低。

表 4-3　地下燃气管道埋设的最小覆土厚度　m

埋设位置	车行道下	非车行道下	埋设位置	机动车不可能到达位置	水田下
最小覆土厚度	≥0.9	0.6	最小覆土厚度	≥0.3	≥0.8
注：管道敷设在冰冻层下，无论是干燃气还是湿燃气，都应考虑冻土可能产生的热胀冷缩。					

(2)地下燃气管道穿过排水管、热力管沟、隧道及其他各种用途沟槽时，要将燃气管道敷设在套管内。套管伸出构筑物外壁不小于 0.1 m。钢套管要防腐，套管两端的密封材料应采用柔性的防腐、防水材料。

(3)燃气管道穿越铁路及电车轨道时，要敷设在套管或涵洞内；在穿越城镇主要干道时应敷设在套管或地沟内，并应符合下列要求：

1)套管直径比燃气管道直径大于 100 mm，套管或地沟两端应密封，在重要地段的套管或地沟端部应安装检漏管。

2)套管端部距路提坡脚距离不小于 1.0 m，在任何情况下要满足：距铁路边轨要不小于 2.5 m；距离电车道边轨要不小于 2.0 m；燃气管道应垂直穿越铁路、电车轨道和公路；燃气管道通过河流时，可以采用穿越河底、利用已建道路桥梁或采用管桥穿越的形式；当利用桥梁或管桥跨越河流时，要采取防火等安全保护措施。

(4)室外架空的燃气管道，可沿建筑物外墙或支柱敷设。当采用支柱架空敷设时，应符合下列要求。

1)管底至人行道路路面的垂直净距不能低于 2.2 m；管底至车行道路路面的垂直净距不能低于 5 m；管底至铁路轨顶的垂直净距不能低于 6 m。厂区内部的燃气管道，在确保安全的情况下，管底至道路路面的垂直净距可取 4.5 m；管底至厂区铁路轨顶的垂直净距可以取 5.5 m。

2)气管道与其他管道共架敷设时，要位于酸、碱等腐蚀性介质管道的上方，与其他相邻管道间的水平间距必须满足安装及维修的要求。

3)送湿燃气的管道要采取排水措施，在寒冷地区还要采取保温措施，且埋设在土壤冰冻线以下，地下燃气管道上的检测管、凝水器的排水管、水封阀和其他阀门，要设置护罩或护井。燃气管道坡向凝水器的坡度不应低于 0.003，凝水器间距通常不应超过 500 m，中低压天然气管道可以少设凝水器。

(5)室外燃气管道的安装要符合《城镇燃气输配工程施工及验收标准》(GB/T 51455—2023)的规定与要求。

(6)埋地钢管要按照土壤腐蚀性，进行不同的防腐绝缘，防腐绝缘前要进行彻底除锈，要求露出金属本色。已做好防腐绝缘层的管道，在堆放、装卸和安装时，必须采取有效措施，以确保防腐绝缘层不受损伤。

2. 燃气管道的安装

燃气管道通常都很长，要采取分段流水作业，即按照施工力量，合理安排。分段施工中各施工工序通常也采取交叉作业方式。其主要施工流程如下：

(1)埋地燃气钢管的安装施工：测量放线→开挖沟槽→排管对口→焊接→下管→通球试验→防腐→试压(强度试压和气密性试压)→回填。

(2)聚乙烯燃气管道的安装施工：测量放线→开挖沟槽→排管对口→熔接(电熔或热熔)→下管→试压(强度试压和气密性试压)→回填。

在燃气管道施工安装过程中，焊接、下管，防腐、试压及回填工序交叉进行。管道经排管对口点固焊接后，形成一定长度管段，经强度试压后管段下入沟槽，在预先设置好的工作坑内完成焊接连接，然后需进行无损检验，合格后对焊缝进行防腐处理(聚乙烯燃气管道熔接连接省略防腐工序)，防腐等级必须满足设计要求，之后再进行覆土回填至一定深度(≤0.5 m)，最后经管路试压检验合格后，方可全部覆土回填至设计要求。

管沟开挖后应立即安装管道，同时开挖下一段。完成一段立即回填(仅接口外露)，避免长距离管沟长期暴露而影响交通发生安全事故，使管口锈蚀、防腐层损坏，或由于地面水进入管沟造成沟壁塌方、沟底沉陷、管道下沉或上浮、管内进水、管内壁锈蚀等。

分段施工是保证工程质量，减少事故，加快工程进度，降低工程造价的有效措施，这就需要合理组织挖土、管道组装、焊接、分段进行强度试验与严密性试验、分段吹扫、钢管焊口防腐包口、回填土等，尽可能地缩短工期。

天然气经过脱水后输送为干式输送，此时天然气中不含水分，管道的坡度随地形而定，要求不是很严格。人工煤气管道运行中会产生大量冷凝水，所以，敷设的管道要保持一定的坡度，以使管内的水能汇集于排水器排放。

地下人工煤气管道坡度规定：中压管道不低于0.003；低压管道不低于0.004。根据此规定和待敷设的管长进行计算，可选定排水器的安装位置与数量。但在市区地下管线密集地带施工时，若取统一的坡度值，将会因地下障碍而增设排水器，故在市区施工时，要按照设计与地下障碍的实际情况，对各段管道的实际敷设坡度综合布置，保持坡度均匀变化不能低于规定坡度要求。

二、附属设备的安装

附属设备的安装包括阀门的安装、检漏管的安装、放散管的安装、补偿器的安装、排水器的安装和阀门井的安装。

1. 阀门的安装

在燃气管道上常用的阀门的种类有截止阀、球阀、闸阀、探阀、旋塞等。阀门的安装应方便今后操作及维修。新安装阀门一般应安装有放散口，并应作混凝土基础适当承托阀门，以防止管道和连接处因承受阀门的质量而变形。每个阀门井内应放置一块刻有阀门编号和一块标示“开”或“关”的牌。

与中压A或中压B钢管连接的新安装阀门，应考虑地基稳定性、环境温差、管径及壁厚等因素，若管道易受上述因素影响，应采用钢制阀门及有防腐保护的阀门，如以防蚀胶布包扎或涂上防锈漆油。

2. 检漏管的安装

燃气泄漏易造成重大安全事故，所以不能疏忽大意，可以通过检漏管进行检测。检查检漏管内有无燃气，便可鉴定套管内燃气管道的严密程度。检漏管要按照设计要求装在套管一端或在套管两端各装1个，通常要按照套管长度而定。

检漏管由检漏管、管箍、丝堵和防护罩组成。检漏管常用 ϕ50 mm 的镀锌钢管制成，一端焊接在套管上，另一端安装管箍与丝堵，要伸入安设在地面上的保护罩内。检漏管与套管焊接处及检漏管本身要涂防腐涂料。保护罩上侧要与地面一致。在检漏时，打开防护罩，拧开丝堵，然后把燃气指示计的橡胶管插入检漏管内即可。

3. 放散管的安装

放散管是一种专门用来排放管道内部的空气或燃气的装置。在燃气管道初投入运行时，利用它排除管内的空气；在管道或设备检修时，用它放掉管内残留的燃气，防止在管道内形成爆炸性的混合气体。放散管要安装在最高点，通常设在阀门井中，在环网中阀门的前后都要安装放散管，而在单向供气的管道上则只安装在阀门之前即可。放散管上安装有球阀，其在燃气管道正常运行中必须关闭。

4. 补偿器的安装

补偿器是消除管道因胀缩所产生的应力的设备，其通常用于架空管道及需要进行蒸汽吹扫的管道上。另外，补偿器安装在阀门的下游，利用其伸缩性能，方便阀门的拆卸与检修。在埋地燃气管道上，多用钢制波形补偿器，其补偿量约为10 mm。为防止补偿器中存水锈蚀，由套管的注入孔灌入石油沥青，安装时注入孔要在下方。补偿器的安装长度是螺杆不受力时补偿器的实际长度，否则不但不能发挥其补偿作用，反而使管道或管件受到不应有的应力。

在通过山区、坑道及地震多发区的中、低压燃气管道上，可以使用橡胶卡普隆补偿器。它是带法兰的螺旋皱纹软管，软管是用卡普隆布作夹层的橡胶管，外层用粗卡普隆绳加强。其补偿能力在拉伸时为150 mm，压缩时为100 mm。其特点是纵横方向均可变形。

5. 排水器的安装

排水器是用于排除燃气管道中冷凝水及石油伴生气管道中轻质油的配件。通常，在燃气管道的低点设置排水器，其构造和型号随燃气压力与凝结水量不同而异。小容量的排水器可以设在输送经干燥处理燃气的管道上，此时排水器用来排除施工安装时进入管道的水。排水器的排水管也可用于修理时吹扫管道和置换通气。

排水器连接后要妥善防腐，使用泵或真空槽车定期经排水管抽走凝液。排水管上设有电极，用于测定管道和大地之间的电位差。当设计无要求时，不能安装排水器。

6. 阀门井的安装

燃气管道阀门安装前要做渗漏试验。其方法是将阀门关严，阀板一侧擦干净，涂上大白，从另一侧灌入煤油，1 h后，未发现煤油渗出即为合格。为确保管网的安全与操作方便，地下燃气管道上的阀门通常都设置在阀门井中。阀门井应坚固、耐久，有良好的防水性能，并确保检修时有必要的空间。考虑到人员的安全，阀门井不应过深。

对于直埋设置的专用阀门，可以不设置阀门井，阀体以下部分可直接埋在土内，但匀料箱、传动装置、电动机等必须露出地面，可用不可燃材料制作轻型箱或筒盖加以保护。

三、燃气管道功能性试验

输配管道和厂站工艺管道安装完成后，应依次进行管道清扫、强度试验和严密性试验。未完成清扫和压力试验的管道不得与既有的燃气管道连接。

1. 管道清扫

管道清扫前，应划出警戒区并应设置警示标志，无关人员不得进入警戒区。吹扫口前、盲板(堵头)端头等处严禁人员靠近，所有堵头应加固牢靠。

厂站工艺管道应采用气体吹扫；球墨铸铁管道、聚乙烯管道和公称尺寸小于 DN100 mm 或长度小于 100 m 的钢质管道，可采用气体吹扫；公称尺寸大于或等于 DN100 mm 的钢质管道宜采用清管球的方式进行清扫。

管道吹扫应按先主管后支管的顺序进行吹扫，脏物不得进入已吹扫合格的管道。每次吹扫钢质管道长度不宜超过 500 m，聚乙烯管道每次吹扫长度不宜大于 100 m。当长度大于 200 m，且无其他可储气的管段或容器时，可采取分段储气、轮换吹扫的方式；当管道长度小于 200 m 时，可采用管道自身储气放散的方式吹扫，打压点与放散点应分别设在管道的两端。当采用清管球清扫时，清管进出口应采用临时收、发球装置；管道直径应为同一规格，不同管径的管道应断开后分别进行清管。

清管合格后，设置清管球装置的输配管道应在试压前后分别进行测径。测径板通过管段后，无变形、无褶皱可判定为合格。

2. 强度试验

(1)试验前应具备条件。

1)试验用的压力计及温度记录仪应在校验有效期内。

2)编制的试验方案已获批准，有可靠的通信系统和安全保障措施，已进行了技术交底。

强度试验压力和介质应符合表 4-4 的有关规定。

表 4-4　强度试验压力和介质

<table>
<tr><th colspan="3">管道类型</th><th>设计压力 P/MPa</th><th>试验介质</th><th>试验压力/MPa</th></tr>
<tr><td colspan="3" rowspan="2">钢管</td><td>$P>0.8$</td><td>清洁水</td><td>1.5P</td></tr>
<tr><td>$P\leqslant 0.8$</td><td rowspan="5">压缩空气</td><td>1.5P 且不小于 0.4</td></tr>
<tr><td colspan="3">球墨铸铁管</td><td>P</td><td>1.5P 且不小于 0.4</td></tr>
<tr><td rowspan="3">聚乙烯管</td><td colspan="2">PE100</td><td>P</td><td>1.5P 且不小于 0.4</td></tr>
<tr><td rowspan="2">PE80</td><td>SDR11</td><td>P</td><td>1.5P 且不小于 0.4</td></tr>
<tr><td>SDR17(17.6)</td><td>P</td><td>1.5P 且不小于 0.2</td></tr>
</table>

管道应分段进行压力试验，试验管道分段最大长度应按表 4-5 的有关规定执行。

表 4-5　管道试压分段最大长度

设计压力 P/MPa	试验管道最大长度/m
$P \leqslant 1.6$	5
$1.6 < P \leqslant 4.0$	10
$4.0 < P \leqslant 6.3$	20

(2)气压试验。

1)管道天然气厂站和阀室内设计压力大于 0.8 MPa、焊缝 100%无损检测合格、焊缝系数为 1.0 的钢质工艺管道，当不具备水压试验条件时，应经设计同意，并在制定切实可行试压方案及采取可靠的安全措施后，可采用空气或惰性气体介质进行强度试验，试验压力应为设计压力的 1.15 倍。

2)采用气体介质时，升压速度应小于 0.1 MPa/min。当压力升到试验压力的 10%时，应至少稳压 5 min，当无泄漏或异常时，继续缓慢升压到试验压力的 50%，进行稳压检查，随后按照每次 10%的试验压力升压，逐次检查，无泄漏、无异常，直至升压至试验压力后稳压 1 h，无持续压力降为合格。

(3)水压试验。

1)当采用水进行强度试验时，试验管段任何位置的管道环向应力均不应大于管材最低屈服强度的 90%。架空管道进行水压试验前，应核算管道及支撑结构的强度，必要时应进行临时加固。试压时的环境温度宜为 5 ℃以上，否则应采取防冻措施。

2)试验管道的两端应安装压力表，压力表的量程应为试验压力的 1.5～2 倍，精度不得低于 1.0 级，并应在有效校验期内。采用气体介质进行强度试验时，还应在管道两端安装温度计，安装位置应避光，温度计分度值不应大于 1 ℃。

3)强度试验应缓慢升压。采用水为介质，当压力升至试验压力的 30%和 60%时，应分别进行检查，如无泄漏或异常，继续升压至试验压力，然后应稳压 1 h，观察压力计，无变形、无压力降为合格。

(4)其他注意事项。

1)分段试压合格管段之间相互连接的焊缝，经 100%射线探伤和超声波探伤合格后，可不再进行强度试验。

2)采用水进行强度试验结束后，应及时将管道中的水放净，并进行清扫工作。液化石油气和液化天然气管道清扫合格后，应进行干燥处理。

3. 严密性试验

输配管道和厂站工艺管道均应在强度试验合格后进行严密性试验。

(1)试验前应具备条件。

1)试验用的压力表及温度记录仪应在检验有效期内，其量程应为试验压力的 1.5～2 倍。

2)输配管道、厂站管道、低压管道严密性试验介质为空气或惰性气体。低压管道严密性试验压力为设计压力，且不应小于 5 kPa；中压及以上管道严密性试验压力应为设计压力，且不应小于 0.1 MPa。

(2)试验。

1)强度试验介质采用气体时，可在强度试验合格后直接将压力降至严密性试验压力。

当单独进行严密性试验或严密性试验重新进行升压时，升压速度不应过快。设计压力大于0.8 MPa的管道试压，压力缓慢上升至试验压力的30%和60%时，应分别稳压30 min，无异常情况后继续升压至严密性试验压力。达到试验压力后应进行稳压，当介质温度、压力稳定后进行记录。

2)严密性试验应连续记录24 h，每小时记录不应少于1次。当修正压力降不超过133 Pa时为合格。

3)架空管道升压至严密性试验压力后，可采用起泡剂对所有焊口、接口进行检查，无泄漏为合格。

四、燃气管道工程质量检查

燃气管道质量检查工作主要是由施工单位配合施工监理人员进行，主要内容包括外观检查、断面检查、焊接质量检测、防腐质量检测及接口严密性检测。

焊接质量检测主要是对焊缝是否存在外部缺陷及内部缺陷的检测。

接口严密性检测是对管道进行压力试验来检测接口的密封程度。

1. 燃气管道的焊接质量检验

燃气管道的焊接质量检验内容如下。

(1)钢燃气管道的焊接多采用手工电弧焊，进行燃气管道焊接的焊工必须取得有关部门颁发的《锅炉压力容器焊工合格证》，且必须是连续从事焊接工作。

(2)对于化学成分和机械性能不清楚的钢管与电焊条不得用于燃气管道焊接工程。一般情况下应尽量采用电弧焊，只有壁厚不大于4 mm的钢管才可用气焊。

1)壁厚≤4 mm的钢管，不开坡口焊接，要求保留1～2 mm的间隙。

2)壁厚>4 mm的钢管，开V形坡口。坡口的主要作用是保证焊透，钝边的作用是防止金属烧穿，间隙的作用是为了焊透和便于装配。

不同壁厚的管子、管件对焊时，如两壁厚相差大于薄管壁厚的25%或大于3 mm，必须对厚壁管端进行加工。

钢制管道焊接坡口形式和尺寸见表4-6。

表4-6 钢制管道焊接坡口形式和尺寸

项次	厚度 T/mm	坡口名称	坡口形式	坡品尺寸			备注
				间隙 c/mm	钝边 p/mm	坡口角度 $\alpha(\beta)$/(°)	
1	1～3	I形坡口		0～1.5	—	—	单面焊
	3～5			0～2.5			双面焊
2	3～9	V形坡口		0～2	0～2	65～75	
	9～26			0～3	0～3	55～65	

续表

项次	厚度 T/mm	坡口名称	坡口形式	坡品尺寸			备注
				间隙 c/mm	钝边 p/mm	坡口角度 $\alpha(\beta)/(^\circ)$	
3	6～9	带垫板V形坡口	$\delta=4\sim6$，$d=20\sim40$	3～5	0～2	45～55	
	9～26			4～6	0～2		
4	12～60	X形坡口		0～3	0～3	55～65	
5	20～60	双V形坡口	$h=8\sim12$	0～3	1～3	65～75（8～12）	

(3)焊接完成后，应对焊缝进行无损探伤检测。焊接质量的检验，主要是对焊缝是否存在缺陷进行分析。

1)外部缺陷(用眼睛或放大镜观察即可发现)需检查的项目如下：

①焊缝尺寸不符合质量要求。

②咬边：焊缝两侧形成凹槽，主要是由于焊接电流过大或焊条角度不正确。

③焊瘤：焊缝表面形成未和母材熔合的堆积金属，主要是焊接电流过大、焊接熔化过快或焊条偏斜。角焊缝最易发生焊瘤。

④烧穿：一般发生在薄板结构焊缝中，主要是由于焊接电流过大、焊接速度过慢或转配间隙太大导致的。

⑤弧坑未填满。

⑥表面有裂纹及气孔。

2)内部缺陷(隐藏于焊缝或热影响区的金属内部，必须借助特殊的方法才可被发现)需检查的项目如下：

①未焊透：有根部未焊透、中心未焊透、边缘未焊透、层间未焊透等多种情况，产生的原因可能是坡口角度或间隙太小，钝边太厚，也可能是焊接速度太快，焊接电流过小或电弧偏斜，以及坡口表面不洁净等。未焊透常和夹渣一起存在。

②夹渣：因焊缝金属冷却过快，氧化物、氮化物等熔渣来不及浮出熔池而残留在焊缝金属中造成夹渣。

③气孔：由于焊接过程中形成的气体来不及排出而残留在焊缝金属内部而造成。气孔可能成网状或针状，后者危害性更大。避免气孔的措施是保证焊条焊剂充分干燥，没有铁锈、油污等。

④裂纹：可能产生于焊缝或母材中，是最危险的缺陷，即使微小的裂纹存在，也可能扩展成宏观裂纹。

(4)塑料管道连接前，应核对欲连接的管材、管件、规格、连接参数、压力等级等，检查管材表面，不宜有磕碰、划伤等，伤痕深度不应超过管材壁厚的10%。管道堆放施工现场时，应设置简易遮挡棚或做好覆盖工作。

(5)塑料管道连接应在−5～45 ℃环境温度内进行。管道连接过程中应避免强烈阳光直射而影响焊接温度。连接完成后的接头应自然冷却，冷却过程中不得移动接头、拆卸夹紧工具或对接头施加外力。

(6)直径在90 mm以上的塑料管道、管材连接可采用热熔对接或电熔连接；直径在90 mm以下的宜采用电熔连接。塑料管与阀门、管路附件等连接应采用法兰或钢塑过度接头连接。

(7)热熔连接的焊接接头连接完成后，应进行100%外观检测和10%翻边切除检验；电熔连接的焊接接头连接完成后，应进行外观检测。钢塑过渡接头与钢管连接时，过渡接头金属端应采取降温措施，但不得影响焊接接头力学性能。

(8)对穿越铁路、公路、河流、城市主要干道的塑料管道必须加套管保护，套管内塑料管段尽量不要有接口，且穿越前应对连接好的管段进行强度和严密性试验。

2. 埋地钢管防腐绝缘层的施工质量检测

目前，通用埋地燃气管道外防腐涂层用材有石油沥青、煤焦油瓷器、环氧煤沥青、聚乙粘贴胶带等。埋地钢管防腐绝缘层的施工质量检测内容如下。

(1)埋地钢燃气管道易受到土壤等介质的化学腐蚀和电化学腐蚀，需做特加强级的防腐处理。防腐涂层分为普通、加强和特加强三种等级，其中特加强级简称“四油三布”：底漆—面漆—玻璃布—面漆—玻璃布—面漆—玻璃布，最后再刷两层面漆。

(2)敷设在地下的钢管最好由防腐厂加上塑料涂层或熔粘式环氧树脂涂层或环氧煤沥青加玻璃纤维布涂层。涂层应紧附于管道上，并能有效地减少在涂层缺陷时出现的阴极脱离现象。搬运及敷设管道时必须小心，以避免损坏涂层。如使用非原厂涂层的钢管，应采用符合《钢质管道聚烯烃胶粘带防腐层技术标准》(SY/T 0414—2001)或同等标准进行防腐层施工及验收。环氧煤沥青涂层应符合《城镇燃气输配工程施工及验收标准》(GB/T 51455—2023)的验收规定。

(3)在工地有时可能需要使用涂层去修补在管道上被损毁的涂层部分。这种现场施工的涂层应兼容前述的涂层或包扎，并应根据制造商的说明书指示施工。

(4)进行钢管焊接前，需将接口附近的原来涂层除去，待焊接及检查完成后，再清理有关接口(最好用打沙方法)，然后加上被认可的防腐包扎。此包扎须在清理接口后立刻进行，并按照制造商的指示使用。此包扎应紧附于原来的涂层并与之兼容。

(5)现场进行涂层防腐时，涂漆前应清除被涂表面的铁锈、焊渣、毛刺、油、水等污物。

(6)防腐绝缘涂层质量应符合以下要求：

1)目视逐根逐层检查，涂层均匀，颜色一致，无气泡、麻面、皱纹、凸瘤和包扎物等缺陷。

2)漆膜应附着牢固，不得有剥落、皱纹、针孔等缺陷。厚度用针刺法或测厚仪检查，最薄处应大于定额规定。

3)涂层应完整，不得有损坏、流淌。

4)附着力的检测方法是在防腐层上切一夹角为45°～60°的切口，从角尖撕开漆层，撕开面积为30～50 cm^2 时感到费力，撕开后第一层沥青仍然黏附在钢管表面为合格。

5)绝缘性，用电火花检验仪进行检测，以不闪现火花为合格。

3. 燃气管道的吹扫试压与验收

本内容详见本任务“三、燃气管道功能性试验”。

4. 施工验收

工程竣工验收一般由建设、监理、设计、施工、运行管理及相关单位共同组成验收机构进行验收；施工单位应提供完整准确的技术文件，主要包括以下几种：

(1)竣工图、平面图、纵断面图和必要的大样图。

(2)隐蔽工程的检查和验收记录。

(3)管道压力试验记录。

(4)材质试验报告和出厂合格证及进场检验报告。

(5)焊缝外观检查、机械性能试验及无损探伤记录。

(6)防腐绝缘层和绝热层的检查记录。

(7)设计变更通知单和施工技术协议等。

知识点考核

一、判断题

1. 埋地燃气钢管下沟前必须对防腐层进行100%的外观检查，回填前要进行100%电火花检查，回填后必须对防腐层完整性进行全线检查，不合格必须返工处理，直至合格。（　　）

2. 埋地燃气钢管在套管内敷设时，套管内的燃气管道不应有环向焊缝。（　　）

3. 燃气泄漏易造成重大安全事故，所以不能疏忽大意，可以通过放散管进行检测。（　　）

4. 补偿器是消除管道因胀缩所产生的应力的设备，通常用于架空管道及需要进行蒸汽吹扫的管道上。（　　）

5. 燃气管道阀门安装前要做渗漏试验。（　　）

6. 地下燃气管道穿过排水管、热力管沟、隧道及其他各种用途沟槽时，要将燃气管道敷设在套管内。（　　）

7. 焊接完成后，应采用无损探伤对焊缝进行检测。（　　）

8. 燃气管道的严密性试验时间为12 h。（　　）

9. 不同壁厚的管子、管件对焊时，如两壁厚相差大于薄管壁厚的25%，或大于3 mm，必须对厚壁管端进行加工。（　　）

二、单项选择题

1. 地下燃气管道与构筑物的水平间距无法满足安全距离时，应(　　)。

A. 将管道设于管道沟或刚性套管内　　B. 采用管桥

C. 埋高绝缘装置　　D. 采用加厚的无缝钢管

2. 燃气管道随桥梁敷设，过河架空的燃气管道向下弯曲时，宜采用(　　)弯头。

A. 30°　　B. 45°　　C. 60°　　D. 90°

3. 燃气管道穿越河底时，燃气管道宜采用(　　)。

A. 钢管　　B. 铸铁管　　C. 塑料管　　D. 钢筋混凝土管

4. 当地下燃气管道穿过排水管、热力管沟、联合地沟等各种用途沟槽时，燃气管道外部必须(　　)。

A. 提高防腐等级　　B. 加大管径　　C. 做套管　　D. 加厚管壁

5. 燃气管道穿越铁路和高速公路时，燃气管道外部应加套管并提高(　　)。

A. 绝缘防腐等级　　B. 管材强度　　C. 安装质量　　D. 管道高程

6. 燃气管道穿越电车轨道和城镇主要干道时宜(　　)。

A. 敷设在套管或地沟内　　B. 采用管桥

C. 埋高绝缘装置　　D. 采用加厚的无缝钢管

7. 燃气管道通过河流时，不可采用的方式是(　　)

A. 穿越河底　　B. 管桥跨越

C. 利用道路桥梁跨越　　D. 敷设在套管内

8. 以下(　　)不得与其他管道同沟或共架敷设，与其他管道的阀井交叉，或必须通过居住建筑物和公共建筑物近旁以及埋深过浅时，均应敷设在套管内。

A. 热力　　B. 污水　　C. 燃气　　D. 电力

9. 燃气管道在安装过程中需要进行压力试验，试验时所用的介质应是(　　)。

A. 空气　　B. 氧气　　C. 水　　D. 氮气

10. 埋地燃气管道，当设计输气压力为 1.0 MPa 时，其气密性试验压力为(　　)MPa。

A. 1.0　　B. 1.15　　C. 1.5　　D. 1.2

11. 埋地燃气管道，必须回填土至管顶(　　)m 以上后才可进行气密性试验。

A. 0.2　　B. 0.5　　C. 1.0　　D. 0.8

12. 燃气管道的气密性试验持续时间一般不少于(　　)h，实际压力降不超过允许值为合格。

A. 4　　B. 12　　C. 24　　D. 48

13. 当室外燃气钢管的设计输气压力为 0.1 MPa 时，其强度试验压力应为(　　)MPa。

A. 0.1　　B. 0.15　　C. 1.5　　D. 0.3

14. 燃气管道在做强度试验时，试验压力为输气压力的 1.5 倍，但钢管不得低于(　　)MPa。

A. 0.5　　B. 0.3　　C. 0.8　　D. 1.0

15. 燃气管道做强度试验时，当压力达到规定值后，应稳压(　　)h。

A. 3　　B. 2　　C. 1　　D. 4

16. 燃气管道气密性试验，压力应根据管道设计输气压力而定，当设计输气压力 $P \leqslant$ 5 kPa 时，试验压力为(　　)kPa。

A. 20　　B. 10　　C. 15　　D. 25

17. 燃气管道及其附件组装完成并试压合格后，应进行通球扫线，并不少于(　　)次。

A. 2　　B. 3　　C. 4　　D. 5

18. 燃气管道及其附件组装完成并试压合格后，应进行通球扫线，每次吹扫管道长度不宜超过(　　)km。

A. 5　　B. 4　　C. 3　　D. 6

三、多项选择题

1. 燃气管道穿越河底时，应符合的要求有(　　)。

A. 在埋设燃气管道位置的河流两岸上、下游应设标志

B. 管道对接安装引起的误差不得大于3°

C. 应加设套管

D. 不通航时，燃气管道至河底覆土厚度不应小于0.5 m

E. 通航时，燃气管道至河底最小覆土厚度不应小于1.0 m

2. 地下燃气管道与建筑物、构筑物基础或相邻管道之间必须考虑(　　)。

A. 水平净距　　B. 有关夹角　　C. 管道坐标　　D. 垂直净距

E. 建筑物的扩建

3. 燃气管道穿越铁路、高速公路时，燃气管道外应加(　　)，并提高燃气管通的(　　)。

A. 套管　　B. 绝缘防腐等级　　C. 支架　　D. 管壁厚度

E. 防水处理

4. 燃气管道利用道路桥梁跨越河流时，其技术要求有(　　)。

A. 燃气管道输送压力不应大于0.4 MPa，必须采取安全防护措施

B. 敷设于桥梁上的燃气管道应采用加厚的无缝钢管或焊接钢管

C. 燃气管道在桥梁上的部分要提高防腐等级

D. 燃气管道输送压力不应大于1 MPa，可不做任何处理

E. 燃气管道在桥梁上的部分应设置必要的补偿和减振措施

5. 地下燃气管道埋设的最小覆土厚度(路面至管顶)应符合的要求有(　　)。

A. 埋设在车行道下时，不得小于0.9 m

B. 埋设在车行道下时，不得小于0.5 m

C. 埋设在非车行道下时，不得小于0.6 m

D. 埋设在非车行道下时，不得小于0.5 m

E. 埋设在庭院时，不得小于0.3 m

6. 地下燃气管道穿过(　　)的时候应将燃气管道敷设在套管内。

A. 排水管　　B. 热力管沟

C. 隧道　　D. 建筑物和大型构筑物

E. 其他各种用途的沟槽

7. 穿越铁路的燃气管道的套管应符合的要求有(　　)。

A. 铁路轨道至套管顶不应小于1.20 m，并应符合铁路管理部门的要求

B. 套管宜采用钢管或者钢筋混凝土管

C. 套管内径应比燃气管道外径大50 mm以上

D. 套管两端与燃气管的间隙应采用柔性的防腐、防水材料密封，其一端应装设检漏管

E. 套管端部距路坡脚外距离不应小于 2.0 m

8. 燃气管道穿越电车轨道和城镇主要干道时宜敷设在套管或地沟内；穿越高速公路的燃气管道的套管、穿越电车和城镇主要干道的燃气管道的套管或地沟，应符合的要求有(　　)。

A. 套管内径应比燃气管道外径大 100 mm

B. 大套管或地沟两端应密封，在重要地段的套管或地沟端部宜安装检漏管

C. 套管端部距电车道边轨不应小于 2.0 m

D. 套管端部距道路边缘不应小于 1.0 m

E. 燃气管道宜与铁路、高速公路、电车轨道和城镇主要干道平行

9. 燃气管道做气密性试验需具备的条件有(　　)。

A. 燃气管道全部安装完毕后　　B. 燃气管道安装一段后

C. 燃气管道安装完毕，但不必回填　　D. 埋地敷设时，须回填至管顶 0.5 m 以上

E. 其他试验完成后

10. 燃气管道做通球扫线的前提应该是燃气管道及其附件(　　)。

A. 回填完毕　　B. 与干线连接　　C. 安装完毕　　D. 甲方验收合格

E. 试压合格

11. 下面关于燃气管道强度试验的叙述，正确的有(　　)。

A. 试验压力为设计压力 1.5 倍

B. 钢管的试验压力不得低于 0.3 MPa

C. 化工管的试验压力不得低于 0.5 MPa

D. 当压力达到规定值后，应稳压 1 h，然后用肥皂水对管道接口进行检查，全部接口均无漏气现象为合格

E. 若有漏气处，可带气维修，修复后再次试验，直至合格

12. 气密性试验压力根据管道设计输气压力而定，下面关于试验压力的叙述，正确的有(　　)。

A. 当设计输气压力 $P<5$ kPa 时，试验压力为 20 kPa

B. 当设计输气压力 $P\geqslant5$ kPa 时，试验压力为设计压力的 1.15 倍

C. 当设计输气压力 $P\geqslant5$ kPa 时，试验压力为 20 kPa

D. 当设计输气压力 $P\geqslant5$ kPa 时，试验压力不得低于 0.1 MPa

E. 燃气管道的气密性试验持续时间一般不少于 24 h

13. 管道及其附件组装完成并试压合格后，应进行通球扫线，下面关于通球扫线的叙述，正确的有(　　)。

A. 管道及其附件组装完成并试压合格后，应进行通球扫线，并不少于两次

B. 每次吹扫管道长度不宜超过 1 km，通球应按介质流动方向进行，以避免补偿器内套管被破坏

C. 扫线结果可用贴有纸或白布的板置于吹扫口检查

D. 当球后的气体无铁锈脏物则认为合格

E. 通球扫线后将集存在阀室放散管内的脏物排出，清扫干净

项目五　管道不开槽施工

任务一　顶管法施工

课件：管道不开槽施工

学习目标

1. 了解顶进系统和常用的顶进设备。
2. 了解顶进法施工的工艺过程。
3. 了解长距离顶管需要的辅助措施。
4. 能够正确指导顶管法施工。

任务描述

市政管道穿越铁路、公路、河流、建筑物等障碍物或在城市干道上施工而又不能中断交通，以及现场条件复杂不适宜采用开槽法施工时，常采用不开槽法施工。不开槽铺设的市政管道的形状和材料多为各种圆形预制管道，如钢管、钢筋混凝土管及其他各种合金管道和非金属管道，也可为方形、矩形和其他非圆形的预制钢筋混凝土管沟。

管道不开槽施工与开槽施工法相比，不开槽施工减少了施工占地面积和土方工程量，不必拆除地面上和浅埋于地下的障碍物；管道不必设置基础和管座；不影响地面交通和河道的正常通航；工程立体交叉时，不影响上部工程施工；施工不受季节影响且噪声小，有利于文明施工；降低了工程造价。因此，不开槽施工在市政管道工程施工中得到了广泛应用。

不开槽施工一般适用于非岩性土层。在岩石层、含水层施工，或遇有地下障碍物时，都需要采取相应的措施。因此，施工前应详细地勘察施工地段的水文地质条件和地下障碍物等情况，以便于操作和安全施工。

市政管道的不开槽施工，最常用的是顶管法。另外，还有挤压施工、牵引施工等方法。施工前应根据管道的材料、尺寸、土层性质、管线长度、障碍物的性质和占地范围等因素选择适宜的施工方法。

本任务要求学生在理解顶管施工原理的基础上能用顶管法指导管道施工。

相关知识

常见的不开槽施工技术如图 5-1 所示，其施工方法与适用条件见表 5-1，施工方法与设备选型依据如下。

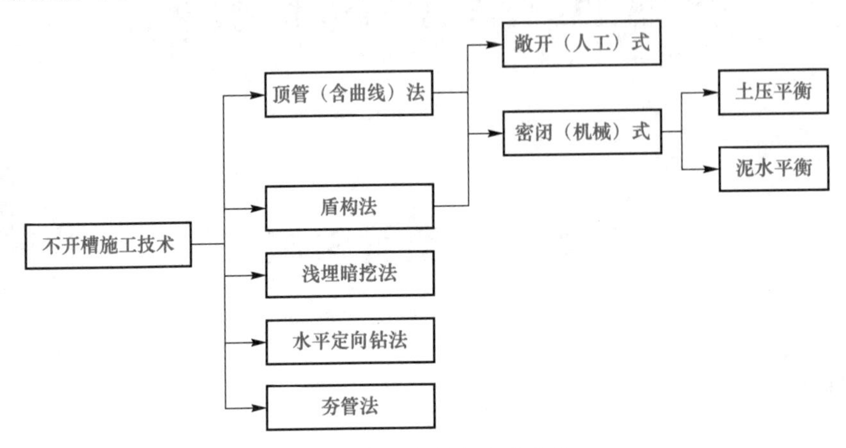

图 5-1　施工方法与设备分类

表 5-1　不开槽法施工方法与适用条件

施工工法	密闭式顶管	盾构	浅埋暗挖	定向钻	夯管
工法优点	施工精度高	施工速度快	适用性强	施工速度快	施工速度快，成本较低
工法缺点	施工成本高	施工成本高	施工速度慢，施工成本高	控制精度低	控制精度低，适用于钢管
适用范围	给水排水管道、综合管道	给水排水管道、综合管道	给水排水管道、综合管道	给水管道	给水排水管道
适用管径/mm	ϕ300～ϕ4 000	ϕ3 000 以上	ϕ1 000 以上	ϕ300～ϕ1 000	ϕ200～ϕ1 800
施工精度	小于±50 mm	不可控	小于±1 000 mm	小于±1 000 mm	不可控
施工距离	较长	长	较长	较短	短
适用地质条件	各种土层	各种土层	各种土层	砂卵石及含水地层不适用	含水地层不适用，砂卵石地层困难

(1)工程设计文件和项目合同。施工单位应按中标合同文件与设计文件进行具体方法和设备的选择。

(2)工程详勘资料。开工前施工单位应仔细核对建设单位提供的工程勘察报告，进行现场沿线的调查；特别是对已有地下管线和构筑物应进行人工探孔确定其准确位置，以免施工造成损坏。在掌握工程地质、水文地质及周围环境情况和资料的基础上，正确选择施工方法和设备选型。

(3)可供借鉴的施工经验和可靠的技术数据。

一、顶管法施工工艺

顶管法的施工过程如图 5-2 所示。

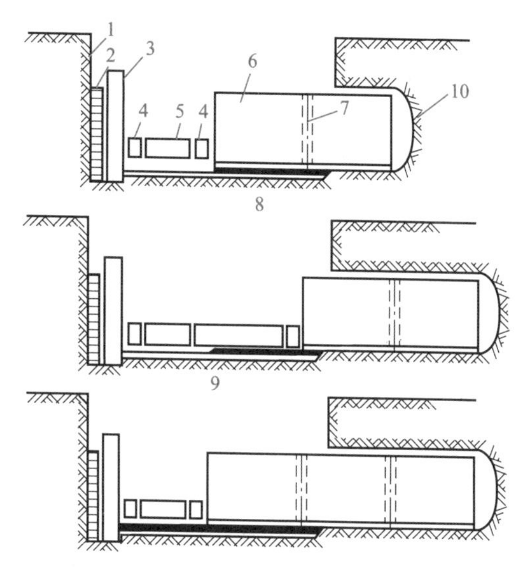

图 5-2 顶管法施工过程示意

1—后座墙；2—后背；3—立铁；4—横铁；5—千斤顶；
6—管子；7—内胀圈；8—基础；9—导轨；10—掘进工作面

施工前先在管道两端开挖工作坑，再按照设计管线的位置和坡度在起点工作坑内修筑基础、安装导轨 9，把管道安放在导轨上顶进。顶进前，在管前端开挖坑道，然后用千斤顶 5 将管道顶入。一节顶完，再连接一节管道继续顶进，直到将管道顶入终点工作坑为止。在顶进过程中，千斤顶支撑于后背 2，后背支撑于原土后座墙或人工后座墙上。

顶管法敷管的施工工艺类型很多，按照开挖工作面的施工方法，可以分为敞开式和封闭式两种。

1. 敞开式施工工艺

敞开式施工工艺一般适用于土质条件稳定，无地下水干扰，工人可以进入工作面直接挖掘而不会出现塌方或涌水等现象。因其工作面常处于开放状态，故也称为开放式施工工艺。

根据工具管的不同，敞开式施工工艺可分为手掘式顶管、挤压式顶管、机械开挖式顶管、挤压土层式顶管。

(1)手掘式顶管。工人可以直接进入工作面挖掘，施工人员可随时观察土层与工作面的稳定状态。其造价低，便于掌握，但效率低，必须将水位降低至管基以下 0.5 m 后，方可施工。当土质比较稳定的情况下，首节管可以不带前面的管帽，直接由首节管作为工具管进行顶管施工，手掘式顶管也是常用的一种顶管施工方法，称为人工掘进顶管。

(2)挤压式顶管。挤压式顶管一般适用于大、中口径的管道，适宜用于潮湿、可压缩的黏性土、砂性土情况。该方法设备简单、安全，又避免了挖装土的工序，比人工挖掘的效率高，它是将工作面用胸板隔开后，在胸板上留有一喇叭口形的锥筒，当顶进时将土体挤入喇叭口内，土体被压缩成从锥筒口吐出的条形土柱。待条形土柱达到一定长度后，再将其割断，由运土工具吊运至地面。

(3)机械开挖式顶管。机械开挖式顶管是在工具管的前方装有由电动机驱动的整体式水平钻机钻进挖土，被挖下来的土体由链带输送器运出，从而代替了人工操作。机械开挖式顶管一般适用于无地下水干扰、土质稳定的黏性土或砂性土层。

(4)挤压土层式顶管。挤压土层式顶管前端的工具管可分为管尖形和管帽形，仅适用于潮湿的黏土、砂土、粉质黏土中顶距较短的小口径钢管、铸铁管，且对地面变形要求不甚严格的地段。这种工具管安装在被顶管道的前方，顶进时，工具管借助千斤顶的顶力将管子直接挤入土层里，管子周围的土层被挤密实，常引起地面较大的变形。

2. 封闭式施工工艺

封闭式施工工艺一般适用于土质不稳定、地下水水位高、工人不能直接进行开挖的施工条件。为防止工作面坍塌、涌水对人身造成危害，常将机头前端的挖掘面与工人操作室之间用密封舱隔开，并在密封舱内充入空气、泥浆、泥水混合物等，借助气压、土压、泥水混合物的压力支撑开挖面，以达到稳定土层、防止坍塌、涌水及控制地面沉降的目的。封闭式施工工艺有水力掘进顶管法、土压平衡式顶管法、泥水平衡式顶管法。

(1)水力掘进顶管法。水力掘进顶管法挖土是利用高压水枪的射流将顶进前方的土冲成泥浆，再通过泥浆管道输送至地面储泥场。整个工作是由安装在混凝土管前端的工具管来完成的。该方法生产效率高，其冲土、排泥连续进行，可改善劳动条件，减轻劳动强度，但需耗用大量的水，且需要有较大的存泥浆场地，故在某些缺水地区受到限制。

(2)土压平衡式顶管法。土压平衡式顶管法是将刀盘切削下来的土、砂中注入流动性和不透水性的“作泥材料”，然后在刀盘强制转动、搅拌下，使切削下来的土变成流动性、不透水的特殊土体并使之充满密封舱，且保持一定压力来平衡开挖面的土压力。该方法常用于含水量较高的黏性、砂性土及地面隆陷值要求控制较严格的地区。

(3)泥水平衡式顶管法。泥水平衡式顶管法常用于控制地面变形小于 3 cm，工作面位于地下水水位以下，渗透系数大于 10^{-1} cm/s 的黏性土、砂性土、粉质砂土的作业条件。其特点是挖掘面稳定，地面沉降小，可以连续出土，但因泥水量大，弃土的运输和堆放都比较困难。

管道顶进方法的选择应根据管道所处土层的性质、管径、地下水水位、附近地上与地下建筑物、构筑物和各种设施等因素确定。

二、顶管工作井的布置

顶管工作井又称竖井，是顶管施工起始点、终结点、转向点的临时设施，工作井内安装有导轨、后背及后背墙、千斤顶等设备。

(1)工作井的种类及设置原则。根据工作井顶进方向，可分为单向井、双向井、多向井、转向井和交汇井等形式，如图 5-3 所示。

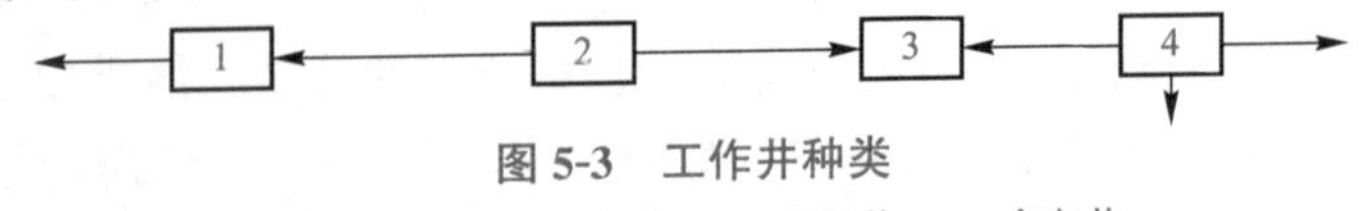

图 5-3　工作井种类

1—单向井；2—双向井；3—交汇井；4—多向井

工作井的位置根据地形、管线位置、管径大小、地面障碍物种类等因素来决定。排水管道顶进的工作井通常设在检查井位置；单向顶进时，应选在管道下游端，以利于排水；根据地形和土质情况，尽量利用原土后背；工作井与穿越的建筑物应有一定的安全距离，并应考虑堆放设备、材料的场所且尽量在离水源、电源较近的地方。

(2)工作井的尺寸。工作井的尺寸如图 5-4 所示。

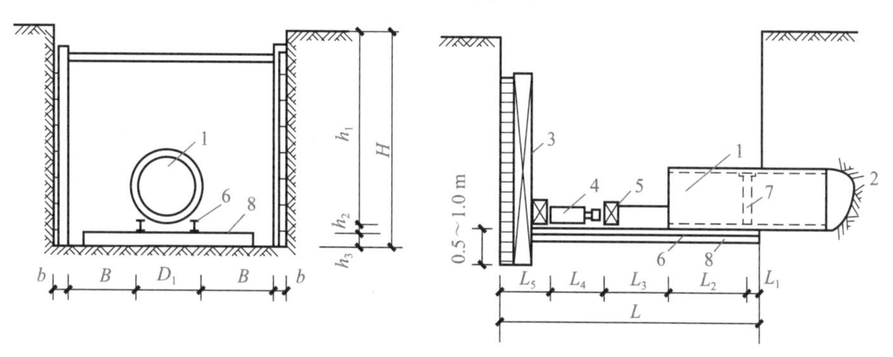

图 5-4　工作井尺寸图

1—管子；2—掘进工作面；3—后背；4—千斤顶；5—顶铁；6—导轨；7—内涨圈；8—基础

1)工作井的宽度，其计算公式为

$$W = D_1 + 2B + 2b \tag{5-1}$$

式中　W——工作井底部宽度(m)；

D_1——管道外径(m)；

$2B+2b$——管道两侧操作空间及支撑厚度，一般可取 2.4～3.2 m。

2)工作井的长度，其计算公式为

$$L = L_1 + L_2 + L_3 + L_4 + L_5 \tag{5-2}$$

式中　L——矩形工作井的底部长度(m)；

L_1——工具管长度，当采用管道第一节管作为工具管时，钢筋混凝土管不宜小于 0.3 m，钢管不宜小于 0.6 m；

L_2——管节长度(m)；

L_3——出土工作间长度(m)；

L_4——千斤顶长度(m)；

L_5——顶管后背的厚度(m)。

3)工作井的深度。当工作井为顶进井时，其深度计算公式为

$$H_1 = h_1 + h_2 + h_3 \tag{5-3}$$

当工作井为接收井时，其深度计算公式为

$$H_2 = h_1 + h_3 \tag{5-4}$$

式中　H_1——顶进井地面至井底的深度(m)；

H_2——接收井地面至井底的深度(m)；

h_1——地面至管道底部外缘的深度(m)；

h_2——管道外缘底部至导轨底面的高度(m)；

h_3——基础及其垫层的厚度，不应小于该处井室的基础及垫层厚度(m)。

(3)工作井的施工。工作井的施工方法有以下两种：

1)采用钢板桩或普通支撑，用机械或人工在选定的地点，按设计尺寸挖成，井底用混凝土铺设垫层和基础。该方法适用于土质较好、地下水水位埋深较大的情况，顶进后背支撑需要另外设置。

2)利用沉井技术，将混凝土井壁下沉至设计高度，用混凝土封底。混凝土井壁既可以作为顶进后背支撑，又可以防止塌方。当采用永久性构筑物作工作井时，也可采用钢筋混凝土结构等。

三、顶进系统

顶进系统由以下几部分组成，如图 5-5 所示。

图 5-5　顶进系统

1. 基础

工作井的基础形式取决于地基土的种类、管节的轻重及地下水水位的高低。一般的顶管工作井常用以下三种基础形式：

(1)土槽木枕基础。土槽木枕基础适用于地基土承载力大又无地下水的情况。将工作井底平整后，在井底挖槽并埋枕木，枕木上安放导轨并用道钉将导轨固定在枕木上。该基础施工操作简单，用料不多且可以重复使用，造价较低。

(2)卵石木枕基础。卵石木枕基础适用于虽有地下水但渗透量不大，而地基土为细粒的粉砂土，为了防止安装导轨时扰动地基土，可铺一层卵石或级配砂石，以增加其承载能力，并能保持排水通畅。在枕木间填粗砂找平。这种基础形式简单实用，比混凝土基础造价低，一般情况下可代替混凝土基础。

(3)混凝土木枕基础。混凝土木枕基础适用于地下水水位高、地基承载力又差的地方。在工作井浇筑的混凝土，同时预埋方木作轨枕。这种基础能承受较大荷载，工作面干燥、无泥泞，但造价较高。

2. 导轨

导轨设置在基础之上，其作用是引导管子按照设计的中心线和坡度顶进，保证管子在即将顶进土层前位置正确。因此，导轨的安装是保证顶管工程质量的关键一环。

导轨有钢导轨和木导轨两种。施工中应首先选用钢导轨，钢导轨一般采用轻型钢轨，管径较大时，也可采用重型钢轨。

3. 后背与后背墙

后背与后背墙是千斤顶的支撑结构，在管子顶进过程中所受到的全部阻力，可通过千斤顶传递给后背及后背墙。为了使顶力均匀地传递给后背墙，在千斤顶与后背墙之间设置木板、方木等传力构件，称为后背。后背墙应具有足够的强度、刚度和稳定性，当最大顶力发生时，不允许产生相对位移和弹性变形。

常用的后背形式有原土后背墙、人工后背墙等。当土质条件差、顶距长、管径大时，也可采用地下连续墙式后背墙、沉井式后背墙和钢板桩式后背墙。

(1)原土后背墙。后背墙最好采用原土后背墙，这种后背墙造价低、修建方便，适用于顶力较小，土质良好，无地下水或采用人工降低地下水效果良好的情况。一般的黏土、粉质黏土、砂土等都可以做原土后背墙。

原土后背墙安装时，紧贴垂直的原土后背墙密排 15 cm×15 cm 或 20 cm×20 cm 的方木，其宽度和高度不小于所需的受力面积，排木外侧立 2～4 根立铁，放在千斤顶作用点位置，在立铁外侧放一根大刚度横铁，千斤顶作用在横铁上。

(2)人工后背墙。当无原土作后背墙时，应设计结构简单、稳定可靠、就地取材、拆除方便的人工后背墙。人工后背墙做法很多，其中一种是利用已顶进完毕的管道作后背墙，即修筑跨在管道上的块石挡土墙作为人工后背墙。

4. 顶进设备

顶进设备主要包括千斤顶、高压油泵、顶铁、下管及运土设备等。

(1)千斤顶和油泵。千斤顶又称为顶镐，是掘进顶管的主要设备，目前多采用液压千斤顶。千斤顶在工作井内常用的布置方式为单列、并列和环周等形式。当采用单列布置时，应使千斤顶中心与管中心的垂线对称；采用并列或环周布置时，顶力合力作用点与管壁反作用力合力作用点应在同一轴线上，防止产生顶进力偶，造成顶进偏差。根据施工经验，采用人工挖土时，当管上半部管壁与土壁有间隙，则千斤顶的着力点作用在垂直直径的 1/5～1/4 处为宜。

油泵宜设在千斤顶附近，油路应顺直、转角少；油泵应与千斤顶相匹配，并应有备用油泵。油泵安装完毕，应进行试运转。

(2)顶铁。顶铁是为了弥补千斤顶行程不足而设置的，是管道顶进时，在千斤顶与管道端部之间临时设置的传力构件。其作用是将千斤顶的合力通过顶铁比较均匀地分布在管端；同时，也可调节千斤顶与管端之间的距离，起到伸长千斤顶活塞的作用。因此，顶铁两面要平整，厚度要均匀，要有足够的刚度和强度，以确保工作时不会失稳。

顶铁是由各种型钢拼接制成，有 U 形、弧形和环形几种。其中，U 形顶铁一般用于钢管顶管，使用时开口朝上，弧形内圆与顶管的内径相同；弧形顶铁的使用方式与 U 形顶铁相似，一般用于钢筋混凝土管顶管；环形顶铁是直接与管段接触的顶铁，它的作用是将顶力尽量均匀地传递到管段上。

顶铁与管口之间的连接，无论是混凝土管还是金属管，都应垫以缓冲材料，使顶力比较均匀地分布在管端，避免应力集中对管端的损伤。当顶力较大时，与管端接触的顶铁应采用U形顶铁或环形顶铁，以使管端承受的压力低于管节材料的允许抗压强度。缓冲材料一般可采用油毡或胶合板。

(3)下管和运土设备。工作井的垂直运输设备是用来完成下管和运土工作的，运输方法应根据施工具体情况而定，通常采用三脚架配电葫芦、龙门式起重机、汽车起重机和轮式起重机等。

四、顶管施工接口

(1)钢管接口。钢管接口一般采用焊接接口。顶进钢管采用钢丝网水泥砂浆和肋板保护层时，焊接后应补做焊口处的外防腐处理。

(2)钢筋混凝土管接口。钢筋混凝土管接口可分为刚性接口与柔性接口。采用钢筋混凝土管时，在管节未进入土层前，接口外侧应垫以麻丝、油毡或木垫板，管口内侧应留有10～20 mm的空隙。顶紧后两管间的空隙宜为10～15 mm；管节入土后，管节相邻接口处安装内涨圈时，应使管节接口位于内涨圈的中部，并将内涨圈与管端之间的缝隙用木楔塞紧。

钢筋混凝土管常用钢涨圈接口、企口接口、T形接口等几种方式进行连接。

1)钢涨圈接口。钢涨圈接口常用于平口钢筋混凝土管。管节稳好后，在管内侧两管节对口处用钢涨圈连接起来，形成刚性口，以避免顶进过程中产生错口。钢涨圈是用厚8 mm左右的钢板卷焊成圆环，宽度为300～400 mm。环的外径小于管内径30～40 mm。连接时将钢涨圈放在两管节端部接触的中间，然后打入木楔，使钢涨圈下方的外径与管内壁直接接触，待管道顶进就位后，将钢涨圈拆除，内管口处用油麻、石棉水泥填打密实。

2)企口接口。企口接口通常可以采用刚性接口和柔性接口。采用企口接口的钢筋混凝土管不宜用于较长距离的顶管。

3)T形接口。T形接口的做法是在两管段之间插入一钢套管，钢套管与两侧管段的插入部分均有橡胶密封圈。采用T形钢套环橡胶圈防水接口时，混凝土管节表面应光洁、平整，无砂眼、气泡，接口尺寸符合规定；橡胶圈的外观和断面组织应致密、均匀，无裂缝、孔隙或凹痕等缺陷，安装前应保持清洁、无油污，且不得在阳光下直晒；钢套环接口无疵点，焊接接缝平整，肋部与钢板平面垂直，且应按设计规定进行防腐处理；木衬垫的厚度应与设计顶力相适应。

任务实施

管道顶进一般是由下游向上游顶进，施工过程包括挖土、顶进、测量、纠偏等工序，从管节位于导轨上开始顶进起至完成这一顶管段止，始终合理控制这些工序，就可以保证管道的轴线和高程的施工质量。开始顶进的质量标准为：轴线位置为3 mm，高程为0～+3 mm。

1. 挖土

管前挖土是保证顶进质量及防止地面沉降的关键。由于管子在顶进中是顺着已挖好的土壁前进的，管前挖土的方向和开挖形状直接影响顶进管位的正确性。因此，应严格控制管前周围超挖。在允许超挖的稳定土层中正常顶进时，管端上方允许有≤15 mm 的空隙，以减少顶进阻力。管端下部 135°中心角范围内不得超挖，应保持管壁与土壁相平，也可以留 10 mm 厚土层不挖，在管子顶进时切去，防止管端下沉。在不允许顶管上部土下沉地段如铁路、重要建筑物等，顶进时，管周围一律不准超挖。

管前挖土深度应视土质情况和千斤顶的工作行程而定，一般为千斤顶的出镐长度。如果超挖过大，土壁开挖形状不宜控制，容易引起管位偏差和上方土坍塌。特别对松软土层，应对管顶上部土进行加固，或在管前安装管檐。操作人员工作时，要警惕土方坍塌伤人。

管前挖出的土应及时外运，一般通过管内水平运输和工作井的垂直提升送到地面。

2. 顶进

顶进是利用千斤顶出镐在后背不动的情况下，将管子推入土中。其操作过程如下：

(1)安装 U 形顶铁或环形顶铁并挤牢，待管前挖土满足要求后，启动油泵，操作控制阀，使千斤顶进油，活塞伸出一个行程，将管子推进一段距离。

(2)操纵控制阀，使千斤顶反向进油，活塞回缩。

(3)安装顶铁，重复上述操作，直到管端与千斤顶之间可以放下一节管子为止。

(4)卸下顶铁，下管，在混凝土管接口处放一圈油麻、橡胶圈或其他柔性材料，管口内侧留有适当间隙，以利于接口和应力均匀。

(5)在管内口安装内涨圈。如设计有外套环，则可同时安装外套环。

(6)重新装好 U 形顶铁或环形顶铁，重复上述操作。

顶进时应遵照“先挖后顶，随挖随顶”的原则，连续作业，尽量避免中途停止。工程实践证明，在黏性土层中顶进时，因某种原因使连续施工中断，重新起顶时，顶力将会增加 50%～100%。但在饱和砂土中顶进中断后，重新起顶时，顶力会比中断前的顶力小。这一点在施工中应引起注意。

另外，在管道顶进中，若发现管前方坍塌，后背倾斜、偏差过大或油泵压力表指针骤增等情况，应停止顶进，查明原因，排除障碍后再继续顶进。

3. 测量

顶管施工时，为了使管节按设计的方向顶进，除在顶进前精确地安装导轨、修筑后背及顶铁外，还应在管道顶进的全部过程中控制工具管前进的方向，这些都需要通过测量来保证。

管道在顶进过程中，应对工具管的中心和高程进行测量。测量工作应及时、准确，以便管节正确地就位于设计的管道轴线上。测量工作应频繁地进行，以便及时发现管道的偏移。当第一节管就位于导轨上以后立即进行校测，符合要求后开始进行顶进。一般在工具管刚进入土层时，应加密测量次数。常规做法是每顶进 30 cm，测量不少于 1 次，进入正常顶进作业后，每顶进 100 cm 测量不少于 1 次，每次测量都以测量管子的前端位置为准。

一般情况下，可用水准仪进行高程测量、经纬仪进行轴线测量，采用垂球进行转动测量。较先进的测量方法有激光经纬仪测量，如图 5-6 所示。测量时，在工作井内安装激光发射器，按照管线设计的坡度和方向将发射器调整好，同时管内装上接收靶，靶上刻有尺度线。

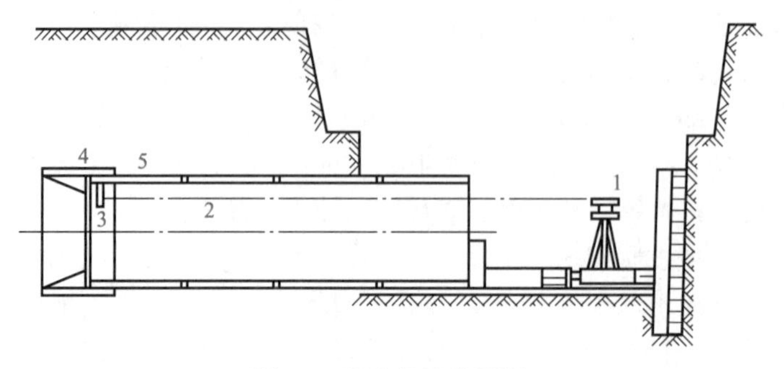

图 5-6　激光经纬仪测量

1—激光经纬仪；2—激光束；3—激光接收靶；4—刃角；5—管节

当顶进的管道与设计位置一致时，激光点直射靶心，说明顶进质量良好，没有偏差。全段顶完后，应在每个管节接口处测量其轴线位置和高程；有错口时，应测出相对高差。测量记录应完整、清晰。

4. 纠偏

在顶管过程中，如发现首节管子发生偏斜，必须及时给予纠正，否则偏斜就会越来越严重，甚至发展到无法顶进的地步。出现偏斜的主要原因有管节接缝断面与管子中心线不垂直、工具管迎面阻力的分布不均、多台千斤顶顶进时出镐不同步等。工程中通常采用以下方法进行纠偏校正。

(1)挖土校正法。一般顶进偏差值较小时可采用挖土校正法。当管子偏离设计中心一侧时，可在管子中心另一侧适当超挖，而在偏离一侧少挖或留台，这样继续顶进时，借预留的土体迫使管端逐渐回位。该法多用于黏土或地下水水位以上的砂土中，如图 5-7 所示。

根据施工部位的不同，挖土校正法可分为管内挖土校正[图 5-7(a)]和管外挖土校正[图 5-7(b)]两种。当采用管内挖土校正时，开挖面一侧保留土体，另一侧开挖，顶进时土体的正面阻力移向保留土体的一侧，管道向该侧校正。如采用管外挖土校正，则管内的土被挖净，并挖出刃口，管外形成洞穴。洞穴的边缘，一边在刃口内侧，另一边在刃口外侧，顶进时管道顺着洞穴方向移动。

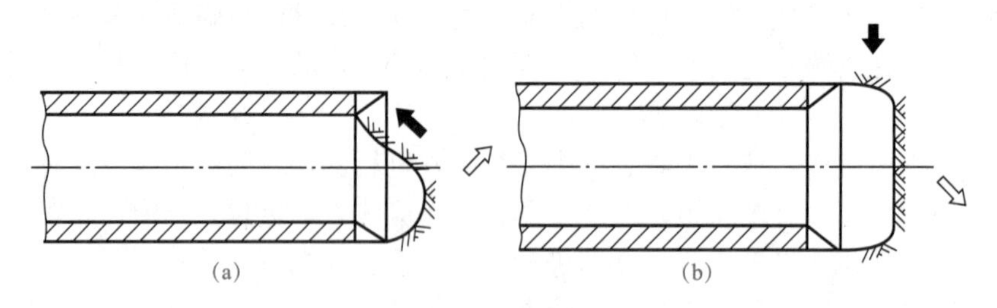

图 5-7　挖土校正法

(a)管内挖土校正；(b)管外挖土校正

(2)斜撑校正法。当偏差较大或采用挖土校正无效时，可采用斜撑校正法，如图 5-8 所示。用圆木或方木，一端顶在偏斜反向的管子内壁上，另一端支撑在垫有木板的管前土层上，开动千斤顶，利用顶木产生的分力使管子得到校正。此法也适合管子错口的校正。

(3)衬垫校正法。对于在淤泥或流砂地段施工的管子，因地基承载力较弱，经常出现管子“低头”现象，这时可在管底或管子一侧添加木楔，使管道沿着正确的方向顶进，如图 5-9 所示。

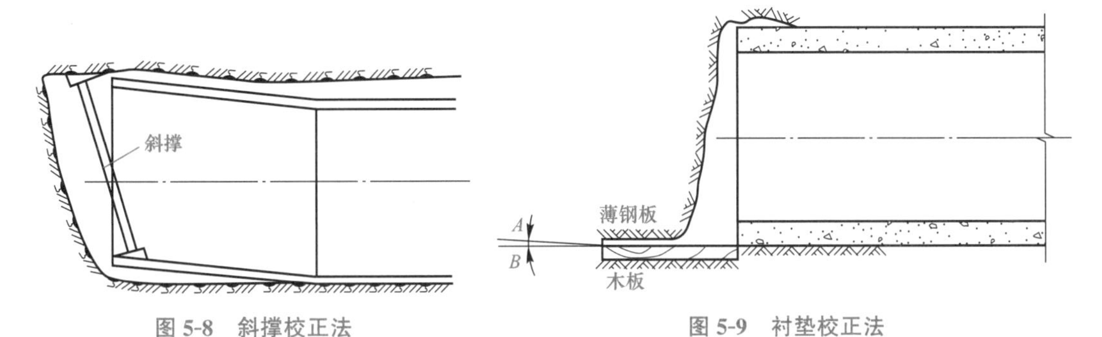

图 5-8　斜撑校正法　　图 5-9　衬垫校正法

5. 长距离顶管措施

在顶管中，一次顶进长度受管材强度、顶进土质、后背强度及顶进技术等因素限制，一般一次顶进长度最大达 60～100 m。当顶进距离超过一次顶进长度时，可采用中继间顶进、触变泥浆套等方法，以提高在一个工作井内的顶进长度，减少工作井数目。

(1)中继间顶进法。中继间顶进就是把管道一次顶进的全长分成若干段，在相邻两段之间设置一个钢制套管，套管与管壁之间应有防水措施，在套管内的两管之间沿管壁均匀地安装若干个千斤顶，该装置称为中继间。中继间以前的管段用中继间顶进设备顶进，中继间以后的管段由工作井的主千斤顶顶进。如果一次顶进距离过长，可在顶段内设几个中继间，这样可在较小的顶力条件下进行长距离顶管，如图 5-10 所示。

图 5-10　中继间

采用中继间顶管时，顶进一定长度后，即可安设中继间，之后继续顶进。当工作井主千斤顶难以顶进时，开动中继间千斤顶，以后边管子为后背，向前顶进一个行程，然后开动工作井内的千斤顶，使中继间后面的管子和中继间一同向前推进一个行程。而后再开动中继间千斤顶，如此连续循环操作，即可完成长距离顶进。

管道就位以后，应首先拆除第一个中继间，开动后面的千斤顶，将中继间空档推拢，接着拆第二个、第三个，直到把所有中继间空档都推拢后，顶进工作方告结束。

中继间的特点是减少顶力效果显著，操作机动灵活，可按照顶力大小自由选择，分段接力顶进，但也存在设备较复杂、加工成本高、操作不便及工效低等不足。

(2)触变泥浆套法。触变泥浆套法是将触变泥浆注入所顶进管子四周，形成一个泥浆套层，用以减小顶进的管子与土层的摩擦力，并能防止土层坍塌。其一次顶进距离可比非泥浆套顶进增加2～3倍；长距离顶管时，常与中继间配合使用。

触变泥浆是由膨润土加一定比例的碱、化学浆糊、高分子化合物及水配制而成。膨润土是触变泥浆的主要成分，它有很大的膨胀性，很高的活性、吸水性和基因的交换能力。碱主要是提供离子，促使离子交换，改变黏土颗粒表面的吸附层，使颗粒高度分散，从而控制触变泥浆。

一般触变泥浆由搅拌机械拌制后储于储浆罐内，由泵加压，经输泥管输送到工具管的泥浆封闭环内，再由封闭环上开设的注浆孔注入井壁与管壁间的孔隙中，形成泥浆套，如图5-11所示。工具管应具有良好的密封性，防止泥浆从工具管前端漏出。

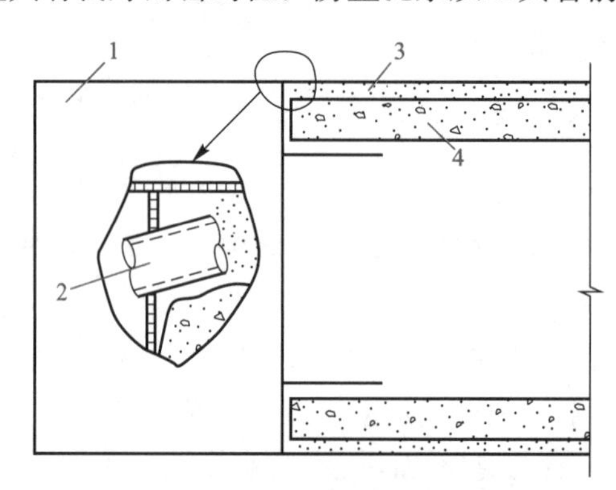

图5-11　注浆装置

1—工具管；2—注浆孔；3—泥浆套；4—混凝土管

在长距离或超长距离顶管中，由于施工工期较长，泥浆的失水将会导致触变泥浆失效，因此，必须从工具管开始每隔一定距离设置注浆孔，及时补充新的泥浆。管道顶进完毕后，拆除注浆管路，将管道上的注浆孔封闭严密。

知识点考核

一、判断题

1. 顶管施工适用范围很广，几乎适用于除岩石外的所有土质。（　　）
2. 长距离顶管常用加大千斤顶顶力的方法使其顶进。（　　）
3. 顶管时，导轨的作用是保证管子在顶进过程中保持正确位置。（　　）
4. 顶管时，发生上下、左右偏差的主要原因是千斤顶的顶力过大。（　　）
5. 顶管施工的千斤顶位置设置在管断面的中心处。（　　）
6. 顶管时管接口处的钢涨圈是防止顶进过程中管接口发生损坏而设置的。（　　）

二、单项选择题

1. 不开槽施工一般适用于（　　）。

   A. 黏土　　B. 粉质黏土　　C. 沙质黏土　　D. 所有非岩性土

2. 顶管导轨的主要作用是（　　）。

   A. 支撑管子

   B. 支撑千斤顶

C. 支撑横铁

D. 引导管子按设计的中心线和坡度顶入土中

3. 顶管导轨的主要作用是引导管子按设计的中心线和坡度顶入土中，(　　)。

A. 保证管子顶入土中位置正确　　B. 保证管子顶入土中前的位置正确

C. 保证管子将要顶入土中前的位置正确　　D. 保证管子位置始终正确

4. 顶管中线水平偏差矫正，最常用(　　)方法纠正。

A. 千斤顶　　B. 斜撑　　C. 挖土　　D. 斜撑加千斤顶

5. 顶管产生高程偏差的原因很多，归根结底还是(　　)。

A. 在弱土层中或流沙层内顶进管端容易下陷

B. 机械掘进机头重量会使管头下陷

C. 管前端堆土过多使管端下陷

D. 顶力作用点不在摩擦阻力同一直线上产生力偶

6. 不开槽管道施工，当周围环境要求控制地层变形、或无降水条件时，宜采用(　　)。

A. 浅埋暗挖

B. 定向钻

C. 夯管

D. 封闭式的土压平衡或泥水平衡顶管机施工

7. 普通顶管法施工时工作坑的支撑应形成(　　)。

A. 一字撑　　B. 封闭式框架　　C. 横撑　　D. 竖撑

8. 以下不符合顶管顶进工作井内布置及设备安装、运行规定的是(　　)。

A. 导轨应采用钢制材料，其强度和刚度应满足施工要求

B. 导轨安装的坡度应与设计坡度一致

C. 顶铁与管端面之间应采用缓冲材料衬垫

D. 作业时，作业人员应在顶铁上方观察有无异常情况

9. 挤压(土层)式顶管是一种(　　)的顶管施工。

A. 完全不出土　　B. 完全少出土　　C. 不出土或少出土　D. 出土很多

10. 手掘式顶管法导轨安装纵坡应与(　　)相一致。

A. 现况地面坡度　　B. 管道设计坡度　　C. 顶管坑槽底坡度　D. 安全梯坡度

11. (　　)是顶管施工起始点、终结点、转向点的临时设施，其内安装有导轨、后背及后背墙、千斤顶等设备。

A. 单向坑　　B. 工作坑　　C. 多向坑　　D. 接收坑

12. (　　)的作用是引导管子按照设计的中心线和坡度顶进，保证管子在即将顶进土层前位置正确。

A. 后背　　B. 基础　　C. 管前挖土　　D. 导轨

三、多项选择题

1. 不开槽施工方法主要可分为(　　)等。

A. 人工掘进顶管　　B. 机械或水力掘进顶管

C. 水下顶管　　D. 不出土挤压顶管

E. 盾构掘进衬砌成型

2. 顶管导轨安设时要计算两导轨间的间距，计算时与以下因素有关(　　)。

A. 管道内径　B. 管壁厚度　C. 导轨高度　D. 导轨长度

E. 管底外壁与基础顶面的间隙

3. 顶管时的顶力为(　　)乘以一定的安全系数。

A. 管外壁与土之间的摩擦力　B. 管外壁与导轨之间的摩擦力

C. 横铁与导轨之间的摩擦力　D. 挡圈与导轨之间的摩擦力

E. 管端切土阻力

4. 常用的不开槽管道施工方法有(　　)等。

A. 顶管法　B. 盾构法

C. 水平定向钻进法　D. 螺旋钻法

E. 夯管法

5. 顶管顶进方法的选择，应根据工程设计要求、工程水文地质条件、周围环境和现场条件，经技术经济比较后确定，并应符合的规定有(　　)。

A. 采用敞口式(手掘式)顶管时，应将地下水水位降至管底以下不小于 0.5 m 处，并应采取措施，防止其他水源进入顶管的管道

B. 当周围环境要求控制地层变形或无降水条件时，宜采用封闭式的土压平衡或泥水平衡顶管机施工

C. 穿越建(构)筑物、铁路、公路、重要管线和防汛墙等时，应制订相应的保护措施

D. 根据工程设计、施工方法、工程和水文地质条件，对邻近建(构)筑物、管线，应采取崩土体加固或其他有效的保护措施

E. 大口径的金属管道，当无地层变形控制要求且顶力满足施工要求时，可采用一次顶进的挤密土层顶管法

6. 手掘式顶管法的导轨安装应牢固、平行、(　　)，其纵坡应与管道设计坡度相一致。

A. 顺直　B. 清洁

C. 等高　D. 选用适当的支撑材料

E. 防腐处理

7. 下列关于排水管道顶进工作坑的叙述，正确的有(　　)。

A. 排水管道顶进的工作坑通常设在检查井位置

B. 单向顶进时，应选在管道下游端，以利排水

C. 根据地形和土质情况，尽量利用原土后背不变

D. 工作坑与穿越的建筑物应有一定的安全距离，并应考虑堆放设备、材料的场所且尽量在离水电源较近的地方

E. 单向顶进时，应选在管道上游端，以方便顶进

8. 管道顶进方法的选择，应根据管道所处土层的性质、(　　)和各种设施等因素确定。

A. 管径　B. 附近地上与地下建筑物

C. 操作人员熟练程度　D. 工程质量等级

E. 地下水水位

任务二　其他不开槽施工方法

学习目标

1. 了解几种其他不开槽施工方法。
2. 了解盾构法施工工艺过程。
3. 了解定向钻和导向钻施工工艺过程。

任务描述

不开槽管道施工方法是相对于开槽管道施工方法而言，不开槽管道施工方法通常也称为暗挖施工方法。市政公用工程常用的不开槽施工方法主要有顶管法、盾构法、浅埋暗挖法、地表式水平定向钻法、夯管法等施工方法。

本任务要求学生了解常用的不开槽施工方法，并能够根据地质情况正确选择施工方法；要求学生了解盾构法施工工艺过程及定向钻和导向钻施工工艺过程。

相关知识

一、盾构法施工原理

盾构是集地下掘进和衬砌为一体的施工设备，其广泛用于地下管沟、地下隧道、水底隧道、城市地下综合管廊等工程。

盾构施工时，先在某段管段的首尾两端各建一个竖井，然后把盾构从始端竖井的开口处推入土层，沿着管道的设计轴线，在地层中向尾端接受竖井中不断推进。盾构借助支撑环内设置的千斤顶提供的推力不断向前移动。千斤顶推动盾构前移，千斤顶的反力由千斤顶传至盾构尾部已拼装好的预制管道的管壁上，继而再传至竖井的后背上。当砌完一环砌块后，以已砌好的砌块作后背，由千斤顶顶进盾构本身，开始下一环的挖土和衬砌。

盾构法施工的主要优点如下：

(1)除竖井施工外，施工作业均在地下进行，既不影响地面交通，又可减少对附近居民的噪声和振动影响。

(2)盾构推进、出土、拼装衬砌等主要工序循环进行，施工易于管理，施工人员也较少。

(3)隧道的施工费用不受覆土量多少的影响，适宜建造覆土较深的隧道。

(4)施工不受风雨等气候条件影响。

(5)当隧道穿过河底或其他建筑物时，不影响施工。

(6)只要设法使盾构的开挖面稳定，则隧道越深，地基越差，土中影响施工的埋设物等越多，与明挖法相比，经济上、施工进度上越有利。

盾构是一个钢质的筒状壳体，共分三部分，前部为切削环，中部为支撑环，尾部为衬砌环，如图 5-12 所示。

图 5-12 盾构机

1. 切削环

切削环位于盾构的最前端，其前面为挖土工作面，对工作面具有支撑作用。同时，切削环也可作为一种保护罩，是容纳作业人员挖土或安装挖掘设备的部位。为了便于切土及减少对地层的扰动，在它的前端通常做成刃口型。盾构开挖分为开放式和密封式两种。当土质稳定、无地下水时，可用开放式；而对松散的粉细砂、液化土等不稳定土层，应采用封闭式盾构；当需要对工作面支撑，可采用气压盾构或泥水加压盾构，这时在切削环与支撑环之间设密封隔板分开。

2. 支撑环

支撑环位于切削环之后，处于盾构中间部位，是盾构结构的主体，承受着作用在盾构壳上的大部分土压力，在它的内部，沿壳壁均匀地布置千斤顶。大型盾构还将液压、动力设备、操作系统、衬砌机等均匀集中布置在支撑环中。在中、小型盾构中，也可将部分设备放在盾构后面的车架上。

3. 衬砌环

衬砌环位于盾构结构的最后，其主要作用是掩护衬砌块的拼装，并防止水、土及注浆材料从盾尾与衬砌块之间进入盾构内。衬砌环应具有较强的密封性，其密封材料应耐磨损、耐撕裂并富有弹性。常用的密封形式有单纯橡胶型、橡胶加弹簧钢板型、充气型和毛刷型，但效果均不理想，故在实际工程中可采用多道密封或可更换的密封装置。

二、水平定向和导向钻进法

水平定向钻进和导向钻进技术是近年来发展起来的一项高新技术，是石油钻探技术的延伸。其主要用于穿越河流、湖泊、建筑物等障碍物铺设大口径、长距离的石油、天然气管道，近年逐渐发展应用到给水排水管道。

水平定向和导向钻进法主要用于黏土、粉质黏土、粉砂土、回填土、流砂层等松软地层或含有少量卵砾的地层。

水平定向和导向钻进法是一种能够快速铺装地下管线的方法。它的主要特点是可根据预先设计的铺管线路，驱动装有楔形钻头的钻杆按照预定的方向绕过地下障碍钻进，直至抵达目的地。然后，卸下钻头换装适当尺寸的扩孔器，使之能够在拉回钻杆的同时将钻孔扩大至所需直径，并将需要铺装的管线同时返程牵回钻孔入口处。

三、气动矛铺管法

气动矛铺管法使用的主要施工工具是一只类似于卧放风镐的气动矛，在压缩空气的驱动下，推动活塞不断打击气动矛头部的冲击头，将土不断地向四周挤压，并将周围土体压密，同时气动矛不断向前行进，形成先导孔。先导孔完成后，管道便可直接拖入或随后拉入，如图 5-13 所示。

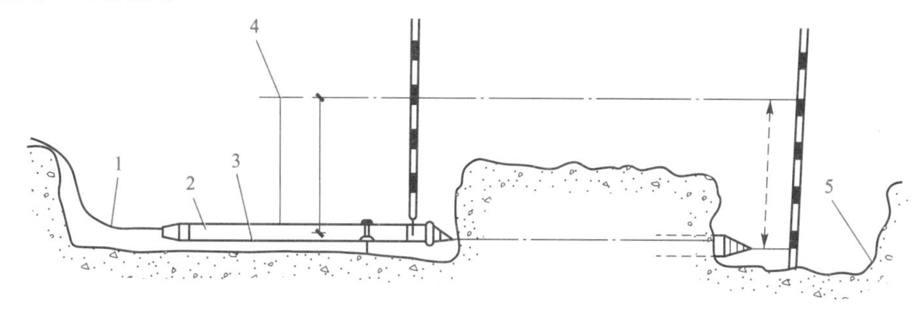

图 5-13　气动矛铺管法

1—后坑；2—气动矛；3—发射架；4—瞄准仪；5—前坑

气动矛铺管法适用于可压缩性土层中，如淤泥、淤泥质黏土、软黏土、粉质黏土及非密实的砂土等。如在砂层或淤泥中施工时，必须在气动矛后面直接敷入套管或成品管，这样不仅可以保护孔壁，还可以为气动矛提供排气通道，有利于施工的进行。其施工长度与管道口径的大小有关，一般情况下，对于小口径管道，孔长通常不超过 15 m；对于较大口径管道，孔长一般为 30～50 m。

四、夯管锤铺管法

夯管锤铺管法仅适用于钢管施工，除有大量岩体或有较大石块外，几乎可以适用于所有的土层。

如图 5-14 所示，夯管锤就像一支卧放的双筒气锤，以压缩空气为动力，与气动矛铺管的不同之处在于施工时，夯管锤在工作坑内始终处于管道的末尾。工作起来，类似于水平打桩，其冲击力直接作用在管道上。由于管道入土时，土不是被压密或挤向周边，而是将开口的管端直接切入土层，因此，可以在覆盖层较浅的情况下施工，便于节省工程投资。

图 5-14　夯管锤铺管示意

任务实施

一、盾构法施工

盾构法施工包括以下几个步骤。

1. 工作坑开挖

盾构施工要设置工作坑，用于盾构开始顶进的工作坑叫作起点井；施工完毕后，需将盾构从地下取出，这种用于取出盾构设备的工作坑叫作终点井。如果顶距过长，为了减少土方及材料的地下运输距离或中间需要设置检查井等构筑物时，还需要设置中间井。

盾构工作坑宜设置在管道上检查井等构筑物的位置，工作坑的形式及尺寸的确定方法与顶管工作坑相同，应根据具体情况选择沉井、钢板桩等方法修建。后背墙应坚实平整，能有效地传递顶力。

2. 盾构顶进

盾构自起点井开始至其完全进入土中的这一段距离是借助另外的液压千斤顶顶进的。盾构正常顶进时，千斤顶是以砌好的砌块为后背推进的。只有当砌块达到一定长度后，才足以支撑千斤顶。在此之前，应临时支撑进行顶进。为此，在起点井后背前与盾构衬砌环内，各设置一个直径与衬砌环相等的圆形木环，两个木环之间用圆木支撑，第一圈衬砌材料紧贴木环砌筑。当衬砌环的长度达到 30～50 m 时，才能起到后背作用，方可拆除圆木。

盾构机械进入土层后，即可起用盾构本身的千斤顶，将切削环的刃口切入土中，在切削环掩护下挖土。当土质较密实，不易坍塌时，也可以先挖 0.6～1.0 m 的坑道，然后再顶进。挖出的土可由小车运到起始井，最终运至地面。在运土的同时，将盾构块运至盾构内，待千斤顶回镐后，孔隙部分用砌块拼装，再以衬砌环为后背，启动千斤顶。重复上述操作，盾构便不断前进。

3. 衬砌和灌浆

(1)预制拼装式衬砌特点。预制拼装式衬砌是用工厂预制的构件，称为管片，在盾构尾部拼装而成的。管片种类按材料可分为钢筋混凝土、钢、铸铁及由几种材料组合而成的复合管片，如图 5-15 所示。

图 5-15　盾构衬砌片及安装

钢筋混凝土管片的耐压性和耐久性都比较好，目前已可生产抗压强度达 60 MPa、渗透系数小于 10～11 m/s 的管片，而且，这几种管片刚度大，由其组成的衬砌防水性能有保证。钢管片的强度高，具有良好的可焊接性，便于加工和维修，质量轻也便于施工。与混凝土管片相比，其刚度小、易变形，而且钢管片的抗锈性差，在不做二次衬砌时，必须有抗腐、抗锈措施。铸铁管片强度高，防水和防锈蚀性能好，易加工，与钢管片相比，刚度也较大，故在早期的地下铁道区间隧道中得到广泛的应用。

(2)预制拼装式衬砌施工。

1)拼装成环方式。盾构推进结束后，迅速拼装管片成环。除特殊场合外，大多采取错缝拼装。在纠偏或急曲线施工的情况下，有时采用通缝拼装。

2)拼装顺序。一般从下部的标准(A型)管片开始，依次左右两侧交替安装标准管片，然后拼装邻接(B型)管片，最后安装楔形(K型)管片。

3)盾构千斤顶操作。拼装时，若盾构千斤顶同时全部缩回，则在开挖面土压的作用下盾构会后退，开挖面将不稳定，管片拼装空间也将难以保证。因此，随管片拼装顺序分别缩回盾构千斤顶非常重要。

4)紧固连接螺栓。先紧固环向(管片之间)连接螺栓，后紧固轴向(环与环之间)连接螺栓。采用扭矩扳手紧固，紧固力取决于螺栓的直径与强度。

5)楔形管片安装方法。楔形管片安装在邻接管片之间，为了不发生管片损伤、密封条剥离，必须充分注意正确地插入楔形管片。为方便插入楔形管片，可装备能将邻接管片沿径向向外顶出的千斤顶，以增大插入空间。拼装径向插入型楔形管片时，楔形管片有向内的趋势，在盾构千斤顶推力作用下，其向内的趋势加剧。拼装轴向插入型楔形管片时，管片后端有向内的趋势，而前端有向外的趋势。

6)连接螺栓再紧固。一环管片拼装后，利用全部盾构千斤顶均匀施加压力，充分紧固轴向连接螺栓。盾构继续掘进后，在盾构千斤顶推力、脱出盾尾后土(水)压力的作用下衬砌产生变形，拼装时紧固的连接螺栓会松弛。为此，待推进到千斤顶推力影响不到的位置后，用扭矩扳手等，再一次紧固连接螺栓。再紧固的位置随隧道外径、隧道线型、管片种类、地质条件等而不同。

(3)注浆施工。衬砌完毕后应进行注浆。管片拼装完成后，随着盾构的推进，管片与洞体之间出现空隙。如不及时充填，地层应力得以释放，而产生变形。其结果发生地面沉降，邻近建(构)筑物沉降、变形或破坏等。注浆的主要目的就是防止地层变形，同时可以及早使管片环安定，千斤顶推力平滑地向地层传递，并能形成有效的防水层。

为了在衬砌后便于注浆，有一部分砌块带有注浆孔，通常每隔3～5个环有一个注浆孔环，该环上设有4～10个注浆孔，注浆孔直径应不小于36 mm。注浆应多点同时进行，按要求注入相应的注浆量，使孔隙全部填实。

二、定向钻施工

使用水平定向钻机进行管线穿越施工，一般分为两个阶段：第一阶段是按照设计的铺管线路，驱动装有楔形钻头的钻杆按照预定的方向绕过地下障碍钻进，直至抵达目的地；第二阶段是将钻头卸下，换装适当尺寸的扩孔器，使之能够在拉回钻杆的同时将钻孔扩大至所需直径，并将需要铺装的管线同时返程牵回钻孔入口处，完成管线穿越工作。

1. 准备工作

(1)前期调查：进场后调查施工范围内地下管线情况，摸查清楚后才能进行施工。

(2)方位定位：根据施工图纸，进行测量放样，并根据施工范围的地质情况、埋深、管径确定管材和一次牵引的管道长度，并设计好钻杆轨迹。

2. 钻导向孔

要根据穿越的地质情况，选择合适的钻头和导向板或地下泥浆马达，开动泥浆泵对准入土点进行钻进，钻头在钻机的推力作用下由钻机驱动旋转(或使用泥浆马达带动钻头旋转)切削地层，不断前进，每钻完一根钻杆要测量一次钻头的实际位置，以便及时调整钻头的钻进方向，保证所完成的导向孔曲线符合设计要求，如此反复，直到钻头在预定位置出土，完成整个导向孔的钻孔作业，如图 5-16 所示。

图 5-16 钻导向孔

3. 扩孔、成孔

在导向孔形成后，将导向头卸下，装上一钻头，钻头直径是导向孔的 1.5 倍，然后将钻头往回拖拉至初始位置，卸下该钻头，换上更大的钻头，来回数次，直至符合回拖管道要求。为了防止塌孔，在注射的水中加入外加剂，该外加剂有固化洞壁、润滑钻杆的作用，如图 5-17 所示。

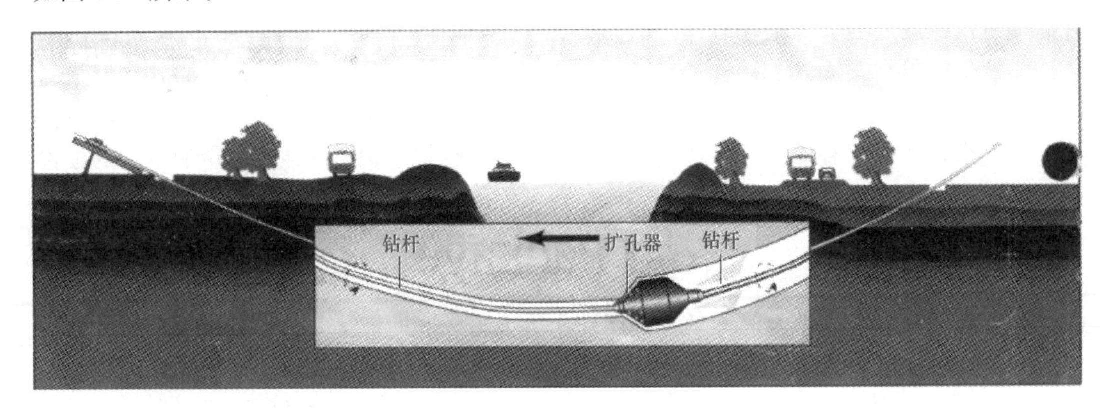

图 5-17 扩孔

4. 管线回拖

回拖产品管线时，先将扩孔工具和管线连接好，然后开始回拖作业，并由钻机转盘带动钻杆旋转后退，进行扩孔回拖，产品管线在回拖过程中是不旋转的，由于扩好的孔中充满泥浆，所以，产品管线在扩好的孔中是处于悬浮状态，管壁四周与孔洞之间由泥浆润滑，这样既减少了回拖阻力，又保护了管线防腐层，经过钻机多次扩孔，最终成孔直径一般比管子直径大 200 mm，所以不会损伤防腐层，如图 5-18～图 5-20 所示。

图 5-18 管线回拖

图 5-19　回拖中的管道、滚轮架

图 5-20　管道入洞

知识点考核

一、判断题

1. 水平定向和导向钻进法是一种能够快速铺装地下管线的方法。它的主要特点是可根据预先设计的铺管线路，驱动装有楔形钻头的钻杆按照预定的方向绕过地下障碍钻进，直至抵达目的地。（　）

2. 夯管锤铺管法仅适用于钢管施工，除有大量岩体或有较大石块外，几乎可以适用于所有的土层。（　）

二、单项选择题

1. 盾构是地下掘金和衬砌的施工设备，广泛应用于(　　)管道施工。

A. 大型　　B. 中型　　C. 小型　　D. 异型

2. 盾构是一个钢质的筒状壳体，共分三部分，其中用于掩护衬砌块的拼装，并防止水、土及注浆材料从盾尾与衬砌块之间进入盾构内的是(　　)。

A. 挖土环　　B. 衬砌环　　C. 支撑环　　D. 切削环

3. 盾构从工作井始发或到达工作井前，必须拆除洞口临时维护结构，拆除前必须确认(　　)，以确保拆除后洞口土体稳定。

A. 维护结构安全　　B. 洞口土体加固效果

C. 洞口密封效果　　D. 临近既有建(构)筑物安全

4. 盾构机选择正确与否，涉及能否正常掘进施工，特别是涉及施工安全，必须采取科学的方法，按照可行的程序，经过策划、调查、可行性研究、综合比选评价等步骤，科学合理选定。在可行性研究阶段，涉及开挖面稳定、地层变形、环境保护等方面的分析论证。下列不属于环境保护分析的内容是(　　)。

A. 弃土处理　　B. 景观　　C. 噪声　　D. 交通

三、多项选择题

盾构是用来开挖土砂类围岩的隧道机械，由(　　)等部分组成。

A. 切削环　　B. 切削刀盘　　C. 支撑环　　D. 出土系统

E. 盾尾

项目六　附属构筑物施工

任务一　检查井、雨水口施工

课件：附属构筑物施工

学习目标

1. 了解检查井施工用到的材料及特性。
2. 能够正确指导检查井的砌筑施工、预制检查井的安装施工、检查井的现浇施工。
3. 能够正确指导雨水口的砌筑施工。

任务描述

在市政管道工程中，检查井一般分为现浇钢筋混凝土、砖砌、石砌、混凝土或钢筋混凝土预制拼装等结构形式，以砖(石)砌检查井居多，雨水口也多为砖砌。

本任务要求学生在正确识读排水检查井结构图的基础上能指导完成检查井和雨水口的施工。

相关知识

检查井结构材料如下。

1. 砂浆

砂浆是由无机胶凝材料、细骨料和水拌制而成，根据需要可加入掺加剂。砂浆一般采用砂浆搅拌机拌制，有时也可采用人工拌制。砂浆拌和后，应在初凝前使用完毕，其积存时间不宜超过 2 h。若使用中砂浆出现泌水现象，则应重新拌和均匀后再用。

一般情况下，砖砌检查井用 M10 水泥砂浆砌筑、勾缝，检查井内外表面及抹三角灰用 1∶2 水泥砂浆抹面，厚约为 20 mm。其中，水泥强度等级不应低于 32.5，砂宜采用质地坚硬、级配良好而洁净的中粗砂，其含泥量不应大于 3%。

2. 砌筑用砖、石

(1)市政给水排水构筑物砌筑用砖目前多采用 MU10 机砖。

(2)砌筑石料。砌筑石料应具有较高的硬度、抗压强度和耐久性，可就地取材，适用于砌筑基础、墙身、堤坡、挡土墙、沟渠及进(出)水口等。

砌筑石料可分为毛石和料石两大类。

1)毛石又称片石或块石，是经过爆破直接获得的石块。按平整程度又可分为乱毛石和平毛石。乱毛石的形状不规则，可用于砌筑基础墙身、堤坝、挡土墙，也可作为毛石混凝土的原料；平毛石是由乱毛石略经加工而成的，可用于砌筑基础、墙身、桥墩、涵洞等。

2)料石又称条石，是由人工或机械开采出的较规则的六面体石块，再经凿斫而成。按其加工后的外形规则程度可分为毛料石、粗料石、半细料石和细料石等。

3. 混凝土构件

钢筋混凝土构件如检查井底板、检查井顶板，预制与现浇均采用强度等级为 C20 的混凝土，钢筋一般采用 HRB300 级和 HRB335 级；垫层一般采用素混凝土或碎石垫层；检查井底板一般采用钢筋混凝土底板。

除上述材料外，有时工程中还使用混凝土砌块。混凝土砌块的抗压强度、抗渗、抗冻指标应符合设计要求，其尺寸偏差应符合相关标准规范的规定。

任务实施

一、砌筑检查井施工

1. 砌筑检查井施工

(1)检查井基础施工。在开槽时应计算好检查井的位置，挖出足够的肥槽。浇筑管道混凝土平基时，应将检查井基础宽度一次浇够，不能采用先浇筑管道平基，再加宽的方法做检查井基础。

(2)排水管道检查井内的流槽及井壁应同时进行浇筑，当采用砌块砌筑时，表面应用水泥砂浆分层压实抹光，流槽与上、下游管道接顺。

(3))砌筑时管口应与井内壁平齐，必要时可伸入井内，但不宜超过 30 mm。不准将截断管端放入井内；预留管的管口应封堵严密，并便于拆除。

(4)检查井的井壁厚度常为 240 mm，用水泥砂浆砌筑。圆形砖砌检查井采用全丁式砌筑(图 6-1)，收口时，如四面收口，则每次收进不超过 30 mm；如为三面收口，则每次收进不超过 50 mm。矩形砖砌检查井采用一顺一丁式砌筑(图 6-2)。检查井内的踏步应随砌随安，安装前应刷防锈漆，砌筑时用水泥砂浆埋固，在砂浆未凝固前不得踩踏。

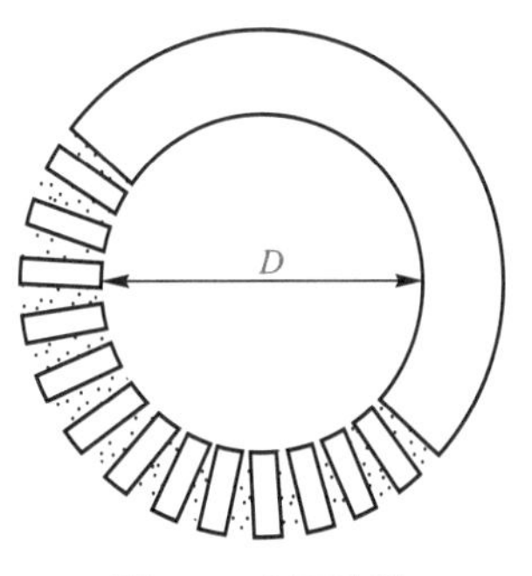

图 6-1　全丁砌法

(5)检查井内壁应用原浆勾缝，有抹面要求时，内壁用水泥砂浆抹面并分层压实，外壁用水泥砂浆搓缝严实。抹面和搓缝高度应高出原地下水水位以上 0.5 m。

(6)井盖安装前，井室最上一皮砖必须是丁砖，其上用 1∶2 水泥砂浆座浆，厚度为 25 mm，然后安放盖座和井盖。

(7)检查井接入较大管径的混凝土管道时，应按规定砌砖券。管径大于 800 mm 时砖券高度为 240 mm；小于 800 mm 时砖券高度为 120 mm。砌砖券时应由两边向顶部合拢砌筑。

(8)有闭水试验要求的检查井，应在闭水试验合格后再回填土。

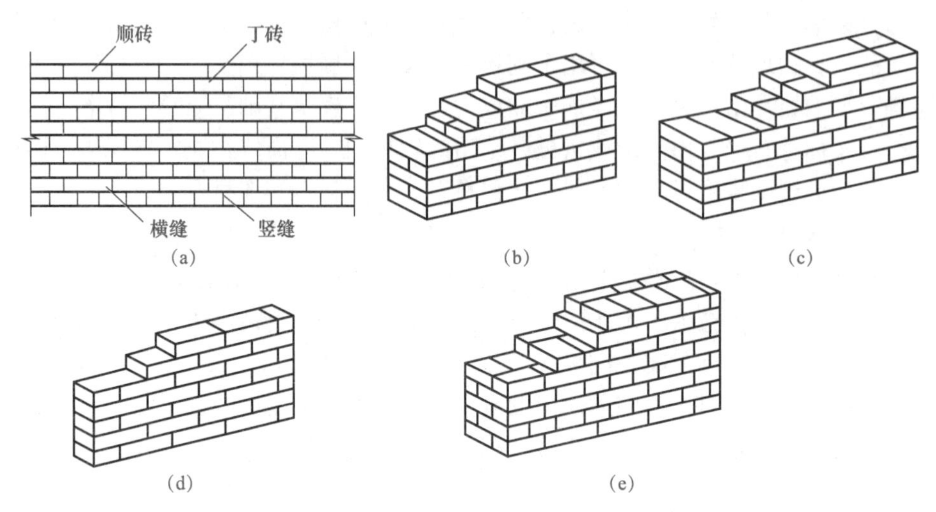

图 6-2　一顺一丁砌法

(9)砌筑井室应符合下列要求：

1)砌筑井壁应位置准确、砂浆饱满、灰缝平整、抹平压光，不得有通缝、裂缝等现象。

2)井底流槽应平顺、圆滑、无杂物。

3)井圈、井盖、踏步应安装稳固，位置准确。

4)砂浆强度等级和配合比应符合设计要求。

2. 预制检查井安装

(1)应根据设计的井位桩号和井内底标高，确定垫层顶面标高、井口标高及管内底标高等参数，作为安装的依据。

(2)按设计文件核对检查井构件的类型、编号、数量及构件的质量。

(3)垫层施工不得扰动井室地基，垫层厚度和顶面标高应符合设计规定，长度和宽度要比预制混凝土底板的长、宽各大 100 mm，夯实后用水平尺校平，必要时应预留沉降量。

(4)标示出预制底板、井筒等构件的吊装轴线，先用专用吊具将底板水平就位，并复核轴线及高程，底板轴线允许偏差为±20 mm，高程允许偏差为±10 mm。底板安装合格后再安装井筒，安装前应清除底板上的灰尘和杂物，并按标示的轴线进行安装。井筒安装合格后再安装盖板。

(5)当底板、井筒与盖板安装就位后，再连接预埋连接件，并做好防腐。然后将边缝润湿，用 1∶2 水泥砂浆填充密实，做成 45°抹角。当检查井预制件全部就位后，用 1∶2 水泥砂浆对所有接缝进行里、外勾平缝。

(6)最后将底板与井筒、井筒与盖板的拼缝，用 1∶2 水泥砂浆填满密实，抹角应光滑平整，水泥砂浆强度等级应符合设计要求。当检查井与刚性管道连接时，其环形间隙要均匀、砂浆应填满密实；与柔性管道连接时，胶圈应就位准确、压缩均匀。

3. 现浇检查井施工

(1)按设计要求确定井位，井底标高、井顶标高、预留管的位置与尺寸。

(2)按要求支设模板。

(3)按要求拌制并浇筑混凝土。先浇筑底板混凝土，再浇筑井壁混凝土，最后浇筑顶板混凝土。混凝土应振捣密实，表面平整、光滑，不得有漏振、裂缝、蜂窝和麻面等缺陷；振捣完毕后进行养护，达到规定的强度后方可拆模。

(4)井壁与管道连接处应预留孔洞，不得现扬开凿。

(5)井底基础应与管道基础同时浇筑。

二、雨水口施工

1. 施工工艺

雨水口一般采用砖、石砌筑施工，砌筑工艺与检查井相同，要点如下：

(1)按道路设计边线及支管位置，定出雨水口中心线桩，使雨水口的长边与道路边线重合(弯道部分除外)。

(2)根据雨水口的中心线桩挖槽，挖槽时应留出足够的槽，如雨水口位置有误差，应以支管为准进行核对，平行于路边修正位置，并挖至设计深度。

(3)夯实槽底。有地下水时应排除并浇筑 100 mm 的细石混凝土基础；为松软土时应夯筑 3∶7 灰土基础，然后砌筑井墙。

(4)砌筑井墙。

1)按井墙位置挂线，先干砌一层井墙，并校对方正。一般井墙内口为 680 mm×380 mm 时，对角线长为 779 mm；内口尺寸为 680 mm×41 mm 时，对角线为 794 mm；内口尺寸为 680 mm×415 mm 时，对角线长为 797 mm。

2)砌筑井墙。雨水口井墙厚度一般为 240 mm，用 MU10 砖和 M10 水泥砂浆按一顺一丁的形式组砌，随砌随刮平缝，每砌高 300 mm 应将墙外肥槽及时填土夯实。

3)砌至雨水口连接管或支管处应满卧砂浆，砌砖已包满管道时应将管口周围用砂浆抹严抹平，不能有缝隙，管顶砌半圆砖券，管口应与井墙面平齐。当雨水连接管或支管与井墙必须斜交时，允许管口进入井墙 20 mm，另一侧凸出 20 mm，超过此限时必须调整雨水口位置。

4)井口应与路面施工配合同时升高，当砌至设计标高后再安装雨水箅。雨水箅安装好后，应用木板或铁板盖住，以免在道路面层施工时被压路机压坏。

5)井底用 C10 细石混凝土抹出向雨水口连接管集水的泛水坡。

(5)安装井箅。井箅内侧应与道牙或路边成一条直线，满铺砂浆，找平坐稳，井箅顶与路面平齐或稍低，但不得凸出。现浇井箅时，模板支设应牢固、尺寸准确，浇筑后应立即进行养护。

2. 施工注意事项

(1)位置应符合设计要求，不得歪扭。

(2)井箅与井墙应吻合。

(3)井箅与道路边线相邻边的距离应相等。

(4)内壁抹面必须平整，不得起壳裂缝。

(5)井箅必须完整无损、安装平稳。

(6)井内严禁有垃圾等杂物，井周回填土必须密实。

(7)雨水口与检查井的连接应顺直、无错口；坡度应符合设计规定。

知识点考核

一、判断题

1. 排水检查井内的流槽，宜与井壁同时进行砌筑。 ( )

2. 砖砌检查井一般可不抹面，且常用普通机制砖与1∶2水泥砂浆砌筑。 ( )

3. 检查井内的踏步应随砌随安，安装前应刷防锈漆，砌筑时用水泥砂浆埋固，在砂浆未凝固前不得踩踏。 ( )

4. 检查井砌筑至规定高程后，应及时安装或浇筑井圈，安装盖座，盖好井盖。 ( )

二、单项选择题

1. 砌筑砂浆应采用水泥砂浆，其强度等级应符合设计要求，且不应低于( )。

A. M15　　B. M10　　C. M12　　D. M20

2. 关于给水排水工程中圆井砌筑表述，错误的是( )。

A. 排水管道检查井内的流槽，宜与井壁同时进行砌筑

B. 砌块应垂直砌筑

C. 砌筑后钻孔安装踏步

D. 内外井壁应采用水泥砂浆勾缝

三、多项选择题

1. 给水排水工程中砌筑结构对材料的基本要求包括( )。

A. 用于砌筑结构的机制烧结砖应边角整齐、表面平整、尺寸准确，强度等级符合设计要求，一般不低于MU10

B. 用于砌筑结构的石材强度等级应符合设计要求，设计无要求时不得小于0 MPa，材料应质地坚实均匀，无风化剥层和裂纹

C. 用于砌筑结构的混凝土砌块应符合设计要求和相关标准规定

D. 砌筑砂浆应采用水泥砂浆，其强度等级应符合设计要求，且不应低于M20

E. 水泥应采用砌筑水泥，并应符合相关标准规定

2. 给水排水工程砌筑结构中的砂浆抹面的基本要求包括( )。

A. 墙壁表面黏结的杂物应清理干净，并洒水湿润

B. 水泥砂浆抹面宜分两道，第一道抹面应刮平使表面造成粗糙纹，第二道抹平后，应分两次压实抹光

C. 抹面应压实抹平，施工缝留成阶梯形；接茬时，应先将留茬均匀涂刷水泥浆一道，并依次抹压，使接茬严密；阴阳角应抹成圆角

D. 抹面砂浆终凝后，应及时保持湿润养护，养护时间不宜少于14 d

E. 抹面砂终凝后，应及时保持湿润养护，养护时间不宜少于7 d

任务二　阀门井、阀门施工

学习目标

1. 了解阀门井的技术要求。
2. 能够正确指导阀门井的砌筑施工。
3. 能够正确指导阀门的安装施工。

任务描述

阀门井是地下管线及地下管道(如自来水、油、天然气管道等)的阀门为了在需要进行开启和关闭部分管网操作或者检修作业时方便，就设置类似小房间的一个坑(或井)，将阀门等安装布置在这个坑里，便于定期检查、清洁和疏通管道，防止管道堵塞的枢纽。这个坑就称为阀门井。有阀门井必定有阀门，但有阀门不一定有阀门井。

阀门是用来开闭管路、控制流向、调节和控制输送介质的参数(温度、压力和流量)的管路附件。根据其功能可分为关断阀、止回阀、调节阀等。

本任务要求学生能指导阀门井的砌筑施工，并能指导完成阀门的安装。

相关知识

一、阀门井分类

1. 传统阀门检查井

传统阀门检查井可分为砖砌阀门井(图 6-3)和钢筋混凝土阀门井(图 6-4)；按形状可分为圆形和方形两种；按阀门品种可分为闸阀、蝶阀、截止阀、球阀、水力控制阀、隔膜阀等。其管道与井体的连接方式通常是刚性连接。

图 6-3　砌筑阀门井

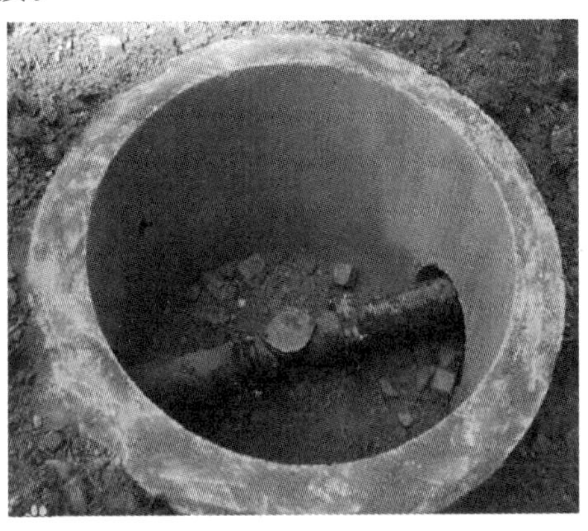

图 6-4　钢筋混凝土阀门井

(1)砖砌阀门井有砖砌圆形立式闸阀井、砖砌圆形立式蝶阀井、砖砌圆形卧式蝶阀井、砖砌水表井、砖砌圆形排气阀井、砖砌排泥阀(湿)井。

(2)钢筋混凝土阀门井有钢筋混凝土矩形立式闸阀井、钢筋混凝土矩形立式蝶阀井、钢筋混凝土矩形卧式蝶阀井、钢筋混凝土矩形水表井、钢筋混凝土矩形排气阀井。

砖砌阀门井是通过烧结实心砖堆砌和水泥抹面而成，钢筋混凝土阀门井是钢筋塑形和水泥浇筑而成，砖砌阀门井和钢筋混凝土阀门井自身的密封性一般，对于酸碱物质的腐蚀抵抗效果不佳，由于其自身属于刚性构筑物其承压能力较好，但是在产生土壤沉降或地质灾害时通常会出现井体崩塌现象。镀锌钢管给水管因内壁结垢，生锈而引起的水质"二次污染"，现在给水管道多改为了无毒塑料给水管，塑料给水管与砖砌井、钢筋混凝土井之间的连接属于刚性连接，不能均匀沉降，连接口很容易开裂造成缝隙，从而造成地下水渗入井体内。

2. 塑料阀门检查井

塑料阀门检查井是由高分子合成树脂制成的检查井(图 6-5)，通常采用聚氯乙烯(PVC-U)、聚丙烯(PP)和高密度聚乙烯(HDPE)等通用塑料作为原材料，替代了红砖水泥。其通过高温高压使原材料融化和高压注塑成型。塑料阀门检查井一般为圆形检查井(圆形受力最均匀)，可适用于任何品种阀门的安装，连接方式主要以橡胶圈柔性连接为主，其他连接方式均可。

图 6-5 塑料阀门井检查

塑料阀门检查井安装简便、质量轻、便于运输安装，性能可靠、承载力强、抗冲击性好，耐腐蚀，耐老化，与塑料管道采用柔性连接方式，连接方便、密封性好，能有效防止污水渗漏，安全环保。

塑料阀门检查井的材料为高密度聚乙烯(HDPE)，PE 材质具有很好的柔韧性，但是刚度欠缺，结构筋外形设计就很好地将刚度与韧性结合起来(PE 优良的柔韧性在抗寒、抗震和地质沉降上具有很好的效果，结构筋设计让柔韧的 PE 具有了刚性环刚度可达 8～10 kN/m^2，使刚度和柔韧性达到了双效合一的效果)从而大大增强了塑料检查井的承压能力。塑料阀门检查井与管道、井筒的连接是通过橡胶圈或者热缩套来实现柔性连接，安全性能高，密封效果好，可以实现均匀沉降，防止漏水渗水现象，高密度聚乙烯高温高压注塑成型井体，自身密封效果好、杜绝渗水，井筒与井体采用热缩套连接，同等材质融合后密闭效果佳。井筒上可设内盖，通过橡胶圈密封，双重密封防水，不会因大雨或积水就渗水进入井室内，使铸铁阀门受浸泡，减少其使用寿命或使其功能受损。

二、阀门井的技术要求

阀门井因为是管道的枢纽，所以其自身有以下几个要求：

(1)阀门井本身不能渗水，必须保证其密封性。

(2)给水管道在使用过程中，管道会受到来自不同方面的压力，从而会产生不同程度的抖动或沉降，即要求给水管道与阀门井的连接方式要可靠，能够适应一定程度的抖动和沉降，而不会使水渗进井室；在埋地很深的阀门井管道稍大时一般都采用铸铁阀门(如截止阀、蝶阀等)，铸铁阀门长期在水里浸泡，会影响其使用寿命或引起断裂，因此对密封性的要求更高。

(3)阀门井井筒与井体、井盖的连接方式要可靠，不能因为大雨或积水就渗水进入井室里。

阀门井是埋设于地下的，要承受来自各个方向的不同压力和不同化学物质的腐蚀与侵害，因此，要求其承压能力和耐酸碱腐蚀性要好。

三、阀门简介

阀门是管路流体输送系统中控制部件，用来改变通路断面和介质流动方向，具有导流、截止、节流、止回、分流或溢流卸压等功能。用于流体控制的阀门，从最简单的截止阀到极为复杂的自控系统中所用的各种阀门，其品种和规格繁多，阀门的公称通径从极微小的仪表阀大至通径达 10 m 的工业管路用阀；可用于控制水、蒸汽、油品、气体、泥浆、各种腐蚀性介质、液态金属和放射性流体等各种类型流体的流动，阀门的工作压力可以从 0.001 3 MPa 到 1 000 MPa 的超高压，工作温度可以从−270 ℃的超低温到 1 430 ℃的高温。

四、阀门安装要求

(1)阀门安装前要检查填料是否完好，压盖螺栓是否有足够的调节余量。

(2)法兰或螺纹连接的阀门应在关闭状态下进行安装。

(3)焊接阀门与管道连接焊缝的封底宜采用氩弧焊施焊，以保证其内部平整光洁。焊接时阀门不宜关闭，以防止过热变形。

(4)阀件安装前，应按设计核对型号，并根据介质流向确定其安装方向。

(5)水平管道上的阀件，其阀杆一般应安装在上半圆范围内。

(6)阀件传动杆(伸长杆)轴线的夹角不应大于 30°，有热位移的阀件，传动杆应有补偿措施。

(7)阀件的操作机构和传动装置应做必要的调整与固定，使其传动灵活、指示准确。

(8)安装铸铁、硅铁阀件时，须防止因强力连接或受力不均而引起损坏。

(9)安装高压阀件前，必须复核产品合格证。

任务实施

一、阀门井施工

阀门井一般采用砖、石砌筑施工，砌筑工艺与检查井相同，要点如下。

1. 井底施工要点

(1)用 C10 混凝土浇筑底板，下铺 150 mm 厚碎石(或砾石)垫层，无论有无地下水，井底均应设置集水坑。

(2)管道穿过井壁或井底，须预留 50～100 mm 的环缝，先用油麻填塞并捣实或用灰土填实，再用水泥砂浆抹面。

2. 井室的砌筑要点

(1)井室应在管道铺设完毕、阀门安装好之后着手砌筑，阀门与井壁、井底的距离不得小于 0.25 m；雨天砌筑井室，须在铺设管道时一并砌好，以防止雨水汇入井室而堵塞管道。

(2)井壁厚度为 240 mm，通常采用 MU10 砖、M5 水泥砂浆砌筑，砌筑方法同检查井。

(3)砌筑井壁内外均需用 1∶2 水泥砂浆抹面，厚为 20 mm，抹面高度应高于地下水最高水位 0.5 m。

(4)爬梯通常采用 ϕ6 mm 钢筋制作，并防腐，水泥砂浆未达到设计强度的 75%以前，切勿脚踏爬梯。

(5)井盖应轻便、牢固、型号统一、标志明显；井盖上配备提盖与撬棍槽；当室外温度小于等于－21 ℃时，应设置为保温井口，增设木制保温井盖板。安装方法同检查井井盖。

(6)盖板顶面标高应与路面标高一致，误差不超过±50 mm，当在非铺装路面上时，井口须略高于路面，但不得超过 50 mm，并有 0.02 坡度做护坡。

3. 施工注意事项

(1)井壁的勾缝抹面和防渗层应符合质量要求。

(2)井壁同管道连接处应严密，不得漏水。

(3)阀门的启闭杆应与井口对中。

二、阀件安装

1. 水表的安装

(1)水表设置位置应尽量与主管道靠近，以减少进水管长度，并便于抄读、安拆，必要时应考虑防冻与卫生条件。

(2)注意水表安装方向，使进水方向与表上标志方向一致。旋翼式水表应水平安装，切勿垂直安装；螺翼式水表可水平安装、倾斜安装或垂直安装，但倾斜安装或垂直安装时，须保证水流流向自上而下。

(3)为使水流稳定地流经水表，使其计量准确，表前阀门与水表之间的稳流段长度应大于或等于 8～10 倍管径。

(4)小口径水表在水表与阀门之间应装设活接头，以便于拆卸更换水表；大口径水表前后采用伸缩节相连，或者水表两侧法兰采用双层胶垫，以便于拆卸水表。

(5)大口径水表安装时应加旁通管，以便于当水表出现故障时，不影响通水。

2. 室外消火栓安装

(1)安装位置通常选定在交叉路口或醒目地点，与建筑物距离不小于 5 m，距离路边不大于 2 m，地下式消火栓应在地面上明显标示，并保证栓口处接管方便。

(2)消火栓连接管管径应不小于 100 mm。

(3)消火栓安装时，凡埋入土中的法兰接口均涂沥青冷底子油一道、热沥青两道，并用沥青麻布或塑料薄膜包严，以防止锈蚀。

(4)寒冷地区应考虑防冻措施。

3. 安全阀安装

(1)安装方向应使管内水由阀盘底向上流出。

(2)安装弹簧式安全阀时，应调节螺母位置，使阀板在规定工作压力下可以自动开启。

(3)安装杠杆式安全阀时，须保持杠杆水平，根据工作压力将重锤的质量与力臂调整好，并用罩盖住，以免重锤移动。

(4)安全阀应垂直安装，当发现倾斜时，应予纠正。

(5)在管道试运行时，应及时调校安全阀。

(6)安全阀的最终调整宜在系统上进行，开启压力和回座压力应符合设计规定，当设计无规定时，其开启压力为工作压力的1.05～1.15倍，回座压力应大于工作压力的0.9倍。调整时每个安全阀的启闭试验不得少于3次。安全阀经调整后，在工作压力下不得有泄漏。

4. 排气阀安装

(1)排气阀应设置在管线的最高点处，一般管线隆起处均应设置排气阀。

(2)在长距离输水管线上，每隔50～100 m应设置一个排气阀。

(3)排气阀应垂直安装，不得倾斜。

(4)地下管道的排气阀应安装在排气阀门井内，安装处应环境清洁，寒冷地区应采取保温措施。

(5)管道施工完毕试运行时，应对排气阀进行调校。

5. 排泥阀安装

(1)安装位置应有排除管内污物的场所。

(2)安装时应采用与排污水流成切线方向的排泥三通。

(3)安装完毕后应及时关闭排泥阀。

6. 泄水阀安装

(1)泄水阀安装在管线最低处，用来放空管道及排除管内污水，一般常与排泥管合用。

(2)泄水阀放出的水，可直接排入附近水体；若条件不允许则设湿井，将水排入湿井内，再用水泵抽送到附近水体。

(3)安装完毕后应及时关闭泄水阀。

知识点考核

一、判断题

1. 阀门井的底板用C10混凝土浇筑，下铺碎石垫层，可不设集水坑。 (　　)
2. 阀门井盖板标高可以比路面标高高出1～2 cm。 (　　)
3. 阀门井中爬梯的水泥砂浆需达到设计强度才允许攀爬。 (　　)
4. 法兰或螺纹连接的阀件应在关闭状态下进行安装。 (　　)
5. 阀件安装前，应按设计核对型号，并根据介质流向确定其安装方向。 (　　)

二、单项选择题

1. 阀门是一种(　　)的附近，是流体输送系统的控制部件。

A. 管路　　B. 泵　　C. 锅炉　　D. 流体

2. 阀门井一般采用(　　)施工。

A. 混凝土　　B. 预制拼装　　C. 砖、石砌筑　　D. 空心砖

3. 管道穿过阀门井的井壁时，需预留(　　)mm 环缝，用油麻填塞并捣实或用灰土填实。

A. 30～50　　B. 50～100

C. 100～150　　D. 150～200

4. 在长距离输水管线上，每隔(　　)mm 设置一个排气阀。

A. 30～50　　B. 50～100

C. 100～150　　D. 150～200

三、多项选择题

室外消火栓安装位置通常选定在(　　)，并保证栓口处接管方便。

A. 交叉路口或项目地点　　B. 距建筑物距离不小于 5 m

C. 距路边不大于 2 m　　D. 地下消火栓应在地面上明显标示

项目七　管道维护管理

课件：管道维修与养护

学习目标

1. 了解城市管道巡查常用的方法。
2. 了解城市管道修复常用的方法。
3. 了解城市管道更新常用的方法。

任务描述

随着社会经济的发展，城市规模不断扩大，生产和生活用水、用电、热力、电信等需求不断增加，一些管道得不到及时有效的更新，导致有的旧管道超负荷运行，就可能会出现破裂、损坏等情况。因此，我们要根据实际情况，有计划地增加城市管网，循序渐进地每年按管道总长一定比例进行旧管网和老管网的改造，从而实现整体管道优化组合，促进城市的可持续发展。本项目就管道维护更新的一般要求做论述。

相关知识

一、城市管道巡视检查

管道巡视检查内容包括管道漏点监测、地下管线定位监测、管道变形检查、管道腐蚀与结垢检查、管道附属设施检查、管网介质的质量检查等。

管道检查主要方法包括人工检查法、自动监测法、分区检测法、区域泄露普查系统法等。检测手段包括探测雷达、声呐、红外线检查、闭路监视系统(CCTV)等方法及仪器设备。

二、城市管道抢修

不同种类、不同材质、不同结构管道抢修方法不尽相同。如钢管多为焊缝开裂或腐蚀穿孔，一般可用补焊或盖压补焊的方法修复；预应力钢筋混凝土管采用补麻、补灰后再用卡盘压紧固定；若管身出现裂缝，可视裂缝大小采用两合揣袖或更换铸铁管或钢管，两端与原管采用转换接口连接。

各种水泵、闸阀等管道附属设施也要根据其使用情况定期进行巡查，发现问题及时进行维修与更换。对管网系统的调度系统中的所有设备和监测仪表也应遵照规定的工况与运行规律正确操作和保养。

对管道检查、清通、更新、修复等维护中产生的大量数据要进行细致系统的处理，做好存档管理，以便为管网系统正常工作提供基础信息和保障。有条件时可利用地理信息系统在管网中进行应用。

三、管道维护安全防护

养护人员必须接受安全技术培训，考核合格后方可上岗。作业人员必要时可戴上防毒面具、防水衣、防护靴、防护手套、安全帽等，穿上系有绳子的防护腰带，配备无线通信工具和安全灯等。

针对管网维护可能产生的气体危害和病菌感染等危险源，在评估基础上，需采取有效的安全防护措施和预防措施，作业区和地面设专人值守，确保人身安全。

四、管道修复与更新

1. 局部修补

局部修补是在基本完好的管道上纠正缺陷和降低管道的渗漏量等。当管道的结构完好，仅有局部缺陷(裂隙或接头损坏)时，可考虑使用局部修补。

局部修补要求解决的问题包括以下几项：

(1)提供附加的结构性能，以有助于受损坏管承受结构荷载。

(2)提供防渗的功能。

(3)能代替遗失的管段等。

局部修补主要用于管道内部的结构性破坏及裂纹等的修复。目前，进行局部修补的方法很多，主要有密封法、补丁法、铰接管法、局部软衬法、灌浆法、机器人法等。

2. 全断面修复

(1)内衬法。传统的内衬法也称为插管法，是采用比原管道直径小或等径的化学建材插入原管道内，在新旧管之间的环形间隙内灌浆，予以固结，形成一种管中管的结构，从而使化学建材管的防腐性能和原管材的机械性能合二为一，改善工作性能。内衬法适用于管径为 60～2 500 mm、管线长度在 600 m 以内的各类管道的修复。化学建材管材主要有醋酸-丁酸纤维素(CAB)、聚氯乙烯(PVC)、PE 管等。此法施工简单、速度快、可适应大曲率半径的弯管，但存在管道断面受损失较大、环形间隙要求灌浆、一般用于圆形断面管道等缺点。

(2)缠绕法。缠绕法是借助螺旋缠绕机，将 PVC 或 PE 等塑料制成的、带连锁边的加筋条带缠绕在旧管内壁上形成一条连续的管状内衬层。通常，衬管与旧管直径的环形间隙需灌浆。此法适用于管径为 50～2 500 mm、管线长度在 300 m 以内的各种圆形断面管道的结构性或非结构性的修复，尤其是污水管道。其优点是可以长距离施工，施工速度快，适应大曲率半径的弯管和管径的变化，能利用现有检查井，但管道的过流断面会有损失，对施工人员的技术要求较高。

(3)喷涂法。喷涂法主要用于管道的防腐处理，也可用于在旧管内形成结构性内衬。施工时，高速回转的喷头在绞车的牵引下，一边后退一边将水泥浆或环氧树脂均匀地喷涂在旧管道内壁管道上，喷头的后退速度决定喷涂层的厚度。喷涂法适用于管径为 75～

4 500 mm、管线长度在 150 m 以内的各种管道的修复。其优点是不存在支管的连接问题，过流断面损失小，可适应管径、断面形状及弯曲度的变化，但树脂固化需要一定的时间，管道严重变形时施工难以进行，对施工人员的技术要求较高。

3. 管道更新

随着城市化快速发展，原有的管道直径有时会显得太小，不能再满足需要。另外，旧管道也会破损不能再使用，而新管道往往没有新的位置可铺设，这两种情况都需要更新管道。常用的管道更新是指以待更新的旧管道为导向，在将其破碎的同时，将新管道拉入或顶入的管道更新技术。这种方法可用相同或稍大直径的新管道更换旧管道。根据破碎旧管的方式不同，常见的有破管外挤法和破管顶进法两种方法。

(1)破管外挤法。破管外挤法也称爆管法或胀管法，是使用爆管工具将旧管破碎，并将其碎片挤到周围的土层，同时将新管道或套管拉入，完成管道的更换。爆管法的优点是破除旧管和完成新管一次完成，施工速度快，对地表的干扰少；可以利用原有检查井。其缺点是不适合弯管的更换；在旧管线埋深较浅或在不可压密的地层中会引起地面隆起；可能引起相邻管线的损坏；分支管的连接需开挖进行。按照爆管工具的不同，又可将爆管分为气动爆管、液动爆管和切割爆管三种。

气动或液动爆管法一般适用于管径小于 120 mm、由脆性材料制成的管，如陶土管、混凝土管、铸铁管等，新管可以是聚乙烯(PE)管、聚丙烯(PP)管、陶土管和玻璃钢管等。新管的直径可以与旧管的直径相同或更大，视地层条件的不同，最大可比旧管大 50%。

切割爆管法主要用于更新钢管。这种爆管工具由爆管头和扩张器组成，爆管头上有若干盘片，由它在旧管内划痕，随后扩张器上的刀片将旧管切开，同时将切开后的旧管撑开，以便将新管拉入。切割爆管法适用于管径为 50～150 mm、长度在 150 m 以内的钢管，新管多用 PE 管。

(2)破管顶进法。如果管道处于较坚硬的土层，旧管破碎后外挤存在困难，此时可以考虑使用破管顶进法。该法是使用经改进的微型隧道施工设备或其他的水平钻机，以旧管为导向，将旧管连同周围的土层一起切削破碎，形成直径相同或更大直径的孔，同时将新管顶入，完成管线的更新。破碎后的旧管碎片和土由螺旋钻杆排出。

破管顶进法主要用于直径为 100～90 mm、长度在 200 m 以内、埋深较大(一般大于 4 m)的陶土管、混凝土管或钢筋混凝土管，新管为球墨铸铁管、玻璃钢管、混凝土管或陶土管。破管顶进法的优点是对地表和土层无干扰；可在复杂的土层中施工，尤其是含水层；能够更换管线的走向和坡度已偏离的管道；基本不受地质条件限制；其缺点是需开挖两个工作井，地表需有足够大的工作空间。

五、室外给水管道的维护管理

1. 常用的检漏方法

室外给水管道的维护与检修的主要内容是管道漏水问题，明设给水管道比较容易查出漏水部位，而埋地给水管道则不易查出。市政埋地给水管道出现明漏时，可根据一些迹象进行判断，如地面有水渗出；管道上部土泥泞或湿润；杂草生长比周围茂盛，冬天雪地有反常的融雪；用户水压突然降低；管道上部地面突然发生沉陷；排水管道内出现清水等。

通过对上述现象的详细观察，就能判断出漏水点。市政埋地给水管道出现暗漏时，检查的手段主要是听漏法。

听漏法是通过漏水时产生声响的振动来确定漏水点，一般在夜间进行听漏，以免受其他噪声的干扰。常用的听漏工具有听漏器和电子检漏仪。

(1)听漏器的工作原理。当漏水冲击土壤或漏水从漏孔中喷出使管道本身发生振动时，其振动的频率传至地面，将听漏器放在地面上，通过共振由空气传至操作者耳中，即可听到漏水声，判断漏水点。

(2)电子检漏仪的工作原理。漏水声波由漏口处产生并通过管道向远处传播，同时也通过土壤从不同的方向传播到地面。电子检漏仪是专门探测管道泄漏噪声的仪器，其构造是一个简单的高频放大器，利用拾音器接收传到地面的声波振动信号，再把该振动信号通过放大系统以声音信号传至耳机及仪表中，从而可判断漏水点。

2. 常用的堵漏方法

查到漏水点后，可根据漏水原因、管道材质、管道连接方法，确定堵漏方法。常用的堵漏方法可分为承插口漏水的堵漏和管壁小孔漏水的堵漏。

(1)承插口漏水的堵漏方法。先把管内水压降至无压状态，然后将承口内的填料剔除再重新打口。如管内有水，应用快硬、早强的水泥填料(如氯化钙水泥和银粉水泥等)。对水泥接口的管道，当承口局部漏水时，可不必把整个承口的水泥全部剔除，只需在漏水处局部修补即可。如青铅接口漏水，可重新打实接口或将部分青铅剔除，再用铅条填口打实。

(2)管壁小孔漏水的堵漏方法。管道由于腐蚀或砂眼造成的漏水，可采用管卡堵漏、丝堵堵漏、铅塞堵漏和焊接堵漏等方法。

管卡堵漏时，如水压较大应停水堵漏，如水压不大可带水堵漏。堵漏时将锥形硬木塞轻轻敲打进孔内堵塞漏水处，紧贴管外皮锯掉木塞外露部分，然后在漏水处垫上厚度为 3 mm 的橡胶板，用管卡将橡胶板卡紧即可。

1)丝堵堵漏时，以漏水点为中心钻一孔径稍大于漏水孔径的小孔，攻丝后用丝堵拧紧即可。

2)铅塞堵漏时，先用尖凿把漏水孔凿深，塞进铅块并用手锤轻打，直到不漏水为止。

3)焊接堵漏时，把管道降至无压状态后，将小孔焊实即可。

六、排水管道的维护管理

排水管道维护的主要内容为管道堵漏和清淤。

排水管道漏水时，可根据漏水量的大小和管道的材质，采用打卡子或混凝土加固等方法进行维修，必要时应更换新管。

排水管道为重力流，发生淤积和堵塞的可能性非常大，常用的清淤方法如下。

1. 水力清通法

将上游检查井临时封堵，上游管道憋水，下游管道排空，当上游检查井中水位提高到一定程度后突然松堵，借助水头将管道内淤积物冲至下游检查井中。为提高水冲效果，可借助“冲牛”进行水冲，必要时可采用水力冲洗车进行冲洗。

2. 竹劈清通法

当水力清通不能奏效时，可采用竹劈清通法，即将竹劈从上游检查井插入，从下游检查井抽出，将管道内淤物带出，如一根竹劈长度不够，则可连接多根竹劈。

3. 机械清通法

当竹劈清通不能起效时，可采用机械清通法，即在需清淤管段两端的检查井处支设绞车，用钢丝绳将管道专用清通工具从上游检查井放入，用绞车反复抽拉，使清通工具从下游检查井被抽出，从而将管道内淤物带出。根据管道堵塞程度的不同，可选择不同的清通工具进行清通。常用的清通工具有骨骼形松土器、弹簧刀式清通器、锚式清通器、钢丝刷、铁牛等。

清通后的污泥可用吸泥车等工具吸走，以保证排水管道畅通。我国目前常用的吸泥车主要有罱泥车、真空吸泥车、射流泵式吸泥车等，因排水管道中污泥的含水率相当高，现在一些城市已采用了泥水分离吸泥车。

七、地下燃气管道的维护管理

由于燃气是易燃、易爆、易使人中毒的气体，为确保燃气管道及其附件处于安全运行状态，必须对地下燃气管道进行周密的检查和维护。检查和维护的内容如下。

1. 燃气管道的检查

(1)管道安全保护距离内不应有土壤塌陷、滑坡、下沉、人工取土、堆积垃圾或重物、管道裸露、深根植物及建(构)筑物等。

(2)管道沿线不应有燃气异味、水面冒泡、树草枯萎和积雪表面有黄斑等异常现象或燃气泄出声响等。

(3)施工单位应向城镇燃气主管部门申请现场安全监护，不应因其他工程施工而造成燃气管道的损坏、悬空等事故。

(4)不应有燃气管道附件损坏或丢失现象。

(5)应定期向周围单位和住户询问有无异常情况。发现问题，应及时上报并采取有效的处理措施。

2. 燃气管道检查规定

(1)泄漏检查可采用仪器检测或地面钻孔检查，可沿管道方向检测或从管道附近的阀门井、检查井或地沟等地下构筑物检测。

(2)对设有电保护装置的管道，应定期做测试检查。

(3)运行中的管道第一次出现腐蚀漏气点后，应对该管道选点检查其腐蚀情况，针对实际情况制定维护方案；管道使用20年后，应对其进行评估，确定继续使用年限，制定检测周期，并应加强巡视和泄漏检查。

3. 阀门的运行、维护规定

(1)阀门应定期检查，应无泄漏、损坏等现象，阀门井应无积水、塌陷，无影响阀门操作的堆积物等。

(2)阀门应定期进行启闭操作和维护保养(一般半年一次)。

(3)无法启动或关闭不严的阀门，应及时维修或更换。

4. 凝水器的运行、维护规定

(1)凝水器应定期排放积水，排放时不得空放燃气；在道路上作业时，应设作业标志。

(2)应定期检查凝水器护盖和排水装置，应无泄漏、腐蚀和堵塞情况，无妨碍排水作业的堆积物。

(3)凝水器排出的污水应收集处理，不得随意排放。

5. 补偿器接口

补偿器接口应定期进行严密性检查及补偿量调整。

八、热力管道的维护管理

市政热力管道工程是城市建设的一项基础工程，保证热力管道良好运行，是涉及千家万户的供热采暖和工矿企业产品生产的大事情。因此，应采取有效的措施，做好热力管网的维护工作。

1. 热力管道的维护

热力管道在运行期间通常不需要维护，只要保证管道的保温层和保护层完好即可，并要防止保温层受潮。

(1)热力管网中压力表的维护。热力管网中安装有压力表时，应经常进行维护并按时校验，保持压力表准确无误。热力管网的压力表一般只在需要测定管内压力时才与管内介质相通，测定完毕后应立即关闭压力表阀门，否则压力表长时间受到管内水、汽压力的作用，会引起弹簧或膜片松弛，使其失去准确性。

压力表也可测定管道内的堵塞情况。如果管段两端的压力表指示的压力相差过大，表明管内可能堵塞。压力表还可反映管网中是否存有空气，如果管网中有空气，则压力表的指针会剧烈跳动。

(2)热力管网中阀门的维护。热力管网运行期间应做好阀门的维修工作，使阀门始终处于灵活状态。阀杆应定期进行润滑，填料的填装要松紧适度，密封面来回研磨，阀门外表面应经常清扫，保持清洁。

所有法兰连接部位都应保持严密，不得漏水、漏气，螺栓、螺母要齐全。管网运行期间最好用加有石墨粉的油脂涂抹螺栓的螺纹，以防止螺纹的腐蚀。

套筒式伸缩器的填料盒漏水时要用扳手用力均匀地拧紧所有螺栓上的螺母压紧填料。但填料也不宜压得过紧，以免影响内筒的正常移动。

2. 热力管网的检修

(1)管道的检修。热力管网中的管道经过长时间运行后，管道内表面会出现磨损、结垢、腐蚀等现象；管道外表面保护层脱落后会受到空气中氧的侵害；管道对口焊接的焊缝会出现裂纹；螺纹连接的填料会出现老化或变性，以致破坏连接的严密性；法兰连接会出现拉紧螺栓的折断和螺栓、螺母的腐蚀；法兰连接中的垫片会出现陈旧变质或被热媒冲刷破坏而造成漏水、漏气事故；有时，由于管内出现水击或冻结现象，某些管段会开裂破坏。根据损坏方式的不同，常用的检修方法有以下几种：

1)磨损或腐蚀的检修。因磨损或腐蚀而使管壁已经减薄或穿孔的管段、管壁某部位已经开裂的管段、截面已被水垢封死的管段，检修中都应切除掉更换新管。新换管道应防腐刷油，并重新做保温层。

管道外壁腐蚀不严重时，应清理干净管外壁的腐蚀物，重新防腐刷油。

2)结垢的检修。因结垢而使管内流通断面缩小但尚未堵死的管道，可用酸洗除垢的办法处理。酸洗时应用泵使酸溶液在管内循环，以缩短酸洗时间，取得更好的除垢效果。酸洗后再用碱溶液进行中和处理，然后用清水对管道进行彻底冲洗。酸洗时必须严格控制酸溶液的浓度，而且一定要加入缓蚀剂。

3)管道连接的检修。管道螺纹连接中已老化变性的填料，法兰连接中已陈旧变质或被热媒冲刷损坏的垫片，均应进行更换。

垫片安装前应先用热水浸透，安装时，两面均应涂抹石墨粉和机油的混合物，或抹干的银色石墨粉，以便拆卸。但不能只抹铅油，否则垫片会粘在法兰密封面上很难拆掉。石棉橡胶垫片应用剪刀做成带柄状，以便安装时调整垫片位置。

法兰连接处损坏的螺栓、螺母要更新，丢失的应配齐。工作温度超过 100 ℃管道上的法兰，其连接螺栓于安装前在螺纹上涂一层石墨粉和机油的混合物，以方便拆卸。

4)裂纹的检修。管道出现裂纹时，应在裂纹两端钻孔，切除该段焊缝至露出管子金属，然后重新进行补焊。如果裂纹缺陷超过维修范围，则应将焊口全部切除，然后另加短管重新焊接。

(2)管道保温层的检修。保温层在长期使用中受自然损坏或人为破坏后，应重新做保温层。如果只换个别管段的保温层，其保温材料和保温方式应尽量与原保温层一致。当需要更换大多数管道的保温层或重新更换整个管网的保温层时，应尽量采用最先进的保温材料进行技术更新，禁止再用混凝土、草绳和石棉绳等保温材料。更新后的保温层最好用铝皮或镀锌薄钢板作保护层，不得再用水泥抹面作保护层。重新保温时，应先消除管道外壁的锈蚀和其他污物，然后涂刷防锈漆两遍。

如果采用涂抹法保温，只能在加热后的管道表面上涂抹。其方法是先抹 5 mm 厚较稀的保温材料，然后再抹较稠的，每层厚为 10～15 mm，等前一层干燥后再抹第二层。如管道公称直径超过 150 mm，应用钢丝骨架进行加固，并包直径为 0.8～1 mm、网孔尺寸为 50 mm×50 mm×100 mm 的镀锌钢丝网。

采用预制瓦保温时，拼缝应错开，缝隙不大于 5 mm，并填满水泥砂浆，然后用直径为 1.2 mm 的镀锌钢丝捆牢，每块瓦至少捆两道。

检修中要特别注意排除地表水和地下水，防止因水进入地沟和检查井内而破坏地下管道的保温层。

检修保温层时，除管道外，凡表面温度超过 50 ℃的阀门和法兰等都必须采取保温措施。

(3)管道支承结构的检修。管道支承结构包括支架、吊架、托钩和卡箍等。这些支承结构在长期运行中的主要破坏形式是断裂、松动或脱落。

1)断裂的检修。因本身的机械强度不够，在管道重力和热伸长推力的作用下破坏，或受到人为破坏，都可能引起断裂。

已经断裂的支承结构应拆除换新。拆除时应从建筑结构上连根拆下，不能拆下时应沿建筑结构表面切去。新支承结构必须经过强度核算，为了增加支承结构的强度，可采取添装支架、吊架、托钩或卡箍的办法，以缩小它们的间距。

2)松动或脱落的检修。支承结构松动或脱落的原因，主要是在建筑结构上固定的强度不够，或者受到重力、热伸长推力作用后开始松动，并最终同建筑结构脱离。有时支撑的悬臂太长或斜支撑的斜臂强度不够，在管道重力所产生的弯矩作用下也会出现松动或脱落现象。松动或脱落的支架、吊架、托钩或卡箍应重新栽好并加固，最好是缩小它们的间距。

3)重新安装管道支承结构时的注意事项。

①支承结构所用型钢应当牢固地固定在建筑结构上，埋设在墙内者至少应深入墙体240 mm，并应在型钢尾部加挡铁或将尾部向两边扳开，洞内填塞水泥砂浆；

②支承结构所用型钢在管道运行时不能产生影响正常运行的变形；

③活动支架不应妨碍管道热伸长时所产生的位移；

④固定支架上的管道要与支架型钢焊牢或用卡箍卡紧，不让管道与支架产生相对位移；

⑤没有热伸长的管道吊架拉杆应当铅垂安装，有热伸长的管道吊架拉杆应安装成倾斜于位移方向相反的一侧，倾斜的尺寸为该处管道位移的一半；

⑥支架安装好后应防腐刷油。

(4)伸缩器的检修。在设计尺寸正确，加工安装时不留隐患的情况下，方型或其他弯曲型伸缩器在运行中很少出现损坏现象，因而不用年年检修，一般每隔三四年仔细检修一次即可。但套筒式伸缩器则不同，它运行中时时都在移动，容易损坏，所以每年都应定期安排人员进行检修。

套筒式伸缩器的内筒只要温度稍一发生变化就会改变自己的位置。由于受温度变化的影响，内筒在伸缩器外筒中前、后移动，使填料逐渐磨损，最后引起伸缩器漏水漏气。为了消除泄漏并使填料盒中的填料密实，每次都要拉紧填料压盖上的双头螺栓，而到停止运行时，压盖往往已被拉紧到了极点，导致螺栓、螺母的损坏。套筒式伸缩器常规检修的主要任务如下。

1)更换填料。更换已经磨损的填料时，先拧掉所有螺栓上的螺母，用专门工具逐一取出旧的填料。但旧填料在伸缩器运行期间早已被压得紧紧的，并且紧贴在外筒上，很不容易取出。为便于取出，最好在拆开填料盒(外筒和内筒的间隙)后往填料中喷洒少许煤油，这样就能比较方便地取出填料。除掉所有旧填料后，把伸缩器外筒上的填料残渣清理干净，然后把浸过油和石墨粉的新填料圈填装到填料盒中。填料圈要逐个填装，每个填料圈的切口应做成斜口，每层填料圈的切口位置要互相错开。每填好两层填料圈就用压盖把填料压一下，以保证填料盒的密封效果。填料装好一段时间后要拉紧压盖，然后取掉压盖再加填料，直到全部装满为止。

2)处理腐蚀。检修中如发现伸缩器内筒已经腐蚀，就应当进行处理。内筒最常见的腐蚀部位是压盖下面的内筒外壁，因为它经常处于潮湿环境中。制作内筒时如果选用的管壁太薄，或加工时去掉的金属太多而导致筒壁减薄，在运行中只要受到腐蚀，就会很快使筒壁穿孔。内筒壁如果已经腐蚀穿孔，就应重新加工制作。若虽遭受腐蚀但对强度尚无影响时，则应清除腐蚀物，把内筒外壁清理到露出金属光泽后再刷防锈漆。

3)安装矫正。检修中如发现套筒式伸缩器安装不正，则应检查管路状况。这种现象很可能是安装伸缩器的管段下垂的结果，检查时要注意伸缩器两侧的支架是否出现故障。若是支架故障，就应当修理支架，并对伸缩器的安装进行矫正。

如果由于伸缩器的吸收能力不足而引起破坏，检修中应当核算伸缩器的能力，必要时应添装伸缩器。

任务实施

本任务主要介绍城镇排水管道维护施工方法。

一、基本规定

(1)维护作业单位应不少于每年一次对作业人员进行安全生产和专业技术培训、健康体检，并建立安全培训和健康档案。

(2)维护作业单位应配备与维护作业相应的安全防护设备和用品。维护作业前，作业人员应对作业设备、工具进行安全检查，当发现有安全问题时应立即更换，严禁使用不合格的设备、工具。

(3)维护作业前，应对作业人员进行安全交底，告知作业内容、安全注意事项及应采取的安全措施，并应履行签认手续。

(4)在进行路面作业时，维护作业人员应穿戴有反光标志的安全警示服并正确佩戴和使用劳动防护用品，否则不得上岗作业。维护作业区域应采取设置安全警示标志等防护措施；夜间作业时，应在作业区域周边明显处设置警示灯；作业完毕，应及时清除障碍物；维护作业现场严禁吸烟，未经许可严禁动用明火。

(5)维护作业人员在作业中有权拒绝违章指挥，当发现安全隐患应立即停止作业并向上级报告。

(6)当维护作业人员进入排水管道内部检查、维护作业时，必须同时符合下列各项要求：管径不得小于0.8 m；管内流速不得大于0.5 m/s；水深不得大于0.5 m；充满度不得大于50%。

二、维护作业

1. 作业现场安全防护

(1)当在交通流量大地区进行维护作业时，应有专人维护现场交通秩序，协调车辆安全通行。

(2)当临时占路维护作业时，应在维护作业区域迎车方向前放置防护栏。一般道路，防护栏距离维护作业区域应大于5 m，且两侧应设置路锥，路锥之间用连接链或警示带连接，间距不应大于5 m。在快速路上，宜采用机械维护作业方法；作业时，还应在作业现场迎车方向不小于100 m处设置安全警示标志。

(3)当维护作业现场井盖开启后，必须有人在现场监护或在井盖周围设置明显的防护栏及警示标志。

(4)当污泥盛器和运输车辆在道路停放时，应设置安全标志，夜间应设置警示灯，疏通作业完毕清理现场后，应及时撤离现场。

除工作车辆与人员外，应采取措施防止其他车辆、行人进入作业区域。

2. 开启与关闭井盖

(1)开启与关闭井盖应使用专用工具，严禁直接用手操作。

(2)井盖开启后应在迎车方向顺行放置稳固，井盖上严禁站人。

(3)开启压力井盖时，应采取相应的防爆措施。

3. 管道检查

(1)检查管道内部情况时，应采用电视检查、声呐检查和便携式快速检查等方式。

(2)采用潜水检查的管道，其管径不得小于1.2 m，管内流速不得大于0.5 m/s。

(3)从事潜水作业的单位和潜水员必须具备相应的特种作业资质。

(4)当人员进入管道、检查井、闸井、集水池内检查时，必须按规定执行。

4. 管道疏通

(1)当采用穿竹片牵引钢丝绳疏通时，不宜下井操作。疏通所用钢丝绳应符合现行国家标准《起重机钢丝绳保养维护检验和报废》(GB/T 5972—2023)的规定。

(2)当采用推杆疏通时，应符合下列规定：

1)操作人员应戴好防护手套；

2)竹片和钩棍应连接牢固，操作时不得脱节；

3)打竹片与拔竹片时，竹片尾部应由专人负责看护，并应注意来往行人和车辆；

4)竹片必须选用刨平竹心的青竹，截面尺寸不应小于4 cm×1 cm，长度不应小于3 m。

(3)当采用绞车疏通时，应符合下列规定：

1)绞车移动时应注意来往行人和作业人员安全，机动绞车应低速行驶，并应严格遵守交通法规，严禁载人；

2)绞车停放稳妥后应设专人看守；

3)使用绞车前，首先应检查钢丝绳是否合格，绞动时应慢速转动，当遇阻力时应立即停止，并及时查找原因，不得因绞断钢丝发生飞车事故；

4)绞车摇把摇好后应及时取下，不得在倒回时脱落；

5)机动绞车应由专人操作，且操作人员应接受专业培训，持证上岗；

6)作业中应设专人负责指挥，互相呼应，遇有故障应立即停车；

7)作业完成后绞车应加锁，并应停放在不影响交通的地方；

8)绞车转动时严禁用手触摸齿轮、轴头、钢丝绳，作业人员身体不得倚靠绞车。

(4)当采用高压射水车疏通时，应符合下列规定：

1)当作业气温在0 ℃以下时，不宜使用高压射水车冲洗；

2)作业机械应由专人操作，操作人员应接受专业培训、持证上岗；

3)射水车停放应平稳，位置应适当；冲洗现场必须设置防护栏；

4)作业前应检查高压泵的开关是否灵敏，高压喷管、高压喷头是否完好；高压喷头研究对人和在平地加压喷射，移位时必须停止工作，不得伤人；

5)将喷管放入井内时，喷头应对准管底的中心线方向；将喷头送进管内后，操作人员方可开启高压开关；从井内取出喷头时应先关闭加压开关，待压力消失后方可取出喷头，启闭高压开关时，应缓开缓闭；当高压水管穿越中间检查井时，必须将井盖盖好，不得伤人；

6)高压射水车工作期间，操作人员不得离开现场，射水车严禁超负荷运转；两个检查井之间操作时，应规定准确的联络信号；

7)当水位指示器将至危险水位时，应立即停止作业，不得损坏机件；

8)高压管收放时应安放卡管器；

9)夜间冲洗作业时，应有足够的照明并配备警示灯。

5. 清掏作业

(1)当使用清疏设备进行清掏作业时，应符合以下规定：

1)清疏设备应由专人操作，操作人员应接受专业培训，持证上岗。

2)清疏设备使用前，应对设备进行检查，并确保设备状态正常；带有水箱的清疏设备，使用前应使用车上附带的加水专用软管为水箱注满水。

3)车载清疏设备路面作业时，车辆应顺行车方向停泊，打开警示灯、双跳灯，并做好路面围护警示工作；当清疏设备运行中出现异常情况时，应立即停机检查，排除故障。当无法查明原因或无法排除故障时，应立即停止工作，严禁设备带故障运行。

4)车载清疏设备在移动前，工况必须复原，再至第二处地点进行使用。

5)清疏设备重载行驶时，速度应缓慢，防止急刹车；转弯时应减速，防止惯性和离心力作用造成事故；清疏设备严禁超载；清疏设备不得作为运输车辆使用。

(2)当采用真空吸泥车进行清掏作业时，除应符合清疏作业要求外，还应符合下列规定：

1)严禁吸入油料等危险品；

2)卸泥操作时，必须选择地面坚实且有足够高度空间的倾卸点，操作人员应站在泥缸两侧；

3)当需要翻缸进入缸底进行检修时，必须用支撑柱或挡板垫实缸体；

4)污泥胶管销挂应牢固。

(3)当采用淤泥抓斗车清掏时，除应符合清疏作业要求外，还应符合下列规定：

1)泥斗上升时速度应缓慢，应防止泥斗勾住检查井或集水池边缘，不得因斗抓崩出伤人；

2)抓泥斗吊臂回转半径内禁止任何人停留或穿行；

3)指挥、联络信号(旗语、口笛或手势)应明确。

(4)当采用人工清掏时，应符合下列规定：

1)清掏工具应按车辆顺行方向摆放和操作；

2)清淘作业前应打开井盖进行通风；

3)作业人员应站在上风口作业，严禁将头探入井内。

6. 管道及附属构筑物维修

(1)管道维修应符合现行国家标准《给水排水管道工程施工及验收规范》(GB 50268—2008)的相关规定。

(2)当管道及附属构筑物维修需掘路开挖时，应提前掌握作业面地下管线分布情况；当采用风镐掘路作业时，操作人员应注意保持安全距离，并佩戴好防护眼镜。

(3)当需要封堵管道进行维护作业时，宜采用充气管塞等工具并应采取支撑等防护措施。

(4)排水管道出水口维修应符合下列规定：

1)维护作业人员上下河坡时应走梯道；

2)维修前应关闭闸门或封堵，将水截流或导流；

3)带水作业时，应侧身站稳，不得迎水站立。

4)运料采用的工具必须牢固结实，维护作业人员应精力集中，严禁向下抛料。

(5)检查井、雨水口维修应符合下列规定：

1)当搬运、安装井盖、井箅、井框时，应注意安全，防止受伤；

2)当维修井口作业时，应采取防坠落措施。

三、井下作业

1. 一般规定

(1)井下清淤作业宜采用机械作业方法，并严格控制人员进入管道内作业。

(2)下井作业人员必须经过专业安全技术培训、考核，具备下井作业资格，并应掌握人工急救技能和防护用具、照明、通信设备的使用方法。作业单位应为下井作业人员建立个人培训档案。维护作业单位应不少于每年一次对井下作业人员进行职业健康体检，并建立健康档案。

(3)维护作业单位必须制定井下作业安全生产责任制，并在作业中落实。

(4)井下作业时，必须配备气体检测仪器和井下作业专用工具，并培训作业人员掌握正确的使用方法。

(5)井下作业必须履行审批手续，执行当地的下井许可制度。井下作业的《下井作业申请表》及下井许可的《下井安全作业票》宜符合规定。

(6)井下作业前，维护作业单位必须检测管道内有害气体。井下有害气体浓度必须符合有关规定。

(7)下井作业前，维护作业单位应做好下列工作：应查清楚管径、水深、潮汐、积泥厚度等；应查清附近工厂污水排放情况，并做好截流工作；应制订井下作业方案，并尽量避免潜水作业；应对作业人员进行安全交底，告知作业内容和安全防护措施及自救互救的方法；应做好管道的降水、通风及照明、通信等工作；应检查下井专用设备是否配备齐全、安全有效。

(8)井下作业时，必须进行连续气体检测，且井上监护人员不得少于两人；进入管道内作业时，井室内应设置专人呼应和监护，监护人员严禁擅离职守。

(9)井下作业还应符合下列规定：井内水泵运行时严禁人员下井；作业人员应佩戴供压缩空气的隔离式防护装具、安全带、安全绳、安全帽等防护用品；作业人员上、下井应使用安全可靠的专用爬梯；监护人员应密切观察作业人员情况，随时检查空压机、供气管、通信设施、安全绳等下井设备的安全运行情况，发现问题及时采取措施；下井人员连续作业时间不得超过 1 h；传递作业工具和提升杂物时，应用绳索系牢，井底作业人员应躲避；当发现中毒危险时，必须立即停止作业，并组织人员迅速撤离现场；作业现场应配备应急装备、器具。

(10)下列人员不得从事井下作业：年龄在 18 岁以下和 55 岁以上者；在经期、孕期、哺乳期的女性；有聋、哑、呆、傻等严重生理缺陷者；患有深度近视、癫痫、高血压、过敏性气管炎、哮喘、心脏病等严重慢性疾病；有外伤、疮口尚未愈合者。

2. 通风

(1)通风措施可采用自然通风和机械通风。

(2)井下作业前，应开启作业井盖和其上下游井盖进行自然通风，且通风时间不应小于 30 min。

(3)当排水管道经过自然通风后，井下气体浓度仍不符合规定时，应进行机械通风。

(4)管道内机械通风的平均风速不应小于 0.8 m/s。

(5)有毒有害、易燃易爆气体浓度变化较大的作业场所应连续进行机械通风。

(6)通风后，井下的含氧量及有毒有害、易燃易爆气体浓度必须符合有关规定。

3. 气体检测

(1)气体检测应测定井下的空气含氧量和常见有毒有害、易燃易爆气体的浓度和爆炸范围。

(2)井下的空气含氧量不得低于 19.5%。

(3)井下有毒有害气体的浓度除应符合国家现行有关标准的规定外，常见有毒有害、易燃易爆气体的浓度和爆炸范围还应符合表 7-1 的规定。

表 7-1 常见有毒有害、易燃易爆气体的浓度和爆炸范围

气体名称	相对密度（取空气相对密度为 1）	最高容许浓度 /($mg \cdot m^{-3}$)	时间加权平均容许浓度 /($mg \cdot m^{-3}$)	短时间接触容许浓度 /($mg \cdot m^{-3}$)	爆炸范围（容积百分比）/%	说明
硫化氢	1.19	10	—	—	4.3～45.5	—
一氧化碳	0.97	—	20	30	12.5～74.2	非高原
		20	—	—		海拔 2 000～3 000 m
		15	—	—		海拔高于 3 000 m
氰化氢	0.94	1	—	—	5.6～12.8	—
溶剂汽油	3.00～4.00	—	300	—	1.4～7.6	—
一氧化氮	1.03	—	15	—	不燃	—
甲烷	0.55	—	—	—	5.0～15.0	—
苯	2.71	—	6	10	1.45～8.0	—

(4)气体检测人员必须经专项技术培训，具备检测设备操作能力。

(5)应采用专用其他检查设备检测井下气体。

(6)气体检测设备必须按相关规定定期进行检定，检定合格后方可使用。

气体检测时，应先搅动作业井内泥水，使气体充分释放，保证测定井内气体实际浓度。

知识点考核

一、判断题

1. 严禁使用过滤式防毒和隔离式供氧面具，必须使用供压缩空气的隔离式防护装置作为防毒面具。（　　）

2. 维护人员从事维护作业时，必须戴安全帽和手套，穿防护服和防护鞋。（　　）

二、单项选择题

1. 井下空气含氧量不得少于(　　)，否则为缺氧。

A. 15%　　B. 20%　　C. 18%　　D. 25%

2. 井下作业时必须采用防爆型照明设备，其供电电压不得大于(　　)V。

A. 1　　B. 12　　C. 36　　D. 48

三、多项选择题

1. 以下人员不得从事井下作业的有(　　)。

A. 在经期、孕期、哺乳期的妇女

B. 有聋、哑、呆、傻等严重生理缺陷者

C. 患有深度近视、癫痫、高血压、过敏性气管炎、哮喘、心脏病等严重慢性病者

D. 有外伤疮口尚未愈合者

E. 恐高症

2. 下井前必须提前开启(　　)及其(　　)开展自然通风，并用竹棒搅动泥水，以散发其中(　　)。

A. 工作井盖　　B. 上下游井盖　　C. 有害气体　　D. 气体

3. 井上和井下人员之间的联系宜采用(　　)或(　　)通信设备，以代替喊话或手势。

A. 有线　　B. 无线　　C. 绳索　　D. 手机

四、填空题

1.《排水管道维护安全技术规程》适用于________。

2. 管道维护人员每年应____________________。

3. 管道维护人员需下井作业时，必须履行批准手续。由作业班(组)长填写________，经维护队的批准后，方可下井。

4. 对于管径小于________的管道，严禁进入管内作业。

5. 每次下井连续作业时间不宜超过________。

项目八　城市地下管线综合管廊概况

课件：城市地下管线综合管廊施工概述

学习目标

1. 了解城市地下管线综合管廊的特点和现状。
2. 了解城市地下管线综合管廊的施工方法。

任务描述

综合管廊(日本称“综合管廊”、中国台湾称“共同管道”)，就是地下城市管道综合走廊，即在城市地下建造一个隧道空间，将电力、通信、燃气、供热、给水排水等各种工程管线集于一体，设有专门的检修口、吊装口和监测系统，实施统一规划、统一设计、统一建设和管理，是保障城市运行的重要基础设施和“生命线”，如图 8-1 所示。

图 8-1　城市地下管线综合管廊

地下综合管廊可以有效杜绝“拉链马路”现象，让技术人员无须反复开挖路面，在管廊中就可对各类管线进行抢修、维护、扩容改造等，同时大大缩减管线抢修时间。

本任务要求学生知道综合管廊的概念、类型和特点、构成，并了解管廊的施工方法。

相关知识

一、综合管廊的发展历史

1. 国外发展

在发达国家，综合管廊已经存在了一个多世纪。在系统日趋完善的同时，其规模也有越来越大的趋势。

(1)法国。早在1833年，巴黎为了解决地下管线的敷设问题和提高环境质量，开始兴建地下管线综合管廊。如今，巴黎已经建成总长度约为100 km、系统较为完善的综合管廊网络。此后，英国的伦敦、德国的汉堡等欧洲城市也相继建设地下综合管廊。

(2)英国。英国于1861年在伦敦市区兴建综合管廊，采用12 m×7.6 m的半圆形断面，除收容自来水管、污水管及瓦斯管、电力、电信缆线外，还敷设了连接用户的供给管线，迄今伦敦市区建设综合管廊已超过22条，伦敦兴建的综合管廊建设经费完全由政府筹措，属伦敦市政府所有，完成后再由市政府出租给管线单位使用。

(3)德国。1893年，在汉堡市的Kaiser－Wilheim街，两侧人行道下方兴建450 m的综合管廊收容暖气管、自来水管、电力、电信缆线及煤气管，但不含下水道。1959年又在布白鲁他市兴建了300 m的综合管廊用以收容瓦斯管和自来水管。1964年前东德的苏尔市(Suhl)及哈利市(Halle)开始兴建综合管廊的实验计划，至1970年共完成15 km以上的综合管廊并开始营运，同时也拟定在全国推广综合管廊的网络系统计划。前东德共收容的管线包括雨水管、污水管、饮用水管、热水管、工业用水干管、电力、电缆、通讯电缆、路灯用电缆及瓦斯管等。

(4)日本。1926年，日本开始建设地下综合管廊，到1992年，日本已经拥有综合管廊长度约310 km，而且在不断增长。

建设供排水、热力、燃气、电力、通信、广电等市政管线集中铺设的地下综合管廊系统(日本称“综合管廊”)，已成为日本城市发展现代化、科学化的标准之一。

早在20世纪20年代，日本首都东京市政机构就在市中心九段地区的干线道路下，将电力、电话、供水和煤气等管线集中铺设，形成了东京第一条地下综合管廊。此后，1963年制定的《关于建设综合管廊的特别措施法》，从法律层面规定了日本相关部门需在交通量大及未来可能拥堵的主要干道地下建设“综合管廊”。国土交通省下属的东京国道事务所负责东京地区主干线地下综合管廊的建设和管理，次干线的地下综合管廊则由东京都建设局负责。

如今已投入使用的日比谷、麻布和青山地下综合管廊是东京最重要的地下管廊系统。采用盾构法施工的日比谷地下管廊建于地表以下30 m处，全长约为1 550 m，直径约为7.5 m，如同一条双向车道的地下高速公路。由于日本许多政府部门集中于日比谷地区，须时刻确保电力、通信、供排水等公共服务，因此，日比谷地下综合管廊的现代化程度非常高，它承担了该地区几乎所有的市政公共服务功能。

(5)俄罗斯。1933年，苏联在莫斯科、列宁格勒①、基辅等地修建了地下综合管廊。

---

① 列宁格勒：今为圣彼得堡。

(6)西班牙。1953 年，西班牙在马德里修建地下综合管廊。

其他如斯德哥尔摩、巴塞罗那、纽约、多伦多、蒙特利尔、里昂、奥斯陆等城市，都建有较完备的地下综合管廊系统。

2. 国内发展

我国有北京、上海、深圳、苏州、沈阳等少数几个城市建有综合管廊，据不完全统计，全国建设里程约为 800 km，综合管廊未能大面积推广的原因不是资金问题，也不是技术问题，而是由意识、法律及利益纠葛造成的。

国务院高度重视推进城市地下综合管廊建设，2013 年以来先后印发了《国务院关于加强城市基础设施建设的意见》《国务院办公厅关于加强城市地下管线建设管理的指导意见》，部署开展城市地下综合管廊建设试点工作。

除住房和城乡建设部外，包括发改委、财政部等相关部门都已经下发有关文件，支持地下管廊建设。2015 年 1 月，住房和城乡建设部等五部门联合发出通知，要求在全国范围内开展地下管线普查。综合管廊建设的一次性投资常常高于管线独立铺设的成本。据统计，日本、中国台北、上海的综合管廊平均造价(按人民币计算)分别是 50 万元/m、13 万元/m 和 10 万元/m，较之普通的管线方式要高出很多。但综合节省出的道路地下空间、每次的开挖成本、对道路通行效率的影响及环境的破坏，综合管廊的成本效益比显然不能只看投入多少。中国台湾曾以信义线 6.5 km 的综合管廊为例进行过测算，建综合管廊比不建只需多投资 5 亿元新台币，但 75 年后产生的效益却有 2 337 亿元新台币。

此后决定开展中央财政支持地下综合管廊试点工作，并对试点城市给予专项资金补助。

■ 二、综合管廊的类型

综合管廊宜分为干线综合管廊、支线综合管廊及缆线管廊，如图 8-2 所示。

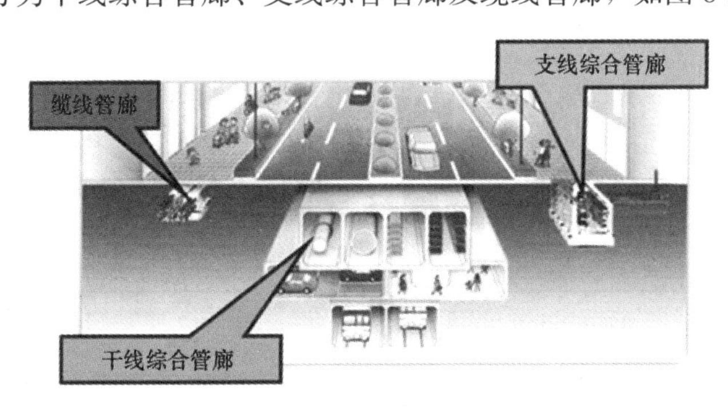

图 8-2　管廊分类

(1)干线综合管廊：用于容纳城市主干工程管线采用独立分舱方式建设的综合管廊，一般设置在机动车道或道路中央下方，负责向支线管廊提供配送服务。干线管廊主要收容的管线为通信、有线电视、电力、燃气、自来水等，也有的干线管廊纳入了雨水、污水系统。其特点为结构断面尺寸大、覆土深、系统稳定且输送量大，具有高度的安全性，维修及检测要求高。

(2)支线综合管廊：用于容纳城市配给工程管线采用单舱或双舱方式建设的综合管廊。一般设置在道路两侧或单侧，直接服务于临近地块终端用户的综合管廊，主要收容的管线为通信、有线电视、电力、燃气、自来水等直接服务的管线，结构断面以矩形居多，断面较小，施工费用较少，系统稳定性和安全性较高。

(3)缆线管廊：采用浅埋沟道方式建设，设有可开启盖板但其内部空间不能满足人员正常通行要求，是用于容纳电力电缆和通信线缆的管廊。其特点为空间断面较小，埋深浅，建设施工费用较少，不设通风、监控等设备，维护及管理较为简单。

三、综合管廊的构成

(1)管廊本体：以钢筋混凝土为材料，采用现浇或预制方式建造的地下结构，为收容各种城市管线的载体。

(2)管线：地下管线综合管廊中收容的各种管线是管廊的核心和关键。

(3)附属设施：主要由排水设施、消防设施、换气设施、照明设施、电力配电设施等组成。

四、综合管廊的布置

1. 综合管廊的规划

在综合管廊的规划实施过程中，要求做到科学规划、适度超前，以适应城市发展的需要。对于不同的管线容量，应根据当前的实际需求，结合城市开发的规划及经济发展、人民生活水平提高的情况，预测到将来的容量。

2. 综合管廊的断面尺寸布置

综合管廊还没有国际通用的标准断面形式，一般是根据纳入的管线、地下可利用空间、施工方法和投资等情况进行具体设计。图 8-3 所示为国外一些综合管廊的断面形式，可以看出，大部分国家的综合管廊断面为矩形，且一般都将燃气管线单独设置在一室中。

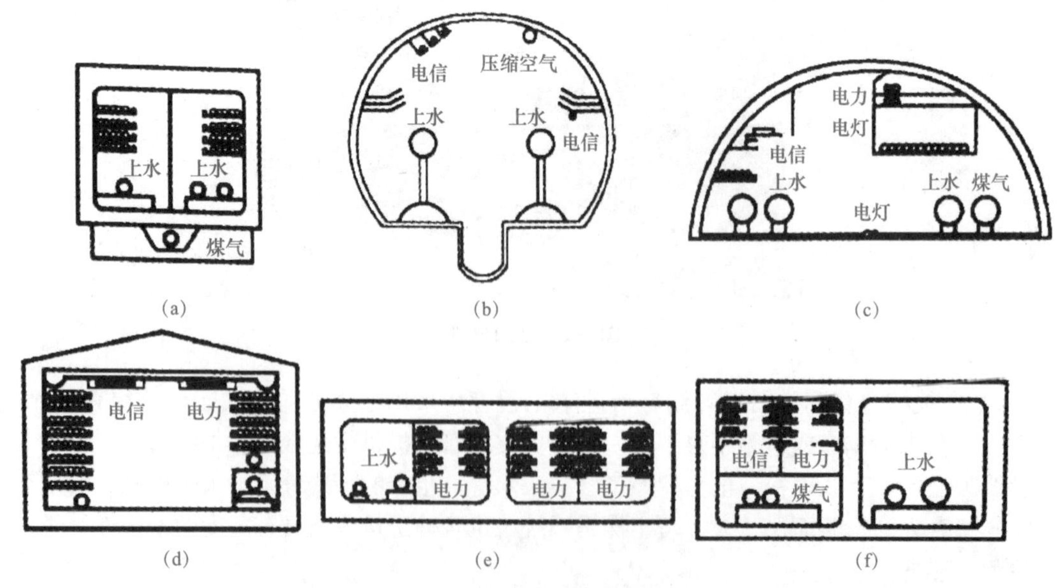

图 8-3 国外一些综合管廊的断面形式

(a)日本东京九段；(b)法国巴黎；(c)英国伦敦；(d)俄罗斯莫斯科；(e)日本东京人行町；(f)日本东京新宿淀桥

国内重庆市市政设计研究院在设计综合管廊横断面方面有一些经验。根据工程的实际情况确定进沟管线后，再确定各进沟管线独自敷设一室还是处于同一沟内。如果强、弱电处于同一沟内，为避免强、弱电管线的相互干扰，必须采取屏蔽措施，且 110 kV 高压电力电缆管线还需外加屏蔽铁盒。电力电缆直接敷设在管沟两边侧壁上的固定支架上。电缆室内预留一定数量的托架，便于电缆增容。一般情况下，出于安全考虑应将燃气管线单独敷设或独自设置在一室中。当燃气管道置于独立的一室管沟底板上时，每隔一定距离采用 C20 混凝土固定。当给水管道与电缆同沟时，应特别注意给水管道爆管对同室内其他管线的影响。一般高压的主供水管应独自设置一室内；在给水管与其他电力电信管线同沟的情况下，必须注意施工质量，并加强维护管理，避免发生爆管事故。电力室与燃气室分别设置检修人孔，错开布置。当雨污水入沟时，雨水和污水检查井可考虑设在综合管廊侧壁，每 50 m 设置一个。综合管廊的人孔(下料口)每隔 200 m 设置一个，人孔设计位于人行道或绿地。综合管廊断面如图 8-4 所示。

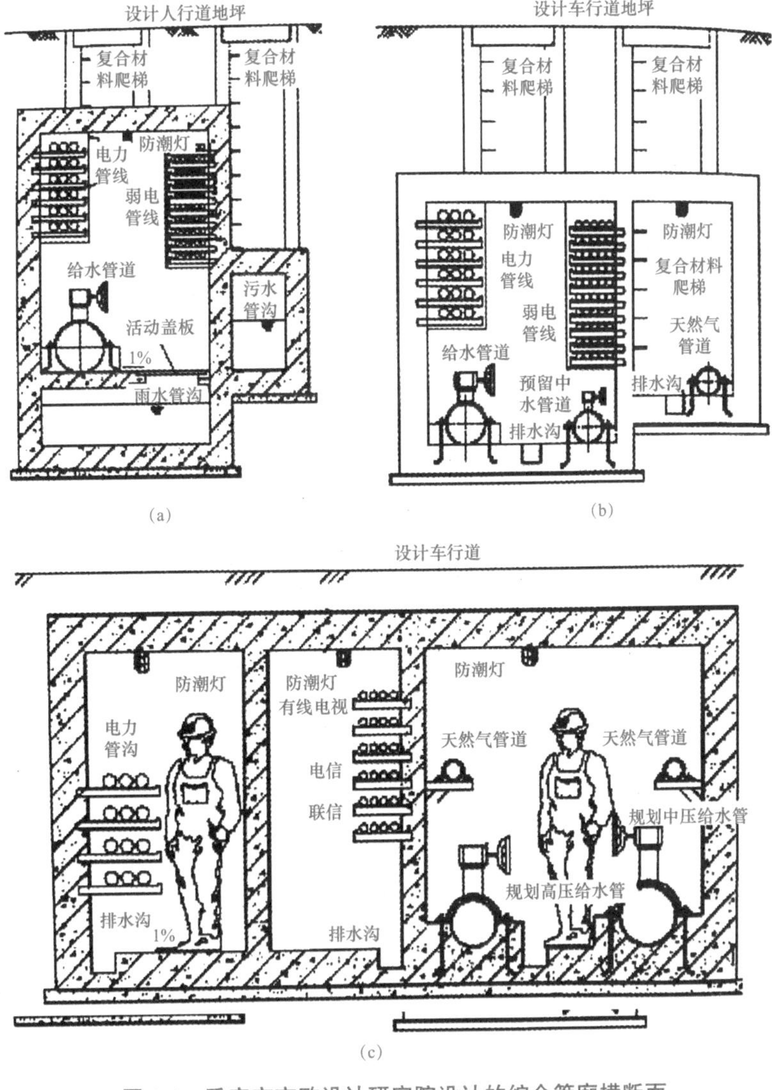

图 8-4　重庆市市政设计研究院设计的综合管廊横断面

3. 结构设计

综合管廊属于长条状地下构筑物，常年受地下水及地面荷载的影响。因此，进行结构设计时应注意以下问题：

(1)地基沉降。由于综合管廊为线形(网状)结构，沉降可能造成线形坡度变化，对重力流的管线(如污水管)产生影响。另外，结构接头或伸缩缝处也可能因差异沉降产生错位，导致渗水或沟道内的管线弯曲。对于可能造成较大沉降的软弱地层区域应特别注意。

(2)地下水浮力。综合管廊为箱形中空结构，若地下水水位较高，覆土较浅，则需要考虑浮力影响。当地下水水位变化较大时，对不利工况也应引起注意。

(3)地震影响。由 1995 年日本阪神地震的经验可知，综合管廊位于有地震威胁的区域，其抗震设计为不可或缺的重要因素。进行抗震设计时除需考量当地的抗震设计规范外，由于管道为一较大区域的线形(网状)结构且深度较接近地表，其破坏原因较一般结构物的不同之处：一是强烈地震波引起的力学破坏；二是因地表破坏(变形)，如地表断裂、滑动、不均匀沉降及液化等造成管道破坏。分析过程中除地质条件外，一方面为垂直地表方向传递的剪力波所造成管道横断面的剪力变形；另一方面为与管道轴向成 45°交角传递的水平剪力波所造成结构体的挠曲及轴向变形。另外，可以采用可挠性接头设计降低地表变形对管道结构产生的影响。

(4)液化影响。一般来说，由于综合管廊的埋深皆位于液化可能发生的深度内(地表下 20 m)，在经过疏松砂层且地下水水位较高时，应对地层的液化潜能进行评估，根据当地抗震设计规范所规定的液化评估方式，对于具有液化可能的地层，进行地层改良，避免因液化造成管道的破坏，如结构体上浮，地层承载力降低，或地表变位等现象。

(5)伸缩缝与防水设计。综合管廊的线形结构应在规范的长度内设置伸缩缝，以减小管道结构因温度变化、混凝土收缩及不均匀沉降等因素可能导致的变形。另外，在特殊段、断面变化及弯折处皆须设置伸缩缝。对于预计变形量可能较大处如软弱地层、地质变化复杂及破碎带、潜在液化区等，应考虑设置可挠性伸缩缝。伸缩缝的构造于管道的侧墙、中墙、顶板及底板处设置伸缩钢棒，并于该处管道外围设置钢筋混凝土框条，以利于剪力的传递及防水，并设置止水带止水。廊道结构应采用水密性混凝土并控制裂缝发生，外表使用防水膜或防水材料保护，伸缩缝的止水带设计及施工应特别注意。

4. 排水、通风及消防

由于共同沟内管道维修时需放空水，以及其他一些可能发生泄漏等情况，都将造成一定的沟内积水，因此，沟内需设置必要的排水设施。在综合管廊内一侧设置排水沟，断面尺寸通常为 200 mm×100 mm，管廊横向坡度 2‰，沿线顺集水井方向坡度采用 2‰。集水井设置于每一防火分区的低处，每座集水井内设置潜水排水泵，通过排水管引出沟体后就近排入道路雨水管。

综合管廊的通风设计要综合考虑电力及雨污水通风的需要。其中，电力沟内的温度不应超过最热月的日最高温度平均值 5 ℃以上。在管道充满度较高的管段内、管道转弯及管道高程有突变处等要考虑设置通风设施。综合以上情况，为安全起见，可在每个小室设置独立的通风系统。通风系统的设置可以考虑自然通风和机械通风，但机械通风会增加设备及投资费用，同时也产生噪声。考虑到综合管廊一般位于城市核心区域，对噪声有一定的要求，因此尽量增加通风管数量而不采用机械通风。通风管可以根据具体情况灵活布置。

管沟内根据《建筑灭火器配置设计规范》(GB 50140—2005)要求每隔 200 m 设置一道防火墙并配防火门，采用轻质阻燃材料；管沟内消防采用化学消防，类别为带电火灾，中危险级，每只灭火器最小灭火级别为 5A，在管沟内每隔 20 m 设置一处手提式干粉灭火器，每处设置 3 只，每只充装 2 kg 磷酸铵盐。

5. 警报设备、标志及监控管理中心

为防灾及安全所设的警报设备所侦测到的异状，需立即通知管道内的作业人员与监控管理中心，立即做出应变。监控管理中心由计算机及远程遥控来监控综合管廊内各项设备运转情形，达到环境品质维护及管理功能，一般设施包括广播系统、紧急电话系统、闭路电视系统、安全门禁系统及环境监控系统。标志设施应使管沟内工作人员能迅速明了所在位置及各项设备用途，以提高效率和减低灾害发生的概率，一般项目包括导引标志、设备标志、管线单位标志、与注意标志。

6. 电磁电力干扰防护

综合管廊内电力电缆(干扰者)及电信电缆(被干扰者)的长距离平行可能发生电磁电力干扰问题。电力电缆(高压电缆)所产生的电磁场对于电信系统将造成噪声，干扰电信系统的服务品质。干扰防范措施可有三种方式：第一种是为加强吸收配电系统的中性电流措施；第二种是加强平衡电力电缆及线路配置；第三种是加强遮蔽及接地设施。

另外，管沟内部设专供设备接地兼遮蔽用的裸铜线与高压电缆，且任何通信线、信号线或控制线，不可与电力配电线配置于同一侧。非不得已时，电力用电线或电缆应设于管道底层。

任务实施

■ 一、综合管廊常用的施工方法

地下综合管廊的施工方法有明挖施工法和暗挖施工法两种。其中，暗挖施工法一般只用在地下综合管廊断面为圆形的情况，现主要介绍明挖施工法。

1. 明挖法

明挖法可分为明挖现浇法和明挖预制拼装法。

(1)明挖现浇施工法：为最常用的施工方法。采用这种施工方法可以大面积作业，将整个工程分割为多个施工标段，以便于加快施工进度。同时，这种施工方法技术要求较低，工程造价相对较低，施工质量能够得到保证。

(2)明挖预制拼装法：是一种较为先进的施工法，在发达国家较为常用。采用这种施工方法要求有较大规模的预制厂和大吨位的运输及起吊设备，同时施工技术要求较高，工程造价相对较高。

2. 综合管廊基坑施工方法

(1)开挖方案。场地地势平坦，周围没有其他需进行保护的建筑物，在道路施工过程中，需要进行开挖铺设雨污水管道，因而可以采用大开挖施工，并采用(深层)井点降水措施。该方案施工方便，不需要围护结构作业，施工周期短，便于机械化大规模作业，费用较低。但是土方量开挖较大，对回填要求较高。土方量开挖应当随挖随运，基坑周围严禁超高堆土，确保施工的安全性。

(2)水泥土围护方案。采用搅拌机将水泥和土强行搅拌，形成连续搭接的水泥土柱状加固挡墙，并具有隔水帷幕的功能。该方案对开挖深度不超过 5 m 的基坑，采用该方案工程经验比较丰富，施工简便。当采用格栅形式的断面布置时，可以节约工程量。但是需要专门的施工设备；基坑开挖深度较浅，施工周期较长。施工关键是确保水泥掺合的均匀度和水泥与土体的搅拌均匀性。围护墙体应采用连续搭接，严格控制桩位和桩身的垂直度。压浆速度应和提升(或下沉)速度相匹配。

(3)板桩墙围护方案。板桩墙围护结构口，常用的板桩型式有等截面 U 型、H 型钢板桩，并辅以深层井点降水。该方案施工方便，施工周期短，费用较小，技术成熟，基坑开挖深度较深。但是墙体自身强度较低，需要增加水平撑或锚碇。

(4) SMW 工法方案。SMW 工法是指在水泥土搅拌桩内插入芯材，如 H 型钢、钢板桩或钢筋混凝土构件等组成的复合型构件。该方案墙体自身结构刚度较大，基础开挖引起的墙后土体位移较小，结构自身抗渗能力强，但是施工周期较长，费用较高。

3. 综合管廊钢筋混凝土施工

综合管廊钢筋混凝土施工主要包括钢筋工程、模板工程、混凝土工程、地下防水工程、回填土工程等，在这些施工流程中，大部分为常规施工技术作业，但针对综合管廊工程的特殊性，还应注意以下几个方面的问题：混凝土工程应按照防水混凝土工程的要求进行施工，从混凝土的级配到混凝土的浇捣，都应严格按照有关规定作业，以确保防水混凝土的密实性、防水防渗性能。

安装工程通常包括电缆桥架、给水管道、燃气管道、监控设备、照明设备、通风系统、消防系统、排水系统等安装作业。

二、综合管廊建设中的若干技术难点

我国综合管廊建设和设计还处于探索阶段，国家又无相关规范，综合管廊的建设还存在许多技术难题。下面简单叙述一些主要问题及可能的解决办法。

1. 综合管廊基础

综合管廊是线状地下空间设施，所以，不均匀沉降的处理是综合管廊建设中的关键技术之一。一般来说，当地层介质为均匀的土层介质时(纵断面方向)，传统的地下工程设计理论和现有的施工技术措施，完全可以解决综合管廊的不均匀沉降问题，但当综合管廊与其他地下构筑物建设相遇，或穿越土性变化大的地层介质时，还需要采取一些特殊的技术措施进行必要的处理来减少其不均匀沉降问题。

2. 软土层与土性变化大

当综合管廊建在软土地层或土性变化较大的地层时，必须进行地基处理，以减少其不均匀沉降或过大的沉降，常用的地基处理方法有压密注浆、地基土置换等，如上海浦东新区张扬路综合管廊采取了粉喷桩，而关于地基处理的设计理论，目前已相当成熟，在此不作论述。

3. 与其他地下构筑物共构

当综合管廊与其他地下构筑物，如高架道路的基础、地铁、地下街共构建设时，在与独立建设的综合管廊的交接处，必须采取以下技术措施来减少两者间的差异沉降，以及在交接处必须处理成弹性铰。

(1)无法回填时。由于综合管廊有大量的自然通风口，强制排风口，人员进出口等附属设施，在这些部位或与其他地下构筑物相遇而无法回填或回填压实有困难时，应将该部位设计成空室构造。

(2)穿越既有地下设施时。当综合管廊下穿既有地下设施，如高架道路基础时，在接头处也有可能产生不均匀沉降，为此也需要在接头部位作成弹性铰，以使其能自由变形。

4. 综合管廊与地下设施交叉

综合管廊与地下设施交叉包括与既有市政管线交叉、与地下空间开发和地下铁路交叉、桥梁基础交叉等，对于各种交叉，如果处理不当，势必造成综合管廊建设成本的增加和运行可靠度的下降等，原则上可以采取以下措施：

(1)合理和统一规划地下各类设施的标高，包括主干排水干管标高、地铁标高、横穿管线标高等，原则是综合管廊与非重力流管线交叉时，其他管线避让综合管廊；当与重力流管线交叉时，综合管廊避让；与人行地道交叉时，在人行地道上部通过。

(2)整体平面布局。在布置综合管廊平面位置时，充分避开既有各类地下管线和构筑物等，以及地铁站台和区间线等。

(3)整合建设。可以考虑综合管廊在地铁隧道上部与地铁线整合建设或与地下空间开发项目在其上部或旁边整合建设，也可考虑在高架桥下部与桥的基础整合建设，但应考虑和处理好沉降的差异。

(4)与隧道或地下道路整合建设，包括公路或铁路隧道的整合建设或与地下道路开发的整合建设，如日本规划未来的地下空间开发在地下 50～100 m，其间就包括地下道路和综合管廊的整合建设。

三、综合管廊施工技术展望

城市综合管廊是未来城市建设的趋势和潮流，但是在我国仅有少数几个城市建设或设计了综合管廊，整个技术理论在我国还处于初级阶段，属于一个较新的领域。

近年来我国微型隧道掘进机技术发展也很迅速，但与国外水平相比还有一定的差距。同时，理论技术与实际施工的结合较少，国内大多数地下工程仍然采用劳动密集型的明挖工法。因此，城市综合管廊和微型隧道掘进机技术，无论是在理论上，还是在实际运用中，都处于一个新的发展阶段，两者的有机结合必将为现代化大中城市的发展带来更大的空间，更加有利于我国现代化建设。

参考文献

[1] 边喜龙．给水排水工程施工技术[M]. 北京：中国建筑工业出版社，2005.

[2] 段常贵．燃气输配[M]. 3 版．北京：中国建筑工业出版社，2001.

[3] 李德英．供热工程[M]. 北京：中国建筑工业出版社，2005.

[4] 姜湘山，张晓明．市政工程管道实用技术[M]. 北京：机械工业出版社，2005.

[5] 颜纯文，蒋国盛，叶建良．非开挖铺设地下管线工程技术[M]. 上海：上海科学技术出版社，2005.

[6] 邢丽贞．市政管道施工技术[M]. 北京：化学工业出版社，2004.

[7] 周爱国．隧道工程现场施工技术[M]. 北京：人民交通出版社，2004.

[8] 张凤祥，朱合华，傅德明．盾构隧道[M]. 北京：人民交通出版社，2004.

[9] 刘灿生．给水排水工程施工手册[M]. 2 版．北京：中国建筑工业出版社，2002.

[10] 李昂．管道工程施工及验收标准规范实务全书[M]. 北京：金盾电子出版公司，2003.

[11] 白建国．市政管道工程施工[M]. 4 版．北京：中国建筑工业出版社，2019.

[12] 贾宝，赵智，等．管道施工技术[M]. 北京：化学工业出版社，2003.

[13] 刘强．通信光缆线路工程与维护[M]. 西安：西安电子科技大学出版社，2003.

[14] 中华人民共和国住房和城乡建设部．GB 50268—2008 给水排水管道工程施工及验收规范[S]. 北京：中国建筑工业出版社，2008.

[15] 中华人民共和国住房和城乡建设部，国家市场监督管理总局．GB/T 51455—2023 城镇燃气输配工程施工及验收标准[S]. 北京：中国建筑工业出版社，2023.

[16] 中华人民共和国住房和城乡建设部．CJJ 28—2014 城镇供热管网工程施工及验收规范[S]. 北京：中国建筑工业出版社，2005.

[17] 中华人民共和国住房和城乡建设部．GB 50168—2018 电气装置安装工程　电缆线路施工及验收标准[S]. 北京：中国计划出版社，2018.

[18] 全国二级建造师执业资格考试用书编写委员会．市政公用工程管理与实务[M]. 北京：中国建筑工业出版社，2022.